Systems Engineering
{Die Klammer in der technischen Entwicklung}

Überarbeitete Ausgabe

Martin Geisreiter (Herausgeber)

Axel Berres
Claudio Zuccaro
Hannes Hüffer
Johannes Fritz
Marcus Augustin
Thaddäus Dorsch
Jürgen Rambo
Hanno Weber
Christian Tschirner
Dieter Scheithauer
Christian von Holst
Georg Hünnemeyer
Jesko Lamm
Wolfgang Ansorge
Stephan Roth
Tim Weilkiens
Michael Vielhaber
Marco Prillwitz

Systems Engineering

{Die Klammer in der technischen Entwicklung}

Überarbeitete Ausgabe

Vorwort zur überarbeiteten Fassung v1.0

Dieses Buch, wie auch die Vorversion 0.8, ist ein Gemeinschaftswerk „von vielen Händen", die – zusammen mit (halb so vielen) Köpfen – einigen engagierten Mitgliedern des Vereins „**Gesellschaft für Systems Engineering**" (GfSE e.V.) gehören. Sie sind es, die auch dieses Buch möglich gemacht haben. Und deshalb gebührt ihnen an allererster Stelle der größte Dank!

Die jeweiligen Autoren haben wir am Ende jedes Kapitels namentlich aufgeführt. Zusätzlich haben sich einige der Autoren um die Koordination der großen Hauptkapitel gekümmert. Ganz besonders danken möchten wir dafür:

- **Johannes Fritz** für das Kapitel Orientierung,
- **Hannes Hüffer** für das Kapitel Positionierung,
- **Martin Geisreiter** für das Kapitel Tugenden,
- **Claudio Zuccaro** für das Kapitel Tätigkeiten,
- **Martin Geisreiter** für das Kapitel Hilfsmittel,
- **Thaddäus Dorsch** für das Kapitel Gedanken und Annahmen.

Die Inhalte des Buches als Gemeinschaftswerk zu schreiben und zu koordinieren wären ohne entsprechende technische Hilfsmittel nicht möglich gewesen. Martin Geisreiter danken wir deshalb für das Koordinieren und Setzen des Buchtextes, so dass schließlich aus den vielen „einzelnen Teilen ein großes Ganzes" wurde. Großer Dank gilt auch Rüdiger Kaffenberger, der den gesamten Text mit Humor und großem fachlichen Wissen einem Review unterzog und wichtige Änderungen eingebracht hat.

Die **Versionsnummer „v1.0"** des Buches deutet es bereits an: Wir haben, wie in der v0.8 angekündigt, den Inhalt überarbeitet und ergänzt, wo immer wir es als notwendig empfanden ohne den Umfang zu sehr auszudehnen. Es ist nun das Ende des aktuellen Buchprojekts der „GfSE Arbeitsgruppe Handbuch". Sofern sich in der GfSE wieder Autoren finden, die ein neues Unternehmen „Handbuch" starten, wird es weitergehen, denn Systems Engineering entwickelt sich laufend weiter. Wir hoffen aber, dass dieses Buch eine Basis bietet, auf der zukünftig noch viele Autoren weitere interessante Inhalte zum Thema Systems Engineering beschreiben werden. Damit möchten wir selbst die Konzepte des Systems Engineerings mit weiterentwickeln und sie zugleich für möglichst viele Ingenieure auf verständliche und unterhaltsame Art und Weise verbreiten.

Wer die Arbeit an zukünftigen Inhalten unterstützen möchte oder wer allgemein Fragen zum Buch hat, kann sich gerne an **redaktion@gfse.de** wenden.

Die Herausgeber, München, 7. November 2019

Inhalt

Abbildungsverzeichnis

Zielgruppe

Dieses Buch haben wir für alle geschrieben, die neu im Thema Systems Engineering unterwegs sind. Das betrifft selbstverständlich sowohl Frauen als auch Männer, selbst wenn wir uns im folgenden Text aus Gründen der besseren Lesbarkeit bei personenbezogenen Substantiven auf die männliche Form beschränken. Wir möchten natürlich auch den Leserinnen das Berufsfeld des Systems Engineers näherbringen und würden uns über einen größeren Anteil an weiblichen Systems Engineers sehr freuen.

Wer also aus einer technischen Disziplin kommt, wie beispielsweise dem Maschinenbau, der Elektrotechnik, der Informatik oder einem anderen Fachgebiet und wer für einen Teil von Entwicklung, Herstellung, Test usw. einzelner Komponenten zuständig ist, und dessen neues Arbeitsgebiet nun die technische Entwicklung eines umfassenderen und komplexeren (Teil-)Systems betrifft, der findet in diesem Buch einführende Informationen zur Bedeutung, zum Wesen und zum Umfang des Systems Engineerings.

Literatur zum Systems Engineering gibt es mittlerweile reichlich, oftmals jedoch eher für Experten verfasst. Wir haben hier versucht, uns in die hineinzuversetzen, die im Aufgabengebiet des Systems Engineerings neu sind. Dazu haben wir uns auch zum Teil daran erinnert, wie es für uns selbst war, als wir zum ersten Mal mit komplexen und technisch vielschichtigen Aufgaben konfrontiert wurden. Wir hätten uns damals eine solche Darstellung des Systems Engineerings – insbesondere auch in einer leicht verständlichen deutschen Sprache – gewünscht.

Die geforderten Kompetenzen eines Systems Engineers sind vielfältig. Sie reichen von persönlichen, über soziale bis zu zahlreichen fachlichen Fähigkeiten. Eine einzelne Person könnte niemals in allen diesen tangierten Fachgebieten einen fundierten technisch-wissenschaftlichen Hintergrund mitbringen. In der Gesellschaft für Systems Engineering e.V. (GfSE) sind jedoch zu allen relevanten Gebieten Fachleute versammelt, die ihre Expertise in dieses Buch eingebracht haben.

Dieses Buch richtet sich zwar an Einsteiger im Systems Engineering, es wurde aber von Experten verfasst, die fundierte Kenntnisse und langjährige Erfahrung auf diesem Gebiet besitzen. Die hier aufgeführten Themen, Eigenschaften und Kompetenzen eines Systems Engineers sind sorgfältig ausgewählt, auf Relevanz geprüft und didaktisch aufbereitet.

Systems Engineering wird oft als Methode zur Bearbeitung großer und komplexer Projekte betrachtet. Insbesondere wenn dann angeführt wird, dass man bei Anwendung von Systems Engineering ja eine umfangreiche Dokumentation, wie Spezifikationen,

Pläne, Konzeptdokumente, Nachweise über Tests usw. anfertigen soll. Für kleinere und weniger komplexe Projekte wird das, aus verschiedenen Gründen, als nicht machbar betrachtet. Dem sei an dieser Stelle ausdrücklich widersprochen. Systems Engineering empfiehlt, intensiv über das zu entwickelnde Produkt nachzudenken und nachvollziehbare Nachweise über das Entwicklungsergebnis anzulegen. In den Dokumenten von INCOSE als auch in der einschlägigen Normung wird mit dem Begriff „tailoring" explizit darauf hingewiesen.

Systems Engineering kann also jederzeit effektiv und auch zum Vorteil von KMUs angewandt werden. Es sei auch darauf hingewiesen, dass KMUs nicht immer ausschließlich eigene Projekte bearbeiten, sondern als Partner oder Auftragnehmer an großen und komplexen Projekten beteiligt sind. Kenntnisse in Systems Engineering werden damit auch für KMUs unerlässlich.

Aufbau des Buchs

Dieses Buch gliedert sich in **sechs Hauptkapitel**, die jeweils in zahlreiche weitere Abschnitte untergliedert sind.

Zunächst möchten wir im **ersten Kapitel Orientierung** geben und zentrale Begriffe zum Systems Engineering erklären. Das Aufgabengebiet des Systems Engineering ist vielfältig, da verliert man leicht den Überblick. Wir werden den Leser deshalb systematisch und mit einfachen Beschreibungen an das Thema heranführen. Hierdurch wird dann auch deutlich, dass es sich beim Systems Engineering nicht um eine weitere Einzeldisziplin, sondern um eine Meta-Disziplin handelt.

Im **zweiten Kapitel positionieren** wir den Systems Engineer im Entwicklungsprojekt. Das Zusammenspiel von Projektmanagement und Systems Engineering ist für den Projekterfolg entscheidend. Mit seiner Fachkompetenz nimmt der Systems Engineer neben der technischen Koordination auch Einfluss auf organisatorische und kaufmännische Entscheidungen.

Im **dritten Kapitel** gehen wir dann auf die **Tugenden** – die persönlichen Eigenschaften – des Systems Engineers ein. Neben dem Systemdenken und einer Offenheit für die interdisziplinäre Zusammenarbeit zählen gute kommunikative Fähigkeiten und der konstruktive Umgang mit Konflikten ebenso zum persönlichen Repertoire, wie eine ausgeprägte Integrationsfähigkeit und ein Projektbewusstsein.

Im Anschluss daran gehen wir dann im **vierten Kapitel** in die Vollen und beschreiben die zentralen **Tätigkeiten** des Systems Engineerings. Darin konzentrieren wir uns auf die Betrachtung der übergeordneten Systemaspekte des Systems Engineerings im Gegensatz zu den detailbezogenen Arbeiten der beteiligten Fachdisziplinen.

Weitergeführt werden die Beschreibungen im **fünften Kapitel** mit einer Sammlung an **Hilfsmitteln** zum Systems Engineering, die die zuvor beschriebenen Tätigkeiten unterstützen können.

Im letzten und **sechsten Kapitel** finden sich abschließende **Gedanken** zum Buch und dem Thema Systems Engineering. Einem kleinen übergreifenden Fazit folgt ein Gedanke zur Einführung von Systems Engineering und vom zugehörigen „Mind Change" in Organisationen, so wie ein kurzer Ausblick in die Zukunft.

Am Ende jedes dieser sechs Hauptkapitel finden sich zusätzlich **Angaben zu den Autoren** des jeweiligen Kapitels sowie Hinweise zu besonders lesenswerten **Literaturquellen**.

Das am Ende eingefügte **Glossar** ist ein spezifisches Wörterbuch des Systems Engineerings, das auf dieses Buch abgestimmt ist. Um einen „Link" zur großen Welt des Systems Engineerings zu schaffen haben wir dort auch die entsprechenden englischen
Begriffe aufgelistet. Das Glossar ist in der Sprache der Stakeholder bzw. Nutzer geschrieben. Es enthält Erklärungen zu den Begriffen und Hinweise auf weiterführende
Quellen.

Kapitel 1
Orientierung

Das folgende Kapitel bietet – wie dessen Benennung schon vermuten lässt – eine erste Orientierung, um sich in der Welt des „Systems Engineerings" und somit in diesem Buch zurechtzufinden. Wir möchten allen Ein- und ggf. Umsteiger beim Einstieg in dieses Thema helfen!

In den folgenden Abschnitten werden wir eine Menge an grundlegenden Elementen des Systems Engineerings anhand von zentralen Begriffen und deren Bedeutung erklären. Denn – um mal direkt mit der Tür ins Haus zu fallen – bereits auf den ersten Seiten des „INCOSE - Systems Engineering Handbuch" ist zu lesen: „Eine der ersten und wichtigsten Aufgaben des Systems Engineers bei einem Projekt besteht darin, eine Nomenklatur und Terminologie (Begriffsdefinition) festzulegen, [...]." [1]. Also wollen wir das hier gleich am Anfang tun.

Zu einer guten Definition von Begriffen gehört es dabei auch, diese zueinander in Beziehung zu setzen und Schnittstellen zu „Benachbartem" aufzuzeigen bzw. Abgrenzungen vorzunehmen. Das alles dient letztlich dem Sinn und Zweck, dass die Funktionen des „Systems Engineerings" beschrieben und verstanden werden können. Wer schon einmal etwas von der **Systemtheorie** gehört hat, wird sich nun vielleicht bereits aufgrund unserer bisherigen Wortwahl dunkel daran erinnern und denken: „Haben die etwa schon angefangen? Beschreiben die mir gerade **Systems Engineering** anhand eines Systems bzw. anhand der Systemtheorie?"

Richtig vermutet! Genau das passiert hier und deshalb werden wir mit der Definition von Begriffen rund um Systeme starten. Dazu führen wir im ersten Abschnitt „Systemtheorie" zunächst wesentliche Begriffe ein. Diese Begriffe sind die allgemeingültigen Bausteine, die uns später helfen werden, ein **Modell** zum Systems Engineering schrittweise aufzubauen. Und wenn wir hier schon ein „Modell" bauen, dann ist es natürlich ebenso empfehlenswert, ein gemeinsames Verständnis davon zu haben, was denn ein „Modell" überhaupt ist. Wir werden deshalb als weitere Bausteine auch einige grundlegende Begriffe zu „Modellen" einführen und dafür die sogenannte **Modelltheorie** bemühen.

Nachdem wir dann alles zum Begriff „System" erklärt haben, kommt logischerweise noch das „Engineering" hinzu. Ins Deutsche übersetzt geht es beim Engineering grob gesagt um die „technische Entwicklung" von etwas.

Das alles dient dazu, um endlich zur wahrscheinlich schon ersehnten Antwort auf die Frage „Was ist eigentlich Systems Engineering?" zu kommen. Im gleichnamigen Abschnitt „Systems Engineering" werden wir dann „aus allen Teilen ein Ganzes" machen, und wir erklären, worum es im Systems Engineering „in Summe" geht. Für Ungeduldige schon mal vorweggenommen: Es geht darum, im Rahmen der technischen Entwicklung durch empfohlene Prozesse von

- definierten Eingaben (input)
- mittels Unterstützung (enabler) in Form von Methoden und Werkzeugen
- gesteuert (control) ein
- erwünschtes Ergebnis (output)

zu erzielen.

Natürlich werden wir nicht alles im Kapitel „Orientierung" im Detail erklären, sondern wir werden hier vieles grob anreißen und für Details auf nachfolgende Abschnitte in diesem Buch sowie auf Literaturquellen verweisen.

Und wem das bis hierher schon alles zu lang und theoretisch erscheint, oder wer die zuvor aufgeführten Begriffe bereits kennt oder – wie üblich? – jetzt gerade einfach keine Zeit hat, sich damit mal grundlegend zu beschäftigen, der kann natürlich auch direkt zu den nächsten Kapiteln vorspringen.

Die Geduldigen starten mit dem Umblättern auf die nächste Seite, ganz am Anfang mit der Frage: „Was ist denn jetzt überhaupt ein System?"

1.1 Systeme

Im Allgemeinen denkt die meisten Menschen bei dem Begriff System an ein Gebilde aus Einzelteilen die man anfassen bzw. sehen kann. So wird das meist auch in Publikationen verwendet bzw. im allgemeinen Sprachgebrauch benutzt. Will man allerdings Systems Engineering betreiben so sollte man von dieser Denkweise Abstand nehmen und sich auf das Folgende konzentrieren.

Systems Engineering beginnt ganz offensichtlich mit dem Begriff „System" – das kann man nicht von der Hand weisen. Also werden wir hier mit der Theorie zu Systemen beginnen. Es sei zwar vorab am Rande erwähnt, dass das technisch orientierte „Systems Engineering" eigentlich zunächst unabhängig von der Systemtheorie entstanden ist [2]. Das macht aber nichts, denn die Systemtheorie unterstützt uns dennoch diese Zusammenhänge besser zu verstehen.

1.1.1 Systemtheorie

Verschiedene Literaturquellen gehen davon aus, dass „[...] das Wort System seit zweieinhalbtausend Jahren bekannt ist." [3] Die meisten Quellen beziehen sich dazu vor allem auf die Werke des griechischen Philosophen ARISTOTELES (*384 v.Chr., †322 v.Chr.). Bestimmt gab es das Wort „System" aber auch schon davor. Es wird aber vermutlich schon einige Jahrtausende her sein und der Begriff ist damit alles andere als neu.

Das Wort „System" kommt gemäß Wiktionary in über 20 anderen Sprachen in ähnlicher Art und Schreibweise vor. Für die Verwendung des Wortes in der deutschen Sprache finden sich bei Brockhaus, Duden und Wikipedia bzw. Wiktionary ähnliche Erklärungen. Es wird darin beschrieben, dass der Begriff „System" im 16. Jhd. von lateinisch „systema" entlehnt wurde und auf das griechische „σύστημα" (sýstēma, aus mehreren Teilen zusammengesetztes Ganzes) [4] zurückgeht. Wir würden das hier nicht so trocken erwähnen, wenn es nicht noch immer so richtig und wichtig wäre. Denn in der ursprünglichen Bedeutung des Wortes sind die wesentlichen Zutaten, die wir auch für die heutige Erklärung benötigen, bereits enthalten:

- Die Teile,
- die zusammengesetzt sind ,und somit in Beziehung zueinanderstehen
- um etwas Ganzes zu bilden.

Was in den Jahrhunderten nach ARISTOTELES noch alles zum heutigen Verständnis von Systemen beigetragen hat, ist noch nicht im Detail erforscht. Besonders erwähnenswert in der Historie ist die Zeit der Aufklärung und insbesondere der schweizerisch-elsässische Mathematiker, Logiker, Physiker und Philosoph JOHANN HEINRICH LAMBERT (*1728, †1777), der eine Beschreibung zu Systemen und deren „Theilen" eines „Ganzen" verfasste, die bereits viele der heute geläufigen Konzepte zu Systemen enthält. [5]

Das mit den „Teilen eines Ganzen" wird uns noch öfter begegnen, so auch bei aktuellen Definitionen zum Begriff „System" in unterschiedlichen Fachdisziplinen. Denn der Begriff bzw. das Konzept „System" ist so allgemeingültig, dass er heute eigentlich in fast allen Fachdisziplinen (Mathematik, Naturwissenschaften, Wirtschaftswissenschaften, Sozialwissenschaften, Psychologie, Ingenieurwissenschaften usw.) Verwendung findet. Deshalb wird unter anderem von Planetensystemen, Ökosystemen, Periodensystemen, Feder-Dämpfer-Systemen, Regelungssystemen, Softwaresystemen, Betriebssystemen, Produktionssystemen, Soundsystemen, Fahrzeugsystemen, Verkehrssystemen, Verteidigungssystemen usw. gesprochen. Neben den naturwissenschaftlichen und technischen Systemen gibt es des Weiteren Rechtssysteme, Finanzsysteme, Regierungssysteme, Sozialsysteme usw. sowie Begriffe, in denen das System nicht am Ende, sondern am Anfang (z. B. Systemgastronomie) und neben Substantiven natürlich in Verben und Adjektiven, wie systematisieren, systematisch, systemrelevant usw. steht.

Systeme sind also allgegenwärtig. Neben der speziellen, disziplinspezifischen Verwendung gibt es deshalb sogar ein eigenes, wissenschaftliches Forschungsfeld: die allgemeine **Systemtheorie**, die sich mit dem Studium und der Verwendung der Grundbausteine und Prinzipien von Systemen sowie auch dem damit verbundenen „Denken in Systemen" befasst.

Im weiteren Verlauf werden wir uns vor allem auf die **soziotechnischen Systeme** konzentrieren – das sind von Menschen erschaffene und genutzte technische Systeme. Auch für soziotechnische Systeme entstand parallel eine Vielzahl an zunächst meist disziplinspezifischen systemtheoretischen Ansätzen, die oftmals gar nicht oder erst nachgelagert eine disziplinunabhängige Verallgemeinerung ihrer Konzepte anstrebten. [6] Zahlreiche deutsch- und englischsprachige Literaturquellen sind sich jedoch darüber einig, dass die ersten Quellen des „modernen Systemdenkens" auf die 1930er und 1940er Jahre zurückgehen und dass als Urvater der Allgemeinen Systemtheorie der österreichische Biologe LUDWIG VON BETRALANFFY (*1901, †1972) gilt [7] da er in seinen Veröffentlichungen zur „Allgemeinen Systemtheorie" als erster versuchte „[...] gemeinsame Gesetzmäßigkeiten in physikalischen, biologischen und sozialen Systemen zu finden und zu formalisieren." [8]

Insbesondere der deutsche Technikphilosoph und Ingenieur GÜNTHER ROPOHL (*1939, †2017) hat seit den 1970er Jahren in zahlreichen Veröffentlichungen immer wieder die Transdisziplinarität dieser „Allgemeinen Systemtheorie" betont. Seine Habilitation, die 1979 unter dem Titel „Eine Systemtheorie der Technik: zur Grundlegung der Allgemeinen Technologie" veröffentlicht wurde und 2009 unter dem Titel „Allgemeine Technologie – Eine Systemtheorie der Technik" [9] in der dritten überarbeiteten Auflage erschienen ist, gilt als einer der deutschsprachigen Klassiker zur Allgemeinen Systemtheorie. Deshalb möchten wir deren Lektüre – die inzwischen sogar frei als PDF im Internet verfügbar ist – jedem (angehenden) Systems Engineer hier ausdrücklich ans Herz legen.

Die Allgemeine Systemtheorie verfolgt, wie der Begriff schon vermuten lässt, ausdrücklich das Ziel, möglichst unabhängig von bestimmten Fachdisziplinen zu sein. Sie soll aufgrund ihrer (gewollten) Universalität zur Verständigung und Integration verschiedener Fachdisziplinen beitragen. „Die disziplinäre Vereinseitigung der Wissenschaft zu überwinden ist von Anbeginn an das erklärte Ziel der Allgemeinen Systemtheorie gewesen." [10]

Was aber nun genau „die Teile" oder „das Ganze" in einem System sind, ist somit in einer „Allgemeinen Systemtheorie" natürlich nicht pauschal vorgegeben. Durch die Betrachtung aus einer bestimmten Fachdisziplin heraus, erfährt die Systemtheorie eine spezifische Ausprägung. Bei der Verwendung im Kontext soziotechnischer Systeme wird dann von einer **Systemtheorie der Technik**, **Systemtechnik** oder eben auch von **Systems Engineering** gesprochen [11]. Doch dazu kommen wir später.

Ebenso umfassend wie die Verwendungsmöglichkeiten der Systemtheorie ist die Anzahl an existierender Definitionen des Begriffs „System". Im Kern der meisten Definitionen geht es letztlich immer um die bereits von Aristoteles benannten Bestandteile, wenn diese auch oft mit verschiedenen Worten umschrieben werden:

- die **Elemente** (Teile, Bausteine, Komponente, Objekte, Artefakte usw.)
- und dazwischen bestehende **Relationen** (Beziehungen, Verbindungen, Kopplungen usw.),
- die zusammen als „Ganzes" eine **Struktur** (Menge, Anordnung, Komplex, Gesamtheit, Gruppe, Ordnung usw.) bilden und
- die eine oder mehrere **Funktionen** (Sinn, Zweck, Absicht usw.) erfüllen.

1.1.2 Systemstruktur

Bei den Grundbausteinen eines Systems steht also einerseits die Struktur aus Elementen und Relationen im Vordergrund, was in der Allgemeinen Systemtheorie von ROPOHL auch als „**strukturales Systemkonzept**" bezeichnet wird. [12] „Relationen können Zeit- oder Ortsbeziehungen, aber auch beliebige andere Beziehungen zwischen zwei oder mehreren Systemteilen darstellen." [13]

Während es für die Elemente keine allgemeingültigen Grundtypen gibt, werden die Relationen zwischen Elementen (im Folgenden mal Element „A" und „B" genannt) hingegen meist auf folgenden Typen zurückgeführt:

Statische Relationen (Aufbaubeziehungen) ohne einen Zeitbezug als

- **Aggregation** (A „hat ein" B) und
- **Generalisierung** (A „ist ein" B) sowie

Dynamische Relationen (Ablaufbeziehungen) mit einem Zeitbezug als

- **Sequenz** (A „kommt vor / folgt nach" B) und
- **Kausalität** (A „wirkt auf / verursacht" B).

Weiterhin haben sich für Relationen drei Grundkategorien etabliert, mit denen sich insbesondere in soziotechnischen Systemen im Prinzip jeder denkbare Zusammenhang beschreiben lässt. Diese grundlegenden Relationskategorien sind:

- **Materie** (Masse, Stoff),
- **Energie** und
- **Information** (Signal).

Warum es Materie und Energie sind, ist aus Sicht des Naturgesetzes der Äquivalenz ($E=mc^2$) von Energie (E) und Masse (m) im Rahmen der speziellen Relativitätstheorie sicherlich gut begründbar. Bei „Information" gehen die Meinungen hingegen durchaus auseinander. Denn es existieren noch „zahlreiche physikalische und philosophische Einwände, die gegen den Informationsbegriff vorgebracht werden". [14] Aus einer weiteren Theorie heraus, der **Zeichentheorie (Semiotik)**, kann anschaulich beschrieben werden, was „Information" eigentlich ist: „Eine Information ist ein Zeichen aus einer Zeichenmenge, das

- (a) ein physisches Ereignis ist und mit einer bestimmten Häufigkeit oder Wahrscheinlichkeit auftritt (**syntaktische Dimension**), das
- (b) eine bestimmte Bedeutung hat, die ihm durch Konvention zugeschrieben wird (**semantische Dimension**), und das
- (c) einen bestimmten Bezug zum Verhalten seines Benutzers hat (**pragmatische Dimension**)". [14]

Die erwähnte Dreiteilung in Materie, Energie und Information hat sich in soziotechnischen Systemen als nützlich und praktikabel erwiesen, da sich daraus beliebige weitere Zusammenhänge bilden lassen, wie Elektrizität, Licht, Kraft, Nachricht, Geld, Güter, Wissen usw. Wir fassen uns hier deshalb kurz und schließen einfach mit dem Postulat des amerikanischen Mathematikers und Begründers der Kybernetik NORBERT WIENER (*1894, †1964) ab: "Information ist Information, weder Materie noch Energie" [15] Punkt.

1.1.3 Systemgrenze und Systemfunktion

In der Erklärung des Begriffes „Information" steckt dabei zugleich ein wichtiger Baustein, den es nur mit einer Betrachtung von „Materie" und „Energie" noch dazu nicht geben würde: die „Bedeutung" oder Semantik. Denn eine Menge von Elementen miteinander in Beziehung zu setzen und sie damit von etwas anderem bzw. einer **Systemumgebung** abzugrenzen, führt zu einem weiteren zentralen Begriff der Systemtheorie: der **Systemgrenze**. Um jedoch eine Systemgrenze „sinnvoll" ziehen zu können, manifestiert sich eine Voraussetzung, dass überhaupt ein „Sinn", eine „Absicht" oder ein „Zweck" für ein System vorhanden ist. Ein Zweck liegt dabei nie im System selbst verborgen, sondern er liegt immer „[...] außerhalb des betrachteten Systems und impliziert eine menschliche Instanz, die den Zweck als solchen gesetzt hat." [16] Ein Zweck ist dabei ein auf ein Ziel ausgerichtetes Verhalten, das sich in den „Funktionen" eines Systems widerspiegelt. Von ROPOHL wird deshalb das „**funktionale Systemkonzept**" als ein weiterer zentraler Baustein der Allgemeinen Systemtheorie aufgeführt. „Im funktionalen Konzept stellt das System eine 'black-box' – einen 'Schwarzen Kasten' – dar und ist durch bestimmte Zusammenhänge zwischen seinen Eigenschaften gekennzeichnet, wie sie von außen zu beobachten sind." [12] Das System wird also gewissermaßen als ein Ganzes, mit Beziehungen zu seiner Umgebung betrachtet. Mathematisch kann dies als Gleichung „y=f(x)" beschrieben werden, wobei „x" die Eingabe (input) ist, die durch ein oder mehrere mathematische Funktionen „f( )", bzw. ein Gleichungssystem, in „y" als Ergebnis (output) umgewandelt wird. Das sieht auf den ersten Blick sehr einfach aus. Aber wie wir alle noch aus Schule und Studium wissen, kann eine Funktion durchaus komplex sein, viele Seiten an Papier füllen oder – um es in den Worten des 21. Jahrhunderts auszudrücken – selbst heute bekannte Großrechner komplett an ihre Leistungsgrenze bringen. Ohne die Mathematik hier weiter zu vertiefen, verhält es sich bei allen *technischen Funktionen* im Grunde genommen ähnlich: „Man möchte einen bestimmten Zustand in einem System (Gerät, Einrichtung, Anordnung) erreichen. Das kann man durch einfache Ausdrücke wiedergeben, wie Licht spenden, Mauer abstützen, Querkräfte vermeiden, Strom konstant halten, Schwingungen minimieren usw., also mit Substantiven, die den Gegenstand und Verben, die die zu erreichende Eigenschaft benennen." [17] Die Funktionen eines Systems können also auch ganz ohne Formeln und Mathematik auf einfache Art und Weise mittels der menschlichen Sprache beschrieben werden. [18] [19]

Für soziotechnische Systeme werden zwar auch manchmal **Elementarfunktionen** wie Wandeln (Ändern, Umformen, Kombinieren, Trennen), Transportieren (Leiten, Führen, Bewegen) und Speichern (Aufnehmen, Halten, Konservieren) benannt. Aber ob es sich bei den drei vor den Klammern genannten Funktionen wirklich um „die" Elementarfunktionen und bei den anderen nur um äquivalente Begriffe oder Spezialisierungen handelt, kann nicht pauschal angegeben werden, sondern ist meist abhängig vom „Kontext", in dem diese Begriffe verwendet werden. Und während für Materie und Energie noch die Erhaltungssätze der Physik herangezogen werden können, kann Information ja zudem auch noch erzeugt (kreiert, erstellt, erschaffen) oder auch komplett vernichtet (gelöscht, vergessen, verloren) werden.

1.1.4 Systemhierarchie

Ob es nun mathematische Gleichungen oder verbale Beschreibungen sind: Wenn etwas nur anhand von Elementen und Relationen beschrieben wird, dann kann natürlich die Anzahl an Elementen und Beziehungen, die selbst für *einfache* Systeme nötig wären, bereits sehr groß werden. Aber bei der vorherigen Erklärung des funktionalen Systemkonzeptes wurde bereits ein sehr eleganter und bedeutender Trick angewandt: Wir haben das System als „black-box" betrachtet, uns also nicht für dessen Inhalt interessiert und es damit „auf ein einziges Element" reduziert. Dieser Trick ist so nützlich, dass dazu entsprechend das **„hierarchische Systemkonzept"** als drittes wichtiges Konzept in der Allgemeinen Systemtheorie eingeführt wurde. Nach dem hierarchischen Systemkonzept können „[...] die Teile eines Systems wiederum als Systeme, das System selbst aber seinerseits als Teil eines umfassenderen Systems angesehen werden."[20] Ein System kann also andere Systeme beinhalten und ein Element kann ebenfalls wiederum ein System sein. Das ist ein sehr mächtiges Konzept, denn damit können beliebig tiefe Rangfolgen von untergeordneten **Subsystemen** und übergeordneten **Supersystemen** gebildet werden.

Damit haben wir auf Basis der Allgemeinen Systemtheorie die drei zentralen **Systemkonzepte** hergeleitet:

- strukturales Systemkonzept,
- funktionales Systemkonzept und
- hierarchisches Systemkonzept.

Diese können zum Beispiel wie in folgender Abbildung 1 dargestellt werden.

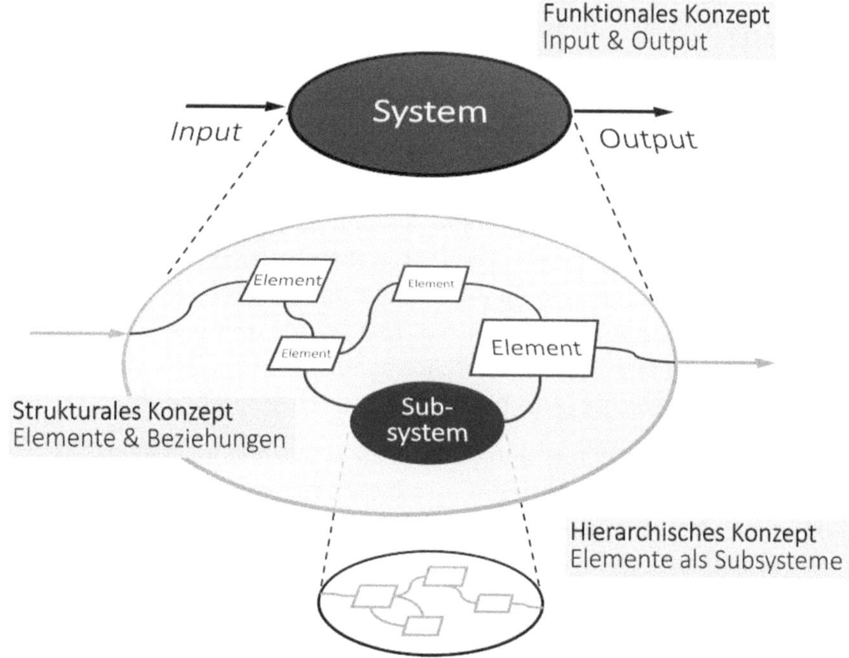

Abbildung 1: Die drei grundlegenden Systemkonzepte

1.1.5 Komplexität

Diese drei Konzepte der Allgemeinen Systemtheorie sehen doch nach einem wirklich einfachen Plan aus, mit dem wir unsere komplexe Welt beschreiben können. Aber was bedeutet überhaupt „einfach" und was insbesondere „komplex"? Das ist leider gar nicht so „einfach" zu erklären. Mit der Definition des Begriffes **Komplexität** verhält es sich ähnlich wie mit dem Begriff „System". Denn der Begriff „Komplexität" kommt ebenfalls aus dem Lateinischen und wird mit „Verflochtenheit" übersetzt. [21] Die Wortherkunft hilft hier jedoch nur bedingt weiter. Oftmals wird das Wort „komplex" dazu auch noch sorglos in sehr vielen verschiedenen Zusammenhängen verwendet und wir müssen festhalten: "Es gibt keine allgemein gültige Definition von Komplexität – in verschiedenen Bereichen wird sie teilweise unterschiedlich beschrieben" [22]

Aber egal, welche Definition zugrunde gelegt wird: „komplex" ist in jedem Fall nicht zu verwechseln oder gar gleichzusetzen mit dem Begriff „kompliziert". Denn als „kompliziert" wird für gewöhnlich etwas bezeichnet, wenn man nicht über das Wissen, das

Können, die Intelligenz oder die Bereitschaft verfügt, etwas zu verstehen oder durchzuführen [23]. Während „Komplexität" objektiv berechnet werden kann, ist etwas Kompliziertes hingegen etwas, was in der subjektiv Wahrnehmung des Betrachters liegt. Komplizierte Dinge können zwar durchaus komplex sein – oder auch umgekehrt. Aber kompliziert und komplex sind trotzdem unterschiedliche Begriffe.

Bei der Erklärung von „Komplexität" kann uns mal wieder die Mathematik helfen. Bei technischen Systemen kann die Komplexität eines Systems zum Beispiel anhand der **Varietät** (Art und Anzahl der verschiedenen Elemente) und der **Konnektivität** (Art und Anzahl der Relationen zwischen den Elementen) beschrieben werden. Da zum Erhalt einer gegebenen Systemfunktion eine Verringerung der Elementanzahl oder -arten durch eine Erhöhung der Beziehungsanzahl bzw. -arten kompensiert werden muss, wird Komplexität formal als strukturbeschreibendes Merkmal oftmals auch einfach durch die **Verknüpfungsdichte** (Anzahl an Relationen) beschrieben [24] [25].

Neben der „komplexen Struktur" betrachten einige Autoren auch noch das „komplexes Verhalten" eines Systems, worunter man die Vielfalt von Verhaltensmöglichkeiten (Dynamik) eines Systems versteht [26]. Komplexe Systeme haben genau dann eine große Vielfalt an Verhaltensmöglichkeiten bzw. Funktionen, wenn sie zugleich eine Vielzahl von Elementen mit vielfältigen Beziehungen untereinander haben. Deshalb beziehen einige Autoren die „Komplexität" vor allem auf die „zeitliche Veränderlichkeit der Elemente und Relationen", während sie die „Art der Zusammensetzung von Elementen und Relationen" als „Kompliziertheit" bezeichnen [27]. Diese Erklärung ist ähnlich zum **Cynefin Framework** (das ist walisisch und wird wie „kü-ne-win" ausgesprochen) von DAVID JOHN SNOWDEN, nach dem Systeme entsprechend der „Ursache-Wirkungsbeziehungen" (Kausalität) in die folgenden vier Kategorien unterschieden werden können:

- **Einfache Systeme**, die wenige, allgemein bekannte Elemente und Relationen haben sowie offensichtlichen und unveränderlichen „Ursache-Wirkungsbeziehungen" unterliegen,
- **komplizierte Systeme**, die viele Elemente und Beziehungen beinhalten, deren „Ursache-Wirkungsbeziehungen" nicht auf Anhieb und meist nur für Experten ersichtlich sind,
- **komplexe Systeme**, deren „Ursache-Wirkungsbeziehungen" nur teilweise ersichtlich oder nur im Nachhinein und nicht im Voraus erschlossen werden können sowie
- **chaotische Systeme**, zu denen keine festen „Ursache-Wirkungsbeziehungen" ersichtlich und somit keine Aussagen zu deren Verhalten möglich sind [28].

Mit **Chaos** ist dabei nicht der reine Zufall – also stochastische Systeme – gemeint. Sondern chaotische Systeme sind dynamische Systeme, die mathematisch mittels nichtlinearer Gleichungen beschreibbar sind und sich prinzipiell deterministisch – also vorherbestimmbar – verhalten. Liegt chaotisches Verhalten in einem System vor, dann können selbst geringste Änderungen der Anfangswerte zu einem völlig anderen Verhalten führen. Genau das lässt sie dann aber so aussehen, als wäre ihr Verhalten „rein zufällig".

Ein zum Cynefin-Framework ebenfalls ähnlicher Ansatz, der oft gemeinsam zitiert und kombiniert wird, ist die **Stacey Matrix**, benannt nach dem Britischen Professors für Management RALPH D. STACEY (*1942). Die **Stacey Matrix** beschreibt auf einer Achse das „Was?", also die Ziele, die Anforderungen, den Zweck oder eben die erwartete Funktion eines Systems. Auf der anderen Achse steht das „Wie?", also die Technologie, die Realisierung oder eben die Struktur eines Systems. Sind sowohl das „Was" als auch das „Wie" bekannt und unveränderlich, so handelt es sich um ein „einfaches System". Ist beides nicht bekannt bzw. veränderlich, so handelt es sich um ein chaotisches System. Zwischen diesen beiden Polen spannt sich dann ein Kontinuum von komplizierten und komplexen System auf. Auch hier ist zu beachten, dass all diese Einteilungen nicht als starr verstanden werden sollten und der Übergang zwischen den einzelnen Definitionen in der Realität meist fließend ist. Die folgende Abbildung 2 zeigt eine Einteilung zur Definitionen von Komplexität, die sich am Cynefin-Framework und der Stacey-Matrix orientiert.

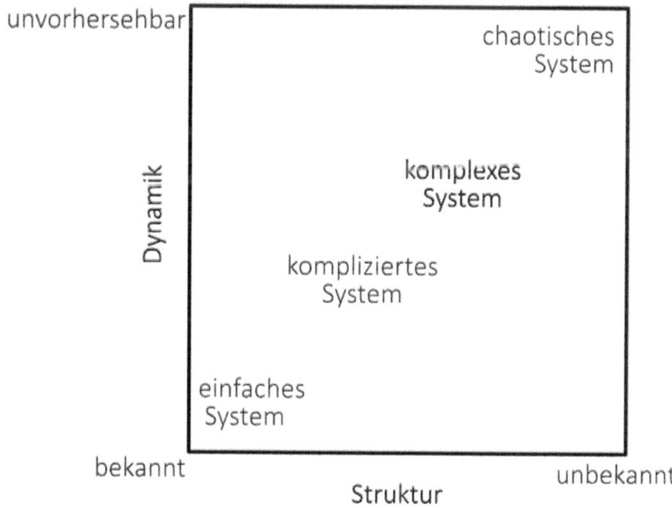

Abbildung 2: Einfaches, kompliziertes, komplexes, chaotisches System

1.1.6 Emergenz

Die Themen „Komplexität" und auch „Chaos" führen zu einem weiteren zentralen Begriff der Systemtheorie, der im täglichen Sprachgebrauch jedoch weniger oft vorkommt und damit sicherlich auch weniger bekannt ist: die **Emergenz**. Auch Emergenz kommt aus dem Lateinischen und bedeutet als Verb „auftauchen, herauskommen, emporsteigen". [29] Der Begriff Emergenz drückt in der Systemtheorie aus, dass aus dem „Zusammenspiel" der Elemente eines Systems neues Verhalten, neue Eigenschaften oder neue Strukturen entstehen bzw. „sich herausbilden" können, die dann als Eigenschaften maßgeblich oder bemerkenswert das Gesamtsystem bestimmen bzw. die nur mit den Eigenschaften der einzelnen Grundelemente allein nicht erklärbar sind. Das hört sich noch immer kompliziert – also nicht komplex – an? Dann beschreiben wir das hier noch einmal an einem einfachen Beispiel:

> Die Nahrungsmittel Mehl, Wasser, Hefe und Salz als einzelne Zutaten vor einem heißen Backofen dargereicht und gegessen, werden sicherlich kein kulinarischer Hochgenuss sein. Aus den Zutaten lässt sich aber bei richtiger Dosierung und entsprechenden Prozessschritten (z.B. Zutaten durchmengen oder durchmischen oder auch einfach nur abwarten und „gehen lassen") ein guter Teig machen. Dieser Teig wird in den meisten Fällen bereits besser schmecken als die Einzelzutaten und durch weitere Prozessschritte – wie beispielsweise belegen mit weiteren Zutaten, backen oder beträufeln mit Öl und Kräutern nach dem Backen – können verschiedenste Geschmacksrichtungen erzeugt werden. Der Geschmack ist hier also die Eigenschaft, die erst durch zusammenfügen der einzelnen Zutaten und nach sinnvollen Prozessschritten „entsteht".

Es liegt sozusagen in jedem System **Übersummativität** vor, die manchmal auch als **Fulguration** bezeichnet wird. Da die beiden letztgenannten Begriff aber genauso sperrig und darüber hinaus noch weniger verbreitet sind, bleiben wir hier im Folgenden bei „Emergenz". Denn sie kommt als „emergence" insbesondere auch in der englischen Sprache vor.

In komplexen oder chaotischen Systemen ist emergentes Verhalten sicherlich rasch verständlich. Aber Emergenz ist wirklich in jedem System vorhanden. In der Emergenz drückt sich deshalb auch genau das aus, was viele als Mantra der Systemtheorie – und auch des Systems Engineerings – sehen: „Das Ganze ist mehr als die Summe seiner Teile." [30] Ein Zitat, dessen Ursprung ebenfalls auf ARISTOTELES zurückgeführt wird. Dieser Zusammenhang wird von ROPOHL auch als das **holistisches Gesetz** der Systemtheorie bezeichnet. [12]

1.1.7 Modelltheorie

Wir haben in den vorhergehenden Abschnitten bereits umfassend erklärt, was Systeme sind, aber wir müssen nun darauf hinweisen, dass Systeme in Realität eigentlich gar nicht existieren, also zumindest nicht als „reale Gegenstände".

WTF (..), mag sich der eine oder andere jetzt denken? Das fällt denen echt früh ein, bis hierher hörte sich doch alles ganz gut an. Und jetzt, also doch alles nur ein „Hirngespinst", oder was? Fast richtig: Denn „Systeme 'gibt' es nur als menschliche Denkgebilde, die irgendwelche Sachverhalte der Realität mit systemtheoretischen Kategorien abbilden." [31] Das macht es deshalb manchmal auch so schwer, sich auf feste Systemgrenzen, Systemelemente usw. zu einigen, wenn jeder eine andere Vorstellung vom System „in seinem Kopf hat".

Strenggenommen bezeichnet das Wort „System" nämlich nur ein „Modell", das sich Menschen von einem Gegenstand machen, nicht jedoch diesen Gegenstand selbst. [32] Dabei wird „Gegenstand" hier nicht nur als „materielle Sache" verstanden, sondern umfasst alles, was wir irgendwie als Thema in unserer Welt erfassen können, also auch Menschen, Tiere, Pflanzen, Prozesse, Vorgänge usw. Bereits der zuvor erwähnte Aufklärer JOHANN HEINRICH LAMBERT verstand alle Systeme ebenfalls als abstrakte Modelle der Realität. [5] Die Systemtheorie wird deshalb auch mithin als eine Modelltheorie aufgefasst, mit der man „verschiedenartige Wirklichkeitsbereiche in derselben Sprache beschreiben und dadurch aufeinander beziehen kann." [33] Neben der „Allgemeinen Systemtheorie" gibt es ebenso eine „Allgemeine Modelltheorie", die der deutsche Philosoph HERBERT STACHOWIAK (*1921, †2004) in seinem gleichnamigen Buch 1973 veröffentlichte. Er beschreibt darin – grob zusammengefasst – drei charakteristische Merkmale. Modelle sind:

- ein Abbild (Repräsentation) eines Originals (**Abbildungsmerkmal**), welches jedoch,
- in reduziertem Umfang (**Verkürzungsmerkmal**) und
- eingeschränkt auf einen bestimmten Zweck (**pragmatisches Merkmal**)

wiedergegeben wird. [34]

Die Verkürzung kann durch **Reduktion** oder auch durch **Abstraktion** erfolgen. Es werden gemäß dem vorgesehenen „Zweck" des Modells also entweder ganze Teile (Elemente, Relationen, Funktionen usw.) oder nur bestimmte Merkmale von Teilen (Festigkeit, Material, Größe, ...) vereinfacht oder weggelassen. Was an einem Modell im Vergleich zum damit beschriebenen Original weggelassen wird, kann also variieren, weshalb ein für einen bestimmten Zweck beschriebenes Modell somit nicht unbedingt für einen anderen Zweck geeignet sein muss. Der britische Statistikprofessor GEORGE

BOX (*1919, †2013) sagte deshalb auch treffend und knapp (hier übersetzt ins Deutsche): „Ihrem Wesen nach sind alle Modelle falsch, aber einige sind nützlich." [35] Eine Aussage, die man eigentlich fast 1:1 auch auf Systeme übertragen kann. Denn Systeme sind ja ebenfalls nur Modelle, das hatten wir ja bereits erwähnt.

Noch am Rande erwähnt: Die Modelltheorie ist übrigens eng verwandt mit der zuvor bereits im Rahmen der „Information" erwähnten „Zeichentheorie" (Semiotik). Denn das Abbilden eines Originals durch ein Modell erfolgt letztlich über die Verwendung von, für den Zweck (Pragmatik), angemessenen und für den Ersteller bzw. Betrachter des Modells bedeutungsvollen (Semantik) sowie zueinander nach Regeln (Syntax) angeordneten Zeichen. Was man mit Modellen machen kann und warum es sogar ein „Modellbasiertes Systems Engineering" gibt, erklären wir dann unter anderem im Kapitel „Hilfsmittel" etwas detaillierter.

Nun haben wir also zusammengefasst nicht existierende „Systeme", die man mit Hilfe geeigneter Zeichen deren Systemfunktionen und -struktur anhand einer Hierarchie von Super- und Subsystemen sowie Elementen und Relationen, in Form eines Modells, beschreiben kann. Das hört sich vielleicht noch etwas sperrig an, es ist aber eigentlich genau das Handwerkszeug, dass der Ingenieur für seine tägliche Arbeit braucht. Doch eines nach dem anderen: Warum braucht er das überhaupt bzw. was macht „der Ingenieur" überhaupt den ganzen Tag? Das wollen wir im nächsten Abschnitt erläutern.

1.2 Engineering

Ein Verb, wie „ingenieuren" gibt es in der deutschen Sprache nicht. Da tut man sich im Englischen schon leichter, denn es gibt passend zum „Engineer" das „to engineer" bzw. das „engineering", womit wir schon Mitten im Thema der folgenden Abschnitte wären. Im Gegensatz zum Wort „System", das wir in der deutschen Sprache ja ebenfalls kennen und verwenden, ist das „Engineering" also zunächst einmal ein englischer Begriff. Also ausnahmsweise mal nichts Lateinisches? Nun ja, nicht ganz.

Ursprünglich kommt auch das „Engineering" natürlich auch wieder aus dem Lateinischen, nämlich von dem Wort „genere", was in etwa „erzeugen, herstellen" bedeutet. Heute wird „to engineer" bzw. „engineering" innerhalb eines technischen Umfelds üblicherweise mit „etwas entwickeln" ins Deutsche übersetzt. Doch „engineering" existiert auch als Substantiv, was dann gemäß Wikipedia und Duden mit „Ingenieurwesen" oder eben mit „technische Entwicklung" gleichzusetzen ist.

1.2.1 Ingenieurwesen

In einem weltweit bekannten Standard-Literaturwerk für Ingenieure ist am Anfang zu lesen:

> „Es ist die Aufgabe des Ingenieurs, für technische Probleme Lösungen zu finden. Er stützt sich dabei auf natur- und ingenieurwissenschaftliche Erkenntnisse und berücksichtigt stoffliche, technologische und wirtschaftliche Bedingungen sowie gesetzliche, umwelt- und menschenbezogene Einschränkungen. Die Lösungen müssen vorgegebene und selbsterkannte Anforderungen erfüllen. Nach deren Klärung werden aus anfänglichen Problemen konkrete Teilaufgaben, die der Ingenieur im Prozess der Produktentstehung bearbeitet. Dies geschieht sowohl in Einzelarbeit als auch im Team, in dem interdisziplinäre Produktentwicklung geleistet wird." [36]

Auch wenn diese Definition eigentlich einem Fachbuch für den Maschinenbau entstammt, so kann sie doch leicht auch auf andere Disziplinen übertragen werden, die sich ebenfalls mit technischer Entwicklung befassen. Denn auch für Software-Ingenieure gilt Vergleichbares: „Die (technische) Softwareentwicklung hat die Aufgabe, ein Produkt zu planen, zu definieren, zu entwerfen und zu realisieren, das die geforderten Qualitätseigenschaften besitzt und die Kundenwünsche erfüllt." [37]

Sicherlich gelten solche Definitionen nicht für jeden Ingenieur vollumfänglich und im gleichen Maß. Heute haben sich viele unterschiedliche Fachdisziplinen im Ingenieurwesen herausgebildet, die sich zum Beispiel nur mit bestimmten Fachgebieten (z.B. Elektrotechnik, Softwaretechnik, Maschinenbau, usw.), bestimmten Tätigkeiten (z.B. Konstruieren, Berechnen, Programmieren, Testen, usw.) in einer bestimmten Branche (z.B. Medizintechnik, Kraftwerkstechnik usw.) beschäftigen und damit nur Teile einer gesamten technischen Entwicklung als Aufgabe haben.

Dabei gilt stets für alle – etwas abstrakter ausgedrückt: „**Technik** umfasst

- (a) die Menge der nutzenorientierten, künstlichen, gegenständlichen Gebilde (Artefakte oder Sachsysteme),
- (b) die Menge menschlicher Handlungen und Einrichtungen, in denen Sachsysteme entstehen und
- (c) die Menge menschlicher Handlungen, in denen Sachsysteme verwendet werden." [38]

Auch wenn diese Definition wieder einmal vom hier schon häufiger im Rahmen der Systemtheorie zitierten Technikphilosophen ROPOHL stammt, so sei zumindest erwähnt, dass diese Definition von Technik in genau dieser Form auch in „Meyers Großes Taschenlexikon" und in die „Brockhaus Enzyklopädie" übernommen wurde.

Technische Entwicklung beschäftigt sich also laut der Definition von „Technik" vor allem mit der Erstellung von **Sachsystem**en (oft Objektsysteme genannt) und den dazu erforderlichen **Handlungssystem**en. Objekt- bzw. „Sachsysteme sind in der Technik, die aus der Arbeit der Ingenieure, Techniker usw. entstehenden technischen Gebilde wie Maschinen, Maschinenteile, Geräte, Apparate, also die technischen Systeme. [...] Dieses Objekt muss nicht immer ein materielles Gebilde sein, sondern kann auch immateriell sein, wie es z.B. bei Software oder Dienstleistungen der Fall ist." [39]

„Handlungssysteme enthalten strukturierte Aktivitäten, die z.B. zur Zielerfüllung eines zu erstellenden Sachsystems nötig sind. Dazu gehören Menschen, Sachmittel und Handlungen." [40] Aber auch hier sind aller guten Dinge wiederum drei und deshalb definieren einige Autoren zusätzlich noch ein **Zielsystem**, als die Menge der verknüpften Zielvorgaben. [39] Technik bzw. insbesondere die technische Entwicklung hat also tatsächlich etwas mit Systemen zu tun. Diese „Systeme" werden im Rahmen der technischen Entwicklung – insbesondere, wenn kommerzielle Aspekte eines Marktes mit Lieferanten und Kunden hinzukommen – auch oft gleichbedeutend als „Produkte" bezeichnet. Das bedeutet, die Begriffe System oder Produkt können in den meisten Fällen als synonym angesehen werden. Auch wir können in diesem Buch deshalb oft keine einheitliche Benennung verfolgen, denn je nach Kontext oder Quelle wird mal der eine oder mal der andere Begriff bevorzugt.

Ingenieure erschaffen also Technik, auch wenn sie in Zukunft immer seltener anzutreffen sein werden. Denn seit dem Bologna-Prozess zur europaweiten Harmonisierung von Studiengängen müssen die „Diplom - Ingenieure" zunehmend den „Junggesellen und Meistern (der Wissenschaft) in technischer Entwicklung" – also dem „Bachelor and Master (of Science) in Engineering" – weichen. Damit bricht man mit einer mehr als hundertjährigen Tradition. Oder war es doch eher nur eine „Zwischenepisode"? Denn was gab es eigentlich vor den Ingenieuren? Richtig, es waren die Meister und damit beginnt ein kleiner historischer Ausflug in die Geschichte des Ingenieurwesens.

Auch beim Wort „Ingenieur" liegt der Ursprung wieder im Lateinischen: das Wort „ingenium" bedeutet übersetzt in etwa „sinnreiche Erfindung" oder „Scharfsinn". Das davon abstammende italienische Wort „ingegnere" wurde bis zum Mittelalter auch im Deutschen zunächst nur im Zusammenhang mit Tätigkeiten (z. B. Zeugmeister, Kriegsbaumeister) rund um Kriegstechniken und dann erst im 17. Jahrhundert im Französischen als „ingénieur" für den „Fachmann auf technischem Gebiet mit theoretischer Ausbildung" verwendet. Im 18. Jahrhundert wurde das dann auch als Lehnwort mit der gleichen Bedeutung wieder ins Deutsche übernommen und verdrängte nach und nach die bis dahin noch gebräuchlichen Bezeichnungen von Handwerks- und Kunstmeistern. [41] Während in Frankreich bereits im 17. Jahrhundert erste Akademien für

Technik und Mechanik insbesondere für Militär, Verkehr und Bergwesen gegründet wurden, folgte man dem französischen Vorbild im Deutschen Mittelstaat erst Ende des 18. Jahrhunderts. Im 19. Jahrhundert von 1821 bis 1863 wurden die heute noch etablierten Hochschulen in Berlin, Karlsruhe, München, Dresden, Stuttgart, Hannover, Braunschweig und Darmstadt gegründet. [42]

Ende des 19. Jahrhunderts ist dann übrigens auch der „**Dipl.-Ing.**" beurkundet: Er „geht auf einen 'Allerhöchsten Erlass' des Deutschen Kaisers und Königs von Preußen Wilhelm II. zurück. Er datiert auf den 11. Okt. 1899 und wurde anlässlich der Hundertjahrfeier der Technischen Hochschule Berlin am 19. Okt. 1899 verkündet." [43]

Auch wenn der zuvor erwähnte JOHANN HEINRICH LAMBERT also kein Ingenieur gewesen sein konnte, erkannte er bereits einen sehr bedeutenden Zusammenhang bei Systemen, der insbesondere im Rahmen von technischer Entwicklung bemerkenswert ist. „Denn LAMBERT hebt hervor, dass man zwar aus „[...] einer gegebenen Systemstruktur recht zuverlässig die Systemfunktion bestimmen kann, zum anderen aber, dass es sehr viel schwieriger ist, für eine gegebene Systemfunktion eine angemessene Struktur anzugeben, die jene Funktion erfüllen kann, weil dafür im Allgemeinen mehrere äquifunktionale Strukturen in Betracht kommen." [44] Diese Aussage beschreibt eine Herausforderung, die im Rahmen jeder technischen Entwicklung besteht: Wie kommt man denn nun „optimal" (einfachsten, schnellsten, aufwandsärmsten, wirtschaftlichsten, umweltschonendsten usw.) zu der Systemstruktur aus Elementen und Beziehungen, die den geforderten Zweck bzw. Funktionen „am besten" erfüllt? Das geschieht sicherlich durch scharfes Nachdenken – aber nicht ausschließlich. Denn damit sich nicht jeder Ingenieur immer wieder aufs Neue ein „optimales Vorgehen" in der technischen Entwicklung überlegen muss und man untereinander einfacher zusammenarbeiten und die Ergebnisse anderer verstehen und nutzen kann, machten und machen sich über das ideale Vorgehen zahlreiche Leute Gedanken. Es existieren dazu zahlreichen Theorien, Methoden, Methodiken, Prozesse, Werkzeuge usw., die die technische Entwicklung unterstützen sollen. Darauf möchten wir im Folgenden kurz eingehen.

1.2.2 Methoden und Prozesse

Auch hier gilt: Die Anfänge des systemischen Nachdenkens über Technik werden bereits auf die städtischen Hochkulturen wie zum Beispiel in Mesopotamien oder in Ägypten zurückgeführt. [45] Anders wären die uns heute noch bekannten Bauwerke, wie Pyramiden, Tempel, Aquädukte usw. wohl auch gar nicht umsetzbar gewesen. Leider ist viel zu wenig Schriftliches erhalten, aber bereits Literaturwerke aus dem ersten

Jahrhundert v. Chr., wie die „Zehn Bücher über Architektur" des römischen Architekten bzw. Architekturtheoretikers MARCUS VITRUVIUS POLLIO – kurz als VITRUV bekannt – zeigen, dass man sich über das Vorgehen bei einer technischen Entwicklung schon früh Gedanken machte. Und auch der wohl berühmteste Universalgelehrte LEONARDO DA VINCI (*1452, †1519) – der ja oftmals als „der" erste Ingenieur angesehen wird – wird seine zahlreichen Erfindungen wohl nicht ohne ein überlegtes Vorgehen mal ebenso dahingemalt haben.

Der zuvor beschriebene kleine Ausflug in die Historie des Ingenieurwesens erklärt aber ebenfalls gut, warum erste Ansätze für die Beschreibung von „Methoden der technischen Entwicklung" dann doch meist erst auf die Mitte des 19. Jahrhunderts zurückgeführt werden. Auch die Gründung des Vereins Deutscher Ingenieure (VDI) erfolgte zum Beispiel erst 1856. Anhand der seither im VDI erschienen Publikationen können einige wesentliche Wegmarken zu Methoden der technischen Entwicklung nachvollzogen werden. Davon werden wir in Folge immer wieder Gebrauch machen.

Als einer der ersten „Methodiker" wird in Deutschland deshalb insbesondere der Ingenieur FRANZ REULEAUX (*1829, †1905) genannt, da er auf Basis einer theoretischen Grundlage von Begriffs- und Symbolsystemen – heute würde man von einer Art Modellierungssprache sprechen – begann, Maschinen auf abstrakter Ebene unter Vernachlässigung ihrer konkreten Geometrie zu beschreiben, um damit die Ingenieurwissenschaft zunehmend in eine „exakte Wissenschaft" zu wandeln. [46] Das entspricht den Grundlagen eines methodischen Vorgehens in der technischen Entwicklung. Also sind „Methoden" etwas „Exaktes"? Nun ja, ganz so einfach ist es leider nicht.

Als **„Methode"** wird zunächst einmal eine Menge von (anleitenden) Beschreibungen verstanden, mit denen ein planmäßiges und systematisches Verfahren zur Erreichung eines Ziels unter gegebenen Bedingungen hinreichend sichergestellt werden kann. [47] Werden mehrere Methoden (manchmal auch direkt zusammen mit Werkzeugen und anderen Hilfsmitteln) zusammengestellt, so wird dafür auch der Begriff einer „Methodik" verwendet. Dies ist nicht zu verwechseln mit dem Begriff der „Methodologie", der die Erforschung, Lehre und Theorie von Methoden bezeichnet. Methodik und Methodologie werden heute oft fälschlicherweise synonym verwendet. Aber auch die Verwendung der Begriffe Methode und Methodik erfolgt nicht immer einheitlich. Denn eine Methode kann entweder aus wenigen Aktivitäten bestehen, oder selbst wiederum eine Zusammenstellung von mehreren Einzelmethoden und damit eher eine Methodik sein.

Bleibt auch noch die Unterscheidung zwischen Methode und Prozesse, die natürlich auch nicht immer eindeutig ist. Ein **Prozess** ist eine sachlich bzw. logische verbundene Abfolge oder ein Ablauf von Aktivitäten, die eine „Eingabe" (Input) in ein „Ergebnis"

(Output) überführen. Prozesse geben also eher an „WAS" als Ergebnis mit welchen Phasen, Abschnitten oder eben Aktivitäten zu erreichen ist. Methoden beschreiben hingegen – auch oder vor allem – das „WIE" etwas zu tun ist. Methoden geben damit Empfehlungen für das Vorgehen zum Erreichen eines Ziels. Die Grenzen zwischen Methode und Prozess sind dabei jedoch fließend. Denn Prozesse werden oftmals bereits so detailliert beschrieben, dass Methoden darin gar nicht mehr explizit erwähnt werden. Ebenso werden auch manchmal Prozesse als Methoden bezeichnet, obwohl darin gar nicht im Detail beschrieben ist, „wie" man zum Ziel kommt. Üblicherweise gilt, dass Prozesse Methoden enthalten bzw. Prozesse mit Methoden unterstützt werden und nicht umgekehrt. Deshalb wird in der Regel der Prozess als ein den Methoden übergeordneter, abstrakterer Begriff verstanden.

Methoden basieren auf einer Kombination von typischen Elementaraktivitäten, wie zum Beispiel dem Suchen, dem Sammeln, dem Sortieren, dem Ordnen, dem Strukturieren, dem Klassifizieren, dem Vergleichen, dem Abstrahieren bzw. Konkretisieren, dem Zergliedern bzw. Zusammenführen oder dem Variieren bzw. Einschränken, dem Divergieren bzw. Konvergieren, dem Darstellen oder Dokumentieren usw. Zusätzlich werden als Bausteine von Methoden auch häufig sogenannte Grundprinzipien benannt, die auch nur als Prinzipien, als Grundgedanken oder als Strategien bezeichnet werden. Grundprinzipien sind zum Beispiel: „vom Groben zum Detail" oder „vom Abstrakten zum Konkreten" oder eben auch das „Systemdenken".

Wesentlich ist jedoch, dass moderne Methoden insbesondere auch Erkenntnisse aus der Psychologie – also unsere persönlichen geistigen und emotionalen Fähigkeiten – und aus der Soziologie – also auch unsere Kommunikation und das Miteinander in zum Beispiel Gruppen oder Teams – berücksichtigen. Zahlreiche Untersuchungen in der Forschung zum methodischen Vorgehen in der technischen Entwicklung" befassen sich mit dem so genannten „**Entwurfsproblemlösen**" (design problem solving), wie es die allgemeine Denkpsychologie (Kognitive Psychologie) nennt. Was das ist, möchten wir im Folgenden kurz beschreiben.

1.2.3 Problemlösungsprozesse

Ein **Problem** wird in der Psychologie dadurch charakterisiert, dass es zwischen einem unerwünschten Anfangszustand und einem als Ziel erwünschten Endzustand (Lösung) – bildlich gesprochen – eine „Barriere" gibt, die es durch eine (gedankliche) Transformation unter Zuhilfenahme geeigneter Mittel zu überwinden gilt. [48] Sind im Gegensatz dazu bei einer Aufgabe die Mittel und die erforderlichen Transformationen bekannt, existiert diese Barriere somit nicht.

Als charakteristische Merkmale von Problemen werden meist die folgenden vier Punkte nach dem deutschen Psychologen DÖRNER zitiert:

- **Intransparenz:** Informationen zum Problem liegen meistens unvollständig vor.
- **Vernetztheit:** Probleme haben meist viele untereinander vernetzte Aspekte.
- **Polytelie (Vielzieligkeit):** Probleme haben meist nicht nur ein Ziel, sondern oftmals viele und ggf. sogar widersprechende.
- **(Eigen-)Dynamik:** Probleme verändern sich über die Zeit und auch aufgrund ihrer Bearbeitung. [49]

Dem zu begegnen erfordert natürlich entsprechende Strategien zum Problemlösen, die zum Teil direkt aus den Merkmalen ableitbar sind:

- die möglichst umfassende Sammlung von Information zur Vermeidung der Intransparenz, bei
- gleichzeitiger Informationsreduktion und Strukturierung der Information und
- einer Priorisierung (nach Wichtigkeit und Dringlichkeit) von Zielen sowie, insbesondere auch
- die Planung all dieser Schritte unter Berücksichtigung der sich mit der voranschreitenden Problemlösung ergebenden möglichen Veränderung aller vorherigen Punkte.

Problemlösen erfordert somit einen ständigen Regelungszyklus unseres Denkens und Handelns. Dieser Zusammenhang zwischen Denken und Handeln kann mit der Handlungsregulationstheorie aus der Psychologie beschrieben werden. Entsprechend dieser Theorie ist ein gefasster bzw. erdachter Plan zum Erreichen des für eine Handlung festgelegten Ziels aufgrund fortlaufender Prüfung und Rückmeldungen durch unsere Wahrnehmung sowie aufgrund unseres Wissens ständig an die vorhandene Situation anzupassen. Zusammengefasst ergeben sich daraus für das Denken und Handeln stets Schritte, wie Planung, Durchführung und Kontrolle.

Dazu vergleichbare Ansätze sind zum Beispiel das TOTE-Schema (Test-Operate-Test-Exit) von MILLER, der VVR-Zyklus (Vergleichs-Veränderungs-Rückkoppelung) nach HACKER, der PDCA-Zyklus (Plan-Do-Check-Act) von DEMING oder das Rubikon-Modell (Abwägen-Planen-Handeln-Bewerten) von HECKHAUSEN und GOLLWITZER.

Solche Regelungszyklen finden während des Lösens von Probleme oftmals automatisiert, sehr rasch und vollkommen unbewusst statt. Sie können aber auch bewusst durch unser Denken beeinflusst und in Form von **Problemlösungsprozessen** durchlaufen werden. Diese werden oftmals auch in drei bis vier Phasen unterteilt, wie zum Beispiel:

- Zielklärung (Abwägen, Planen),
- Lösungssuche und
- Bewertung (Prüfung, Kontrolle, Testen, Vergleichen).

Wir müssen das hier zwar der Reihe nach so hinschreiben, weil uns die menschliche Sprache zu dieser strikten Linearität zwingt, aber genau genommen tritt die Bewertung nicht erst nach der (erfolgreichen) Lösungssuche auf. Denn schon bei der Zielklärung tritt ein Abwägen – also Bewerten – nach „Wünschbarkeit oder Realisierbarkeit des Ziels" auf, wie es zum Beispiel im Rubikon-Modell (Abwägen-Planen-Handeln-Bewerten) beschrieben ist. [50] Es wird also zunächst geklärt, ob man ein Ziel überhaupt erreichen „will" und – mit den gegebenen Mitteln – auch realistisch erreichen „kann". Grafisch dargestellt sieht der Problemlösungsprozess wie in der folgenden Abbildung 3 aus.

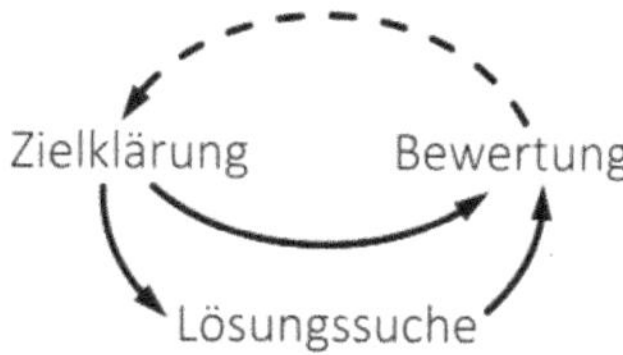

Abbildung 3: Ein einfacher Problemlösungszyklus

Nun wird man sich vielleicht die Frage stellen, warum es keine direkte Rückschleife von „Bewertung nach Lösungssuche" gibt. Das liegt einfach erklärt daran, dass man die Bewertung der Lösung natürlich gegenüber dem vorhandenen Ziel vornehmen muss.

Zusätzlich könnte man vielleicht auch denken: Beinhaltet die „Bewertung der Zielklärung" nicht eigentlich auch eine Lösungssuche, nämlich die „Suche nach dem richtigen Ziel"? Ja, richtig: Das kann man so sehen. Aber wie bereits angedeutet, existieren solche Prozesse stets „im Kleinen", wie „im Großen". Sie laufen einerseits in Sekundenbruchteilen in unserem Unterbewusstsein ab, finden sich aber andererseits zum Beispiel in ihren Grundstrukturen in Entwicklungsmethoden und -prozessen wieder, die Stunden, Tage, Wochen oder gar Jahre dauern können.

Problemlösungszyklen sind also stets „rekursiv" – sie können ähnliche Konzepte in sich selbst enthalten. Das können wir mit dem zuvor angesprochenen „hierarchischen Konzept" in der Systemtheorie einfach erklären. ROPOHL sieht deshalb in „verschiedenen Ansätzen zur Verwissenschaftlichung praktischen Problemlösens" eine weitere Wurzel des Systemdenkens [51].

Natürlich reicht ein solch einfacher Problemlösungszyklus bzw. -prozess noch nicht aus, um damit eine komplexe technische Entwicklung durchzuführen. Aber die Erkenntnisse daraus sind sehr entscheidende, wenn nicht sogar „die" zentrale Grundlage, auf der tatsächlich die meisten Entwicklungsprozesse aufbauen [52] [53] [54].

1.2.4 Technische Entwicklungsprozesse

Die zuvor aufgeführten Erkenntnisse aus der Psychologie wurden aber nicht immer als selbstverständlich bzw. bewusst in die Prozesse technischer Entwicklung integriert. Erste Ansätze, „die schöpferisch-konstruierende Ingenieurtätigkeit der 'wesensfremden Führung durch den Zufall' zu entziehen", gehen zum Beispiel auf die Zeit in und nach dem Zweiten Weltkrieg zurück. [55] In den 1940er Jahren erfolgten erste Beschreibungen einer **Entwicklungsmethodik** mittels der Zergliederung des Vorgehens in Teilaufgaben. Es wurde begonnen die technische Entwicklung als ein Netz aus Einflussgrößen und Relationen zu verstehen. Erste Methoden zum Variieren, Prüfen, Bewerten von gefundenen Lösungen und zum Einschränken der möglichen Lösungen wurden beschrieben. Diese Ansätze waren von einer dominierenden „mechanischen Sicht" auf die technische Entwicklung geprägt. Denn Elektrik war noch nicht weit und Elektronik oder gar Software waren noch gar nicht verbreitet. Den Nutzen eines geplanten und strukturierten Vorgehens bei der technischen Entwicklung erkannte man bei den damals schon immer komplexer werdenden Systemen dennoch rasch.

Seit den 1960er Jahren entstanden in ganz Deutschland zahlreiche „Institute für Konstruktionstechnik" und das Wort „**Konstruktion**" setzte sich in den folgenden Jahren im deutschen Sprachraum als zentraler Begriff für die Tätigkeit des Ingenieurs im Rahmen der technischen Entwicklung durch. Ein Standardwerk zu Methoden der technischen Entwicklung ist das 1977 zum ersten Mal und inzwischen in der 8. Auflagen erschienene, in acht Sprachen übersetzte Buch „Konstruktionslehre" der beiden Maschinenbauprofessoren GERHARD PAHL (*1925, †2015) und WOLFGANG BEITZ (*1935, †1998). Mit dieser und anderen Quellen entstand sozusagen eine „europäische Schule der Konstruktionslehre" mit vielen, sich überschneidenden Ansätzen. Neben dem Versuch einer möglichst umfassenden „Algorithmisierung" des Vorgehens und einer neutralen Beschreibung von Zielen und Lösungskonzepten auf Basis von

- Anforderungen,
- Funktionen,
- Prinzipien und
- Effekten,

betonen verschiedene Autoren auch zunehmend die Relevanz menschlicher Denkprozesse bei der technischen Entwicklung. Dazu passen auch die Ideen des Denkens in Systemen bzw. in abstrakten Modellen.

Diese Ansätze wurden in der 1986 erstmals erschienenen, weltweit bekannten VDI-Richtlinie 2221 „Methodik zum Entwickeln und Konstruieren technischer Systeme und Produkte" zusammengefasst. [56] Das Konstruieren wird darin definiert als die „Gesamtheit aller Tätigkeiten, mit denen – ausgehend von einer Aufgabenstellung – die zur Herstellung und Nutzung eines Produktes notwendigen Informationen erarbeitet werden und in der Festlegung der Produktdokumentation enden. Diese Tätigkeiten schließen die vormaterielle Zusammensetzung der einzelnen Funktionen und Teile eines Produktes, den Aufbau zu einem Ganzen und das Festlegen der Einzelheiten ein." [57]

In der VDI 2221 werden dabei die folgenden sieben „Vorgehensschritte beim Entwickeln und Konstruieren" beschrieben:

1. Klären und Präzisieren der Aufgabenstellung,
2. Ermitteln von Funktionen und deren Strukturen,
3. Suchen nach Lösungsprinzipien und deren Strukturen,
4. Gliedern in realisierbare Module,
5. Gestalten der maßgebenden Module,
6. Gestalten des gesamten Produktes sowie
7. Ausarbeiten der Ausführungs- und Nutzungsangaben.

Das Vorgehen wird dann noch „umrandet" mit den Hinweisen darauf, dass

- bei allen Schritten stets eine Kontrolle gegenüber dem „Erfüllen" und
- ggf. „Anpassen" der Anforderungen erfolgt (was Schritt 1 entspricht) und somit
- ein „iteratives Vor- und Rückspringen" zwischen Schritten stets möglich ist. [58]

In den Vorgehensschritten sind also die zuvor beschriebene Systemtheorie und der Problemlösungszyklus gut erkennbar enthalten. So wird das Produkt nicht in einem Rutsch entwickelt und gestaltet, sondern es wird empfohlen, es hierarchisch in „kleinere" Teile zu zergliedern (hier: Module) bzw. zu abstrahieren (hier: Lösungsprinzipien). Auch dieses Vorgehen ist natürlich rekursiv zu verstehen. Mehrere dieser Vorgehensmodelle können ineinander verschachtelt durchlaufen werden. Andere in Literatur und Praxis bekannte „Konstruktionsprozesse" enthalten meist mal mehr und mal weniger Schritte – auch Aktivitäten, Phasen, Abschnitte usw. genannt – mit verschiedenen Bezeichnungen. Selbst die „agilen Prozesse" – wie wir sie noch im Kapitel „Hilfsmittel" beschreiben werden – bauen letztlich auf diesen Prinzipien auf.

Aber egal wie man es nun grafisch darstellt oder wie man die Schritte benennt; für alle diese Modelle gilt am Ende sowieso der bereits im Abschnitt zur Modelltheorie zitierte

Satz von GEORGE BOX: „Ihrem Wesen nach sind alle Modelle falsch, aber einige sind nützlich." [35] Das gilt natürlich auch für die hier sowie die in anderen Literaturquellen beschriebenen Vorgehensmodelle.

Auch wenn mit dem Begriff „Konstruktion" nicht nur die Gestaltung geometrischer Zusammenhänge gemeint war und ist, so ist der Begriff der „Konstruktionsmethodik" doch inzwischen den allgemeiner gehaltenen Begriffen wie „Produktentwicklung" oder „Entwicklungs- bzw. Vorgehensmethodik" gewichen. Denn Software „will" zum Beispiel nicht „konstruiert werden", das hat sich sprachlich einfach nicht etabliert.

Gerade der zunehmende Einzug von Elektrik, Elektronik und Software führte dazu, dass die methodische Zusammenarbeit zur Erstellung „mechatronischer Systeme" an Gewicht gewann. Deshalb erschien 2004 die VDI-Richtlinie 2206 zur „Entwicklungsmethodik für mechatronische Systeme". [59] Die Richtlinie VDI 2206 ist dabei kein Gegenentwurf zur VDI 2221, sondern wird „ergänzend zu den Richtlinien VDI 2221 und VDI 2422 positioniert". Es wird in der Richtlinie VDI 2206 [60] aber auf die Besonderheit des interdisziplinären Vorgehens zwischen den – in einem mechatronischen System immer vorhandenen – Beteiligten aus unterschiedlichen Fachdisziplinen eingegangen. Es geht nicht darum, dass jede Disziplin ihr lokales Optimum erreicht, sondern darum, dass die Summe aller Teile nachher ein optimal funktionierendes Ganzes ergibt. Richtig: Das hat wieder etwas mit der im Abschnitt „Systemtheorie" beschriebenen „Emergenz" zu tun. Denn erst beim Zusammenfügen der einzelnen Produktteile entstehen Effekte, die man im Einzelnen gar nicht erkennen kann. Das gilt es zu verstehen und zu beachten.

Eine weitere Besonderheit der VDI 2206 ist, dass sie zur Darstellung und Beschreibung des Vorgehens ein sogenanntes „**V-Modell**" verwendet. Das „V" darin könnte man als das V im Wort „Vorgehen" verstehen, es ist aber zugleich auch die geometrische Form der Darstellung, die sich als besonders nützlich für die logische Beschreibung von Entwicklungsprozessen erwiesen hat. Hier mal an unserem einfachen Problemlösungsprozess aus der vorhergehenden Abbildung 3 verdeutlicht, sieht das dann so wie in der folgenden Abbildung 4 aus.

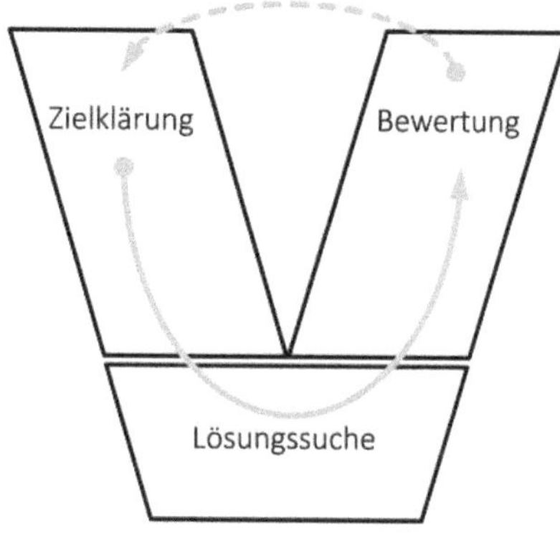

Abbildung 4: Ein einfaches V-Modell

In dem Modell wird zunächst im „linken Ast" das Ziel geklärt bzw. definiert, dann erfolgt die Suche nach Lösungen und deren Umsetzung, um dann im „rechten Ast" schließlich zu prüfen, ob das Ergebnis dem geforderten Ziel auch entspricht.

In der Praxis stehen im „V" natürlich mehr als nur drei Begriffe. So können zum Beispiel alle sieben Vorgehensschritte der VDI 2221 relativ einfach dort einsortiert werden. Darüber sind auch V-Modelle natürlich wieder iterativ und rekursiv, und damit sind sie oftmals – bewusst oder auch unbewusst – „ineinander verschachtelt". Dadurch entstehen „kleine" und „große" V-Zyklen, wie zum Beispiel in der folgenden Abbildung 5 angedeutet.

Abbildung 5: Ineinander geschachtelte V-Modelle

Was nun die Menge und die Bezeichnung der Schritte oder Phasen sowie deren Schachtelung angeht, so ist es schwierig bis unmöglich, EINE einzige Vorgabe zu machen, die für jeden Zweck „richtig" wäre. Das hängt unter anderem damit zusammen, dass die Fülle an Produkten bzw. Systemen – von der „einfachen" Büroklammer angefangen bis zum komplexen Automobil, Flugzeug oder Kraftwerk –, für die solche Vorgaben gelten müssten, so unendlich groß ist. Deshalb ist es stets abhängig vom Kontext (Branche, Markt, Unternehmen, Menschen, Komplexität, …), wie solche Prozesse in der Praxis dann im Detail gestaltet werden.

Der Umfang des betrachteten Entwicklungsprozesses wird dabei natürlich vor allem auch durch die Wahl der Systemgrenze bestimmt. Am einfachen Beispiel der erwähnten Büroklammer soll dieser Zusammenhang erläutert werden. Denn die **Komplexität** eines Entwicklungsprozesses ist in vielen Fällen nicht auf den ersten Blick erkennbar:

> Ein handelsübliches Exemplar einer Büroklammer besteht aus einem etwa 9 cm langen, gebogenen Draht der Stärke 1 mm. Haben Büroklammern ihren Dienst erfüllt, so wandern sie meist in die Ecke einer Schreibtischschublade, wo sie sich im Laufe der Zeit zu einem stattlichen bunten Haufen auftürmen. Bunt sind diese Haufen, da sich die Büroklammern neben ihrer Form, vor allem durch ihre Oberfläche unterscheiden. Die Mehrzahl der Exemplare ist silbern verzinkt oder verkupfert; dazwischen liegen kunststoffummantelte Büroklammern in vielen Farben. Ist diese Vielfalt vielleicht ein Hinweis auf eine Anforderungsliste, die mehr enthält, als nur „Papiere zusammenhalten"? Tatsächlich sollen diese Oberflächen das Papier schützen. Eine Büroklammer aus einfachem Stahldraht würde bei säurehaltigem Papier rosten und somit unschöne Flecken hinterlassen. Eine knallrote kunststoffummantelte Klammer möchte uns sagen: „Ich bin da!" Noch deutlicher sind die Signale der aus Blech gestanzten Klammern mit Firmen-Logo. Somit besitzen Büroklammern auch optische Signalfunktionen. Die Anforderungsliste ist zwar nicht ganz so trivial, wie zuerst angenommen, aber hier versteckt sich die vermutete Komplexität nicht.

> Bei näherer Betrachtung wird klar: Das hier diskutierte System ist nicht die einzelne Büroklammer, sondern die Versorgung des Markts mit Büroklammern. Daher sind die Produktion und der Vertrieb mit zu betrachten. Bei einem Stückpreis von ca. 0,2 Cent kommt eine handwerkliche Produktion wohl nicht in Frage. Tatsächlich werden Büroklammern auf Einzweck-Automaten gefertigt, deren Klingen und Stößel durch ein Kurvengetriebe bewegt werden. Die Abfolge der Fertigungsschritte und die Geometrie der Büroklammer sind in den Formen der Kurvenscheiben des Getriebes vorgegeben. Wie bei einem 4-Takt-Motor, dessen Einlass- und Auslass-Ventile über eine Nockenwelle gesteuert werden, bewegen sich die Klingen und Stößel eines solchen Biegeautomaten gemäß dieser rotierenden Kurvenscheiben. Die gewünschte Form der Büroklammer wird also zuerst in eine

Abfolge von Trenn- und Biegefunktionen übersetzt. Diesen Funktionen werden dann geeignete Maschinenelemente zugeordnet und diese zu einem Produktionssystem integriert. Dabei sind verschiedenartige Wechselwirkungen zwischen dem verarbeiteten Drahtwerkstoff, wie Härte und Rückfedereigenschaften, und den Maschinenelementen zu beachten. Die Einstellparameter derartiger Maschinen gehen in die Hunderte. Nur erfahrene Maschineneinrichter sind in der Lage, durch entsprechende Feinjustierung und Wartung dauerhaft hohe Qualität bei großer Produktionsgeschwindigkeit zu erreichen. Hinzu kommen die logistischen Abläufe zur Beschaffung des Vormaterials und zur Beschickung der Maschinen sowie die Verpackung, der Versand und die Distribution der Büroklammern zu den Händlern. Hinter der Versorgung des Marktes mit Büroklammern steckt also ein hochkomplexes technisch-organisatorisches System.

Also ganz klar: Über Systems Engineering – diese (Büro-)klammer in der technischen Entwicklung - könnte man bestimmt mehr als ein ganzes Buch schreiben.

Zur Einschätzung der Komplexität einer technischen Entwicklung ist stets der gesamte Prozess der Leistungserstellung, besser der gesamte Produktlebenszyklus, zu betrachten. Nur anhand der Betrachtung des fertigen Produkts bzw. Systems wird die ihm innewohnende Komplexität oftmals gar nicht direkt ersichtlich. Erst anhand der Vielfalt der in den Blick kommenden technischen und organisatorischen Elemente und dazwischen existierender Beziehungen lässt sich die bestehende Komplexität erkennen. Die einzelne Büroklammer – als kleinstes Teil des komplexen Systems aus Fertigungsmaschinen, Beschaffungs- und Distributionslogistik sowie organisatorischen Abläufen – bleibt dennoch trivial.

Es ist also nicht nur der zuvor hergeleitete Prozess der technischen Entwicklung, sondern es sind auch die nachfolgenden oder „umlagernden" Prozesse, die das „Leben" eines Systems beeinflussen, von Interesse. Ebenfalls entscheidend ist auch, ob man nun etwas komplett neu – quasi „auf der grünen Wiese" – entwickelt oder ob man „nur" ein bereits existierendes System verändert oder anpasst und damit auf viele bereits zuvor entwickelte Bestandteile – in welcher Form auch immer – zurückgreifen kann. Denn komplette Neuentwicklungen sind eher selten der Fall. Die meisten Systeme haben bereits ein „Leben" hinter sich, bevor sich Ingenieure (wieder) an die Entwicklung von „Nachfolgern" machen.

Das „Leben" eines Systems bringt uns zu einer weiteren Prozessbetrachtung, die im Rahmen der technischen Entwicklung nicht fehlen darf: dem Lebenszyklus.

1.2.5 Lebenszyklusprozesse

Alle Sachsysteme – und auch Teile davon – durchlaufen einen Lebenszyklus. Dieses Konzept beruht auf der Annahme, dass das „Leben" von den meisten Systemen in einige dafür charakteristische Phasen unterteilt werden kann. Im einfachsten Fall werden in einem generischen Lebenszyklus die zwei Abschnitte Entstehungsphase und Marktphase unterschieden.

Die **Entstehungsphase** beinhaltet auch die Tätigkeiten, die wir bereits als die technische Entwicklung beschrieben haben. Sie umfasst die Planung, die Lösungsentwicklung und die Herstellung. Die **Marktphase** wiederum gliedert sich dann zum Beispiel in Phasen, wie die Lieferung, die Nutzung und das Lebenszyklusende.

Als Zyklus – also Kreislauf – werden diese Modelle bezeichnet, da davon ausgegangen wird, dass alle Systeme bzw. ihre Bestandteile (Komponenten, Material, Daten, Wissen usw.) am Lebenszyklusende eine Wieder- oder Weiterverwendung erfahren und sich damit der Kreis im Sinne einer Kreislaufwirtschaft wieder schließt.

Ein Lebenszyklus existiert somit nicht nur für das gesamte System, sondern ebenso für Information innerhalb der technischen Entwicklung. Auch eine Anforderung wird zum Beispiel erstellt, analysiert, detailliert, umgesetzt und ggf. bei der nächsten Systementwicklung wiederverwendet, verändert oder gelöscht. Das beschreiben wir im Kapitel „Tätigkeiten" und im Kapitel „Hilfsmittel" noch detaillierter.

Es existieren zahlreiche solcher Lebenszyklusmodelle, die sich wiederum in Abhängigkeit des Kontextes (Branche, Märkte, Unternehmen, Menschen, Komplexität, usw.) in ihrem Umfang und Benennung der einzelnen Phasen unterscheiden. Sie werden oftmals auch direkt mit den Vorgehensmodellen kombiniert. Denn entscheidend ist, dass Ingenieure zwar vor allem in der Entstehungsphase tätig sind, aber das zu entwickelnde Produkt am Ende natürlich für die Marktphase und die darin vorhandenen Wünsche und Bedarfe der späteren Kunden bzw. Nutzer geschaffen wird. Deshalb sind alle mit der Marktphase verbundenen Forderungen an das Produkt – wie die zum Transport, zur Wartung, zur Entsorgung usw. – natürlich bereits im Rahmen der technischen Entwicklung im Voraus vom Ingenieur mit zu bedenken.

1.3 Systems Engineering

Nun wissen wir also, was „System" und „Engineering" bedeuten. Zusammengesetzt ist „Systems Engineering" also die „technische Entwicklung von Systemen". Das hätten wir ja auch direkt am Anfang sagen können, denn genau so sehen das weltweit auch viele andere Ingenieure:

"Systems Engineering (SE) ist ein interdisziplinärer Ansatz zur Unterstützung der Realisierung von erfolgreichen Systemen. SE fokussiert darauf, die Kundenbedarfe und die geforderte Funktionalität möglichst früh im Entwicklungsprozess zu definieren, die Anforderungen zu dokumentieren und dann mit dem Systementwurf und der Systemvalidierung fortzufahren, während dabei zugleich das gesamte Problem im Blick behalten wird, einschließlich der Verwendung, der Kosten und dem Zeitplan, der Leistungswerte, der Schulungsmaßnahmen und der Unterstützungsmaßnahmen, der Nachweise und Zertifizierungen, der Herstellung und der Entsorgung des Systems. Durch SE werden alle Fachdisziplinen in einem Teamansatz zusammengefasst, indem ein strukturierter Entwicklungsprozess vom Konzept über die Herstellung bis zur Verwendung des Systems beschrieben wird. Systems Engineering betrachtet sowohl die wirtschaftlichen als auch die technischen Bedarfe aller Kunden, mit dem Ziel, ein qualitativ hochwertiges Produkt zu schaffen, das den Bedarfen des Kunden gerecht wird." [61]

Diese Erklärung unterscheidet sich auch nicht wesentlich von den Definitionen, die wir für die technische Entwicklung zuvor im Abschnitt „Ingenieurwesen" gegeben haben. Das ist auch nicht verwunderlich, denn „Systems Engineering" ist eine der wesentlichen Grundlagen der Methoden und Prozesse, die wir heute in jeder technischen Entwicklung nutzen. Aber es ist natürlich auch nicht so, dass man erst „Systems Engineering" und dann die „Konstruktionsmethodik" erfunden hätte. Nein, beide haben sich sowohl getrennt voneinander als auch aufbauend aufeinander in den vergangenen Jahren kontinuierlich (weiter-)entwickelt. Zur Entstehung des „Systems Engineering" erzählt man sich dabei die folgenden Geschichten, die wir im Folgenden – insbesondere auch mit einer Betrachtung seiner Entwicklung in Deutschland kurz wiedergeben möchten.

1.3.1 Historie

Systems Engineering soll erstmalig in den 1940ern in den BELL TELEPHONE LABORATORIES Inc. in den USA als neue Vorgehensweise im Rahmen der Entwicklung von Telekommunikationssystemen und insbesondere auch für militärische Zwecke angewendet worden sein. Bei GENERAL ELECTRIC Co. wurde – ebenfalls in den 1940ern – parallel auch die Methode der „**Wertanalyse**" (value analysis) entwickelt, mit der Produktfunktionen und die damit verbundenen Kosten bewertet werden können. Die Entwicklungsmethodik in den USA beschäftigte sich nämlich neben technischen Systemen auch schon früh mit relevanten Themen der Managementtheorie, Entscheidungstheorie sowie psychologischen Aspekten wie Problemlösen und Kreativität. [62] Insbesondere Systems Engineering wurde mit den großen Raumfahrtprogrammen der NASA in den 1950ern und 1960ern zunehmend bekannter. Denn die Raumfahrt hatte die Herausforderung, sich kein Produktversagen leisten zu können. Alles musste beim und nach dem Start der Rakete schließlich perfekt funktionieren.

Die Ansätze der Wertanalyse und des Systems Engineering wurden dann schließlich auch in Deutschland übernommen. Vor allem die Wertanalyse lieferte zum Beispiel in den 1970er Jahren erste wichtige Grundlagen für die Erstellung der ersten VDI-Richtlinien zu Prozessen und Methoden der technischen Entwicklung. 1970 erscheinen zunächst eine Vereinheitlichung zum Thema „Wertanalyse" in den Richtlinien VDI 2801 „Wertanalyse: Begriffsbestimmung und Beschreibung der Methode" [63] und wenig später die VDI 2802 „Wertanalyse Vergleichsrechnung" [64]. 1973 folgte auch die dazu entsprechende DIN 69910 „Wertanalyse; Begriffe, Methode" [63]. Parallel dazu erschien 1972 die VDI 2224 „Formgebung technischer Erzeugnisse; Empfehlung für den Konstrukteur" [65] als erste „Konstruktionsrichtlinie".

Anfang der 1970er Jahre gab es im deutschsprachigen Raum auch Bestrebungen Systems Engineering unter dem Begriff **„Systemtechnik"** bekannt zu machen. [66] Auch damals war schon die Verbindung zu den US-amerikanischen Bemühungen um Systems Engineering in den Literaturangaben nachzulesen. [67] „So war das Motto des Deutschen Ingenieurtags von 1971 des VDI die 'Systemtechnik'. In diesem Jahr veröffentlichte Beitz in den VDI-Berichten einen Beitrag mit dem Titel 'Systemtechnik im Ingenieurbereich'." [68]

Nur wenige Bücher – wie z.B. von GERALD PATZAK zur „Systemtechnik - Planung komplexer innovativer Systeme" [69] oder MICHAEL BRUNS „Systemtechnik - Ingenieurwissenschaftliche Methodik zur interdisziplinaren Systementwicklung" [70] widmeten sich der Systemtechnik noch intensiver und werden auch heute noch als Quellen zitiert.

1976 erschien auch die erste Auflage des Buches „Systems engineering: Leitfaden zur methodischen Durchführung umfangreicher Planungsvorhaben" [71] des Schweizer Professors für Betriebswissenschaften und Fabrikorganisation WALTER F. DAENZER (*1906, †1985), das neben Methoden zur Beschreibung von Systemen auch Methoden zur Beschreibung der damit verbundenen Prozesse wie Planung, Problemlösungszyklen und Projektmanagement enthielt. Damals wurde „Systems **e**ngineering" im Buchtitel noch mit kleinem „e" geschrieben, aber das „s" am Ende von „System" war dafür schon immer da (mehr zum kleinen „s" im nächsten Abschnitt). Das Buch von DAENZER wurde von REINHARD HABERFELLNER et al. fortgeführt und liegt seit 2015 bereits in der 13. überarbeiteten Auflage unter dem Titel „Systems Engineering: Grundlagen und Anwendungen" [72] vor.

Der Begriff „Systemtechnik" konnte sich als Übersetzung des Begriffs „Systems Engineering" jedoch nicht durchsetzen und verschwand wieder. Anstelle der Systemtechnik wurde im deutschen Sprachraum das im Abschnitt „Engineering" beschriebene Thema „Konstruktionsmethodik" vertieft. Systemtechnik wird heute somit nur noch vereinzelt mit dem Systems Engineering gleichgesetzt. Eher wird der Bezug bzw. die Verwandtschaft zur „Konstruktionslehre" hergestellt. „Die Systemtechnik [...] hat als fachübergreifender Denkansatz enge Beziehungen zur Konstruktionswissenschaft. [...] Sie vermittelt im Wesentlichen zwei Inhaltsbereiche: Den Begriff des Systems, mit dem sich u.a. technische Systeme mit ihren Eigenschaften darstellen lassen, und die Methodik zur Synthese und Analyse von Systemen. Die Konstruktionswissenschaft verwendet diese beiden Bereiche analog: Zum einen die Theorie technischer Systeme als Beschreibung technischer Gebilde und zum anderen die Theorie der Konstruktionsprozesse, beide zusammen als Ursprung der Methodik des Konstruierens." [73]

1.3.2 Systems Engineering und der kleine Unterschied mit dem „s"

Noch der Hinweis, wie wichtig der kleine Buchstabe „s" ist. Gemeint ist der Unterschied zwischen Systems Engineering und System Engineering. Es ist durchaus nur ein kleines Detail und beide Bezeichnungen werden auch – häufig unbewusst – synonym verwendet. Im Sinne des einheitlichen Verständnisses und der eindeutigen Begriffsbildung sollte aber Folgendes gelten:

Systems Engineering ist fachdisziplinübergreifend. Der Schwerpunkt liegt dabei auf den Denkweisen, Methoden, Prozessen und Vorgehensweisen zur Verknüpfung der einzelnen Aktivitäten in einem konkreten Projekt – also so, wie es hier beschrieben wird. Hier ist es also wichtig, Wissen über jede der involvierten Disziplinen zu besitzen – aber nicht in der Tiefe eines Fachingenieurs.

Die konkrete Anwendung von Methoden der Konstruktion, Softwareentwicklung usw.: das ist System Engineering ohne „s" – das Wissen einer speziellen Disziplin wie Mechanik oder Softwaretechnik ist hier unabdingbar!

Im folgenden Kapitel wird auf den Unterschied zwischen Systems Engineering und dem Projektmanagement eingegangen, dem eine große Bedeutung zukommt. Damit ist die Stellung des Projektmanagers im Projekt also eine andere als die des Systems Engineers.

Systems Engineering …	System Engineering …	Projektmanagement …
… ist eine domänenüber-greifende Disziplin.	… ist die konkrete Anwendung von Systems Engineering auf ein bestimmtes Projekt durch einen System Engineer.	… ist die Frage der Organisation und Koordination des Problemlösungsprozesses durch einen Projektmanager.
Schwerpunkt liegt auf: Denkweisen, Methoden, Prozesse, Vorgehensweisen.	Schwerpunkt liegt auf: Entwicklung eines konkreten Systems; konstruktive Arbeit für das Finden der Lösung.	Schwerpunkt liegt auf: Überwachung und Einhaltung der Projektziele (ins. Zeit, Kosten)
Weniger wichtig ist: Fachwissen aus den technischen Domänen der Systeme.	Unverzichtbar: Fachwissen über die spezielle Domäne des Systems.	Unverzichtbar: Geeignete Zuteilung der Kompetenzen auf die Teilaufgaben im Entwicklungsprozess.

Abbildung 6: Das kleine „s" und der Unterschied zum Projektmanagement

1.3.3 Organisationen

Seit den 1990 Jahren bekommt das Systems Engineering sowohl international als auch im deutschsprachigen Raum zunehmend mehr Relevanz und Aufmerksamkeit. Das ist insbesondere auch der Gründung verschiedenen gemeinnütziger Organisationen zu verdanken, wie:

- dem „International Council on Systems Engineering" (INCOSE) in den USA und
- der „Gesellschaft für Systems Engineering e.V." (GfSE) in Deutschland.

Umfangreiche Information zu beiden Organisationen ist natürlich auf den Internet-Auftritten der jeweiligen Organisation zu finden. Für alle, die gerade nicht das Internet zu Hand haben, sollen die beiden Organisationen im Folgenden kurz vorgestellt werden.

Das **International Council on Systems Engineering** (INCOSE) ist eine 1990 gegründete, gemeinnützige Mitgliederorganisation, um insbesondere interdisziplinäre Prinzipien und Praktiken für die erfolgreiche Realisierung der technischen Entwicklung von Systemen zu entwickeln und zu verbreiten.

Die Mitglieder der INCOSE arbeiten gemeinsam daran, ihr technisches Wissen weiterzuentwickeln und sich dazu gemeinsam auszutauschen. Ihre Mission besteht darin, komplexe gesellschaftliche und technische Herausforderungen anzugehen, indem „Systems Engineering" und Systemlösungen ermöglicht, gefördert und weiterentwickelt werden. INCOSE gilt heute als die international maßgebende Körperschaft zur

Definition, Verständnisbildung, Förderung und Anwendung des Systems Engineering. Zu den zentralen Zielen der INCOSE zählen die folgenden Punkte:

- die Verbreitung von Wissen zum Systems Engineering,
- die Förderung der internationalen Zusammenarbeit in Praxis, Lehre und Forschung zum Systems Engineering,
- die Sicherstellung wettbewerbsfähiger, skalierbarer und professioneller Standards in der Praxis zum Systems Engineering,
- die Verbesserung des beruflichen Status aller Personen, die in der Praxis tätig sind sowie
- die Förderung staatlicher und industrieller Forschungs- und Bildungsprogramme zur Verbesserung des Systems Engineerings in der Praxis.

Das deckt sich natürlich mit den Zielen des „German Chapter of INCOSE" im deutschsprachigen Raum, der GfSE.

Die **Gesellschaft für Systems Engineering e.V.** (GfSE) wurde 1997 in der Rechtsform eines eingetragenen Vereins gegründet. Die Mitglieder der GfSE e.V. sind somit automatisch auch Mitglieder der INCOSE, das kost' also nix extra!

Die GfSE fördert als gemeinnützige Organisation Wissenschaft und Bildung im Bereich des Systems Engineering in Industrie, Forschung und Lehre. Sie partizipiert an den Aktivitäten von INCOSE auf europäischer und internationaler Ebene und offeriert darüber hinaus ein deutschsprachiges Dienstleistungsangebot zum Thema Systems Engineering.

Die GfSE lebt als gemeinnütziger Verein vom Engagement ihrer Mitglieder. Jeder einzelne finanzielle und geistige Beitrag – wie zum Beispiel das vorliegende Buch – schaffen dabei einen Mehrwert für die Gesellschaft und damit für alle. Das erfordert sowohl inhaltliche Arbeit als auch eine öffentliche Verbreitung der Ergebnisse.

Die öffentliche Verbreitung stützt sich dabei darauf:

- fachliche Veranstaltungen und Dokumente zum Systems Engineering anzubieten,
- Kooperationen zu Veranstaltungen und mit Vereinigungen einzugehen,
- Kontakte zu allen Fragen des Systems Engineering herzustellen,
- Veröffentlichung von Beiträgen der Mitglieder,
- Fördern der Aus- und Weiterbildung zum Thema Systems Engineering und
- Personen, Unternehmen und Instituten eine aktive Mitgestaltung der Ziele und fachlichen Arbeit zu offerieren.

Die inhaltliche Arbeit der GfSE setzt sich zusammen aus:

- der Arbeit in Arbeitsgruppen,
- der Erarbeitung von Beiträgen zum Systems Engineering,
- Fragen zum Systems Engineering aufzunehmen und zu beantworten sowie
- an Normungsaktivitäten mitzuarbeiten.

GfSE und INCOSE haben es sich zum Ziel gesetzt, die Methoden und Prozesse im Systems Engineering zu beschreiben und zu standardisieren. Eine Internetseite der INCOSE listet zum Beispiel über 30 verschiedene Dokumente als relevante Normen im Systems Engineering auf. [74] Einige dieser Normen werden in den folgenden Kapiteln noch als Literaturquellen aufgegriffen. Als zentral sind aber sicherlich die folgenden Dokumente zu sehen:

- ISO/IEC/IEEE 15288:2015 – System Life Cycle Processes [75],
- ISO/IEC TS 24748-1:2016-05 – Guide for Life Cycle Management [76] und
- ISO/IEC TR 24748-2:2011 – Guide for Application of 15288 [77].

Da Normen meist schwer zu lesen, nicht immer ganz einfach zu verstehen sind und noch dazu lange brauchen, bis sie veröffentlicht oder ggf. überarbeitet werden, bietet INCOSE auch zahlreiche „Technical Publications" an. Dazu gehören zum Beispiel Ratgeber und Leitfäden, wie allgemeine Informationen zu Themen des Systems Engineerings, Beschreibungen über fortgeschrittene Methoden, „Kochrezepte" und Kriterien. Diese Publikationen werden von Mitgliedern der INCOSE entwickelt und nach einem Prüfungs- und Freigabeprozess veröffentlicht. Diese Publikationen sind zum Teil öffentlich verfügbar oder werden den Mitgliedern der INCOSE und GfSE kostenfrei zur Verfügung gestellt.

Eine dieser Publikationen, die INCOSE bereits seit Anfang der 1990 Jahre stetig weiterentwickelt, ist ein sehr umfangreiches Handbuch, das 2015 in der Version 4.0 – abgestimmt mit den Änderungen der ISO/IEC/IEEE 15288:2015 – veröffentlicht wurde:

- INCOSE SYSTEMS ENGINEERING HANDBOOK – A Guide for System Life Cycle Processes and Activities. [78]

Die englische Version des Handbuchs wird allen Mitgliedern von INCOSE und GfSE kostenlos in digitaler Form zur Verfügung gestellt.

Das INCOSE Systems Engineering Handbook wurde 2017 von Mitgliedern der GfSE ins Deutsche übersetzt und wird seitdem über den Internet-Auftritt der GfSE verkauft:

- INCOSE SYSTEMS ENGINEERING HANDBUCH – Ein Leitfaden für Systemlebenszyklus-Prozesse und -Aktivitäten. [79]

Sowohl die englische, als auch die deutsche Version des Systems Engineering Handbuches sind Grundlage von Zertifizierungsprogrammen, die von der INCOSE und GfSE angeboten werden.

Das SE-ZERT® Programm der GfSE ist eine berufsbegleitende Weiterbildung zum „Certified Systems Engineer (GfSE)®" und soll den Teilnehmern die Gelegenheit zum Aufbau prozessbezogener und inhaltsbezogener Kompetenzen im Bereich Systems Engineering bieten. Es wurde von der GfSE zusammen mit dem TÜV Rheinland als Personenzertifikat entwickelt. Akkreditierte Trainingsstellen bereiten die Teilnehmer unabhängig auf die Zertifizierung vor, die von einem Prüfungsausschuss der GfSE auf Wissen zum Systems Engineering geprüft werden. Somit soll und wird eine hohe Qualität der Weiterbildung sichergestellt. Mit einem SE-ZERT® Zertifikat sind Absolventen branchenübergreifend für Ihre Arbeit als Systems Engineer qualifiziert. Die Weiterbildung wird sowohl in deutscher als auch englischer Sprache angeboten.

Der SE-ZERT® richtet sich an Einzelpersonen mit einem technischen Abschluss vom Meister, Techniker, Bachelor, Master und älteren Hochschulabschlüssen. Es bietet weiterhin Firmen die Qualifizierung von Mitarbeitern in einer internen Weiterbildung, als auch durch Teilnahme an öffentlichen Kursen an. Weitere Informationen zum SE-ZERT® finden sich auf der Interseite: **http://www.sezert.de/**

1.3.4 Systems Engineering in der Praxis

Die Bundesagentur für Arbeit (BfA) definiert die Tätigkeit eines Systems Engineers mit Master Abschluss (KldB 27304) [80] als:

„Berufe in der technischen Produktionsplanung und -steuerung – hochkomplexe Tätigkeiten."

Die Beschreibung ist:

„Diese Systematikposition umfasst alle Berufe in der technischen Produktionsplanung und -steuerung, deren Tätigkeiten einen hohen Komplexitätsgrad aufweisen und ein entsprechend hohes Kenntnis- und Fertigkeitsniveau erfordern. Angehörige dieser Berufe organisieren und überwachen Betrieb und Instandhaltung von Prozessanlagen und Installationen. Sie koordinieren und beurteilen Produktionsaktivitäten, Kosteneffizienz und Sicherheit."

Vergleicht man diese national ausgerichtete Beschreibung mit der internationalen Definition von Systems Engineering bei INCOSE [61] bzw. ISO/IEC/IEEE 15288 [75] dann wird klar warum Systems Engineering nicht in dem Ausmaß genutzt wird, wie es zum Vorteil einer Organisationen möglich wäre.

Die jüngste Definition von INCOSE für Systems Engineering lautet:

„Systems Engineering is a transdisciplinary and integrative approach to enable the successful realization, use, and retirement of engineered systems, using systems principles and concepts, and scientific, technological, and management methods.[1]" [81]

Zugegeben eine komplexe Definition, aber Systems Engineering hat die Aufgabe in einer Produktentwicklung, die meist im Rahmen des magischen Dreiecks (Abbildung 7) stattfindet, mehr zu beachten als nur die reine Funktionalität eines Produkts. Es ist Aufgabe des Systems Engineers diese Rahmenbedingungen einzuhalten und trotzdem innovative und marktfähige Produkte zu entwickeln bzw. zu erschaffen. Er wird das nicht alleine schaffen aber als Klammer der technischen Entwicklung ist es seine Aufgabe alle Projektbeteiligten auf dieses Ziel zu fokussieren.

Gut angewandtes Systems Engineering ist ein Mittel, um die Meinungen und das Know-how von Fachdisziplinen und die Bedarfe von Stakeholdern bei der projekt-/systeminternen Abstimmung erfolgreich einzubringen. Es wird angeraten, diese Abstimmungen so früh wie möglich und regelmäßig in nicht zu großen zeitlichen Abständen durchzuführen. Iterative Vorgehensweisen, eine agile Systementwicklung, Scrum Methodik usw. sind Ansätze, die sich in der Praxis bewährt haben.

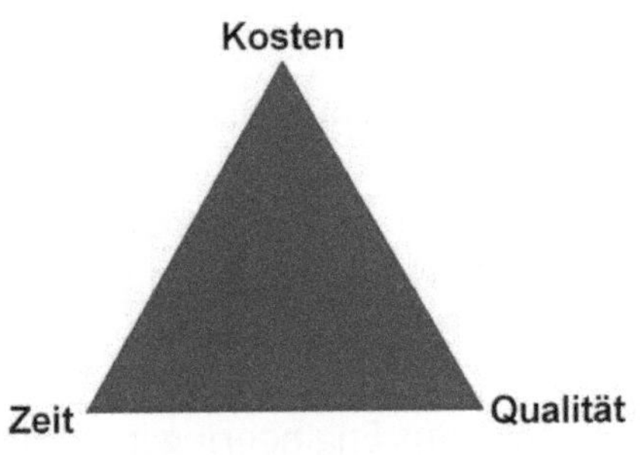

Abbildung 7: Magisches Dreieck

Insbesondere bei Großprojekten wie z.B. Straßenbau, Bahntrassen empfiehlt es sich die Stakeholderinteressen intensiv vor dem eigentlichen Planungsbeginn bzw. Produktionsbeginn abzufragen und mit den Interessen der beauftragenden Organisation abzuklären. Nachlässigkeit bei diesem Prozess führt in der Regel zu großen Zeitverzügen und ausufernden Kosten. In den Niederlanden hat sich dafür der Begriff „integrale Planung" etabliert.

Bei einer integralen Planung wie sie sich im Anschluss an den Abstimmungsprozess empfiehlt sollten Ziele aus allen Disziplinen berücksichtigt werden. So z.B.:

---

[1] Man kann diese Definition sinngemäß etwa so ins Deutsche übersetzten: Systems Engineering ist ein transdisziplinärer und integrativer Ansatz zur erfolgreichen Realisierung, Verwendung und Stilllegung von Systemen. Systems Engineering basiert auf den Grundlagen der Systemtheorie und des Systemdenkens und wendet dazu wissenschaftliche, technische und Managementmethoden an.

- Planung: Ästhetik, Nutzen- und Bedienungskomfort
- Ausführung: Kosteneffizienz, Qualität, innerhalb der geplanten Zeit
- Betrieb: Energieeffizienz, Kosteneffizienz
- Instandhaltung: praktisch, unkompliziert, Wertsicherung, Lebenszyklus

Systems Engineering kennt geeignete Methoden um bei unterschiedlichen Organisationstrukturen die Aufgabenverteilung zwischen Auftraggeber und Auftragnehmer zu bewältigen.

Um evtl. vorhandene Unsicherheiten auf der Auftraggeberseite auszuräumen kann auf das Mittel eines DBFM (Design, Build, Finance, Maintain) [82] Auftrags zurückgegriffen werden. Der Auftraggeber liefert dabei lediglich einen funktionellen Entwurf der nur aus Anforderungen besteht, und beschränkt sich auf die regelmäßige Verifikation und Validierung des Resultats in Bezug auf die Anforderungen während der verschiedenen Projektphasen. Entwurf, Ausführung, Vorfinanzierung und Instandhaltung werden dann durch ein Generalunternehmen vorgenommen. Das Generalunternehmen hat dabei in jeder Hinsicht die Verantwortung für das gesamte Projekt.

Für den Fall von kleinen und mittleren Unternehmen (KMU) unterscheidet sich die Vorgehensweise nicht. Lediglich die Umfänge von Prozessschritte reduzieren sich und ein pragmatischer Umgang mit Prozessvorgaben wird empfohlen.

1.3.5 Anwendungsgebiete von Systems Engineering

Systems Engineering stellt wie wir in den folgenden Kapiteln noch sehen werden die wesentlichen Grundlagen an Methoden und Prozessen zur Verfügung, die wir heute in der technischen Entwicklung und in unterschiedlichen Anwendungsgebieten nutzen. Die innovative Anwendung von Systems Engineering ist aber nicht auf die „üblichen Verdächtigen", wie z.B. Luft- und Raumfahrt, beschränkt sondern lässt sich sehr erfolgreich auch in anderen Industrien, wie dem Maschinenbau oder die Automobilindustrie einsetzen. Im Folgenden sind noch einige technischen Anwendungsgebiete beschrieben die üblicherweise nicht mit Systems Engineering in Verbindung gebracht werden:

- Infrastrukturen: In den Niederlanden wird Systems Engineering angewandt für den interdisziplinären Entwurf sowohl von Autobahnen und Schifffahrtskanälen als auch Brücken, Tunneln, Schleusen und weiteren infrastrukturellen Bauwerken. Die Verwendung von Systems Engineering, auf Basis der ISO/IEC/IEEE 15288 und in jüngster Zeit auch immer mehr Model-Based-Systems-Engineering, ist dabei oft eine Vertragsgrundlage zwischen öffentlichen Auftraggebern wie

Rijkswaterstaat (www.rijkswaterstaat.nl), ProRail (www.prorail.nl) und anderen Marktparteien. Zu diesem Zweck wurde ein eigenes Handbuch für Systems Engineering (www.leidraadse.nl) entwickelt.

Das DBFM-Projekt A15 Maasvlakte-Vaanplein in den Niederlanden (Ausbau der Autobahn A15, Renovierung Botlektunnel und Thomassentunnel, Neubau Botlekbrücke) ist ein Beispiel hierfür. In diesem Projekt wurden alle Prozesse, die in der ISO/IEC/IEEE 15288 beschrieben sind, eingerichtet und angewandt (Entwurf, Ausführung, Finanzierung und Instanthaltung der technischen Installationen wie auch der Bauwerke).

Systems Engineering ist nicht beschränkt auf technische Systeme, sondern kann auch zur systemübergreifenden Integration verwendet werden. In diesen Industrien werden durchaus nicht nur die generische ISO/IEC/IEEE 15288, sondern auch andere, anwendertypische, Richtlinien angewandt. Im Folgenden sind einige dieser Anwendungsgebiete beschrieben. Die Ausprägung von Systems Engineering, seinen Prinzipien und die Systemmodelle sind dann stark abhängig von der jeweiligen Disziplin. Im folgende einige Beispiele:

- Kommunikation Systems Engineering, das sich mit der Entwicklung von Netzwerken zur Informationsübertragung beschäftigt. System Engineers designen z.B. komplexe Nachrichtenübertragungssysteme. Sie bearbeiten dabei sowohl Module als auch ganze Anwendungssysteme. Systems Engineers können den gesamten Prozess von der Konzeption über die Fertigung bis zum Betrieb und der späteren Wiederverwertung leiten.
- IT-Systems Engineering beschäftigt sich mit der Konzeption, der Entwicklung und dem Betrieb von hoch komplexen und vernetzte IT-Systemen. Angewandt werden dabei sowohl ingenieurswissenschaftliche Methodiken als auch Methoden der Softwareentwicklung.
- Enterprise Systems Engineering (ESE) ist die Disziplin, die Systems Engineering auf die Gestaltung eines Unternehmens anwendet. Ein Unternehmen ist ein komplexes sozio-technisches System, das aus voneinander abhängigen Ressourcen von Menschen, Informationen und Technologien besteht, die zusammenwirken müssen, um eine gemeinsame Mission zu erfüllen. Die Methoden von Systems Engineering können hierbei genutzt werden um ein Unternehmen auf ein produktiveres, wettbewerbsfähigeres oder auch innovativeres Niveau zu heben.
- Systems Engineering in der Umweltplanung betrachtet das System der Wechselwirkungen zwischen Mensch und Umwelt. Lösungsansätze für die Fragestellungen im Umweltbereich erfordern globale und interdisziplinäre Ansätze. Sie können daher erfolgreich und effizient mit den Methoden des Systems Engineering

betrachtet werden um dann in Produkten der erneuerbaren Energien, dem Emissionsschutz, der Wassertechnik oder in der Abfallwirtschaft realisiert zu werden.

Das Ziel eines effektiven Systems Engineering als multifunktionales Werkzeug wird aber regelmäßig verfehlt, wenn Systems Engineering nur „pro forma" genutzt wird um z.B. vertragliche Pflichten zu erfüllen oder als Werbeinstrument. In dem Fall wird der Aufwand zum Einrichten, Ausarbeiten und Instanthalten der SE-Prozesse überproportional groß. Die aufzuwendende Zeit und die entstehenden Kosten entsprechend dann nicht mehr einem dem Projektumfang angemessenen Systems Engineering. Systems Engineering verliert dann seinen Wert. Das Mittel um ein angemessenes Systems Engineering zu entwickeln ist „tailoring" d.h. anpassen der generischen Prozesse an die Organisationswirklichkeit und Projekterfordernisse. In Kapitel 2 wird auf diese Methode näher eingegangen werden.

1.4 Kapitelautoren und andere wichtige Quellen

In diesem Kapitel haben sich mehrere Personen eingebracht. Allen vorweg möchten wir **Jürgen Rambo** für die fachliche Koordination der ursprünglichen Fassung danken. Als neuer Autor hat sich Marcus Augustin eingebracht. Die Überarbeitung für diese Ausgabe hat **Johannes Fritz** erbracht.

Die folgenden **Autoren** waren an diesem Kapitel beteiligt:

- Jürgen Rambo,
- Johannes Fritz,
- Christian Tschirner,
- Christian von Holst,
- Claudio Zuccaro,
- Michael Vielhaber,
- Hanno Weber,
- Martin Geisreiter
- Marcus Augustin

Wir greifen in der täglichen Arbeit auf das bereits niedergeschriebene Wissen von anderen zu. Beim Schreiben dieses Buchs haben wir das ebenfalls getan. Das haben wir in den Texten mit zahlreiche Quellenangaben gewürdigt.

Für weiterführende Informationen und als besonders lesenswerte Quellen empfehlen wir folgende Quellen:

- Günter Ropohl: **Allgemeine Technologie - Eine Systemtheorie der Technik.** Universitätsverlag Karlsruhe, Karlsruhe; Juni 2009.
- Reinhard Haberfellner, Olivier de Weck, Ernst Fricke, Siegfried Vössner: **Systems Engineering - Grundlagen und Anwendung.** Orell Füssli Verlag, Zürich; 2012.
- D. D. Walden, G. J. Roedler, K. J. Forsberg, R. D. Hamelin, T. M. Shortell: **Systems Engineering Handbuch: Ein Leitfaden für Systemlebenszyklus-Prozesse und -Aktivitäten.** Titel des englischen Originals: INCOSE Systems Engineering Handbook: A Guide for System Life Cycle Processes and Activities (4th ed.). GfSE Verlag, München; Juni 2017.
- VDI: **VDI 2221, Blatt 1 und Blatt 2: Entwicklung technischer Produkte und Systeme.** Beuth-Verlag, Berlin; Gründruck 2017 („Weißdruck" 2018).
- Klaus Ehrlenspiel: **Integrierte Produktentwicklung.** Carl Hanser Verlag, München; 2013.
- T. M. Amabile: **The Social Psychology of Creativity**. Springer, Heidelberg; 2012
- M. Tomasello: **Die Ursprünge der menschlichen Kommunikation**. Suhrkamp Verlag, Frankfurt am Main; 2011

Kapitel 2
Positionierung

Nachdem wir im Kapitel Orientierung die ersten Begriffe zum Systems Engineering erklärt und grob erfahren haben, was Systems Engineering bedeutet, möchten wir im folgenden Kapitel eine Positionierung des Systems Engineerings in Bezug zu anderen Tätigkeiten und Rollen im Unternehmen bzw. in Projekten vornehmen. Dazu beschreiben wir zunächst das Umfeld des Systems Engineerings, denn der Systems Engineer agiert ja nicht im „luftleeren Raum" und auch selten auf der „grünen Wiese". Nein: Üblicherweise wird er mit seinen Aufgaben eingebettet in das „große Ganze" eines Unternehmens bzw. eines Projektes. Dazu stellen wir im Folgenden insbesondere den Bezug zu Rollen, wie dem Projekt- oder dem Qualitätsmanager her. Darüber hinaus führen wir verschiedene Organisationsformen auf, und wie der Systems Engineer in diesen verankert werden kann und liefern abschließend einige Argumente gegenüber Dritten, warum man den Systems Engineer überhaupt benötigt.

2.1 Umfeld des Systems Engineers

Wie gliedert man einen Systems Engineer in ein Projekt oder gar in ein gesamtes Unternehmen ein – oftmals gibt oder gab es diese Rolle ja nicht explizit. Nun: Es gab sie vielleicht nicht bzw. einige der erforderlichen Aufgaben des Systems Engineers wurden somit sicherlich bislang stark vernachlässigt. Andere Aufgaben wurden – und werden – aber darüber hinaus wiederum fälschlicherweise mit hinzugezählt. Die konkrete Ausgestaltung des Systems Engineerings ist noch dazu immer vom zu entwickelnden System und von der vorliegenden Unternehmensorganisation abhängig. Denn das Umfeld des Systems Engineers kann stark variieren. Nur eines ist bei der Ausgestaltung der

Rolle sicher: Die Gesamtverantwortung für ein Projekt liegt und bleibt beim Projektleiter und nicht beim Systems Engineer!

Der Systems Engineer ist für die technische Funktionsfähigkeit und die Erfüllung der zugesagten Anforderungen verantwortlich. Diese Arbeitsteilung mit den entsprechenden Entscheidungskompetenzen sowie die Repräsentation des Projekts nach innen und außen sind sorgfältig abzustimmen. Um das geplante System – bzw. in der Sprache des Systems Engineerings ausgedrückt: das **Zielsystem** (engl.: System of Interest, SoI) erfolgreich zu machen, muss der Systems Engineer den Kompromiss aus allen Bedarfen und Anforderungen der Stakeholder finden und zu einem definierten Optimum bringen. Üblicherweise stehen hier betriebliche Rahmenbedingungen (z.B. verfügbare Ressourcen wie Entwicklungskapazitäten, verfügbare Zeit oder Entwicklungskosten) in Konkurrenz mit Stakeholderzielen (z.B. Qualität oder Leistungsfähigkeit des Systems).

Daraus leitet sich folgender Anspruch an die Position des Systems Engineers in einem Unternehmen ab:

Der Systems Engineer ist kein Stakeholder des zu entwickelnden Systems. Eine Doppelfunktion z.B. Systems Engineer und Projektleiter oder Systems Engineer und Fachgruppenleiter ist höchst ungünstig. Ein gleichzeitiges Arbeiten in der Linien- und Projektorganisation gilt es für den Systems Engineer, wie auch für den Projektleiter, zu vermeiden. Im deutschen Maschinen- und Anlagenbau findet diese Vermischung leider häufig statt – gerade bei kleinen Unternehmen. Um das optimale System zu gestalten, muss der Systems Engineer jedoch frei von Abteilungsinteressen denken und Lösungen entwickeln können. Andernfalls bleiben wichtige Stakeholderanforderungen auf der Strecke.

Der Systems Engineer sollte organisatorisch so positioniert sein, dass er als gleichberechtigter Gesprächspartner mit den Vertretern der Stakeholder kommunizieren und argumentieren kann. Auch wenn er keine disziplinarische Befugnis hat (er unterschreibt also keine Urlaubsanträge oder Ähnliches) – sollte ihn sein fachlicher und allgemeiner beruflicher Werdegang dazu befähigen.

Es sollte einen klaren Eskalationspfad geben, der dem Systems Engineer im Zweifelsfall eine schnelle Entscheidungsfindung ermöglicht.

Der Systems Engineer orchestriert die Entstehung des Systems – das ist die Vision. Das in Realität auch zu realisieren, ist nicht immer einfach. Wir sollten uns aber darauf einigen, dass ein Systems Engineer als zentrale Schaltstelle eines Projekts (Abbildung 8) alle wesentlichen Aufgaben rund um das System übernimmt – er agiert im Prinzip als „Dirigent" der Entwicklung und Produktion des Systems und bindet die zahlreichen Stakeholder eines Projekts zielgerichtet ein. Die detaillierte Ausgestaltung dieser Sicht ist zudem bislang sehr heterogen, und es entbrennt häufig auch ein „religiöser Streit" darum. Auch die vielen Normen und praxisgetriebenen Arbeiten erlauben es nicht, ein einheitliches Bild zu erstellen. Eine einfache Sicht auf den Systems Engineer und sein Umfeld ist in dem Buch „Decision Making in Systems Engineering and Management" [83] aufgeführt – sehr generisch, aber dennoch lässt es ein herausforderndes Umfeld des Systems Engineers erahnen.

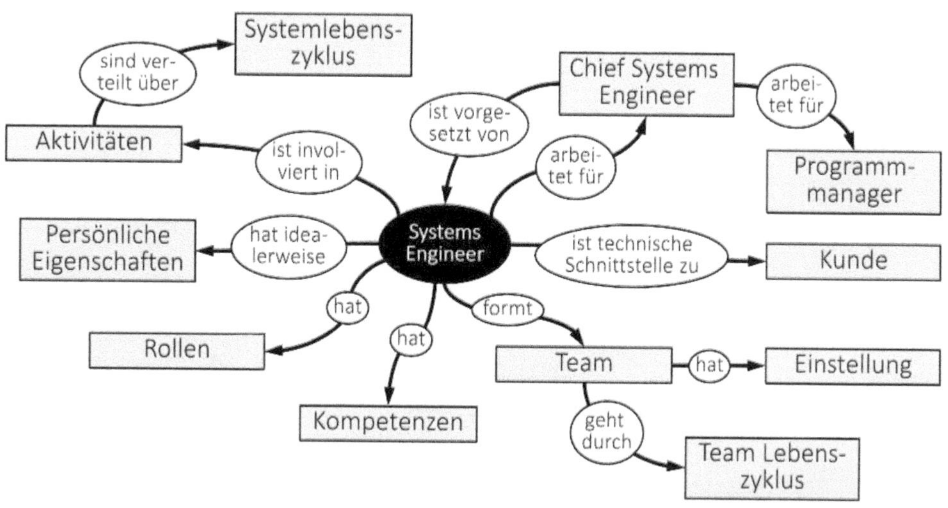

Abbildung 8: Der Systems Engineer im seinem Umfeld (Beispiel)

2.2 Systems Engineering versus Projektmanagement

Für eine detaillierte Abgrenzung des Systems Engineerings und des Projektmanagement beschreibt das folgende Kapitel die Gemeinsamkeiten und auch die fachlichen Abgrenzungen. Zudem werden weitere Fragen erörtert: Wie müssen der Projektleiter und der Systems Engineer in einem Projekt zusammenarbeiten? Wer ist wofür verantwortlich und wer muss welche Kompetenzen mitbringen? Kann der gleiche Mitarbeiter sowohl die Rolle des Projektleiters als auch die des Systems Engineers übernehmen? usw.

Das sind einige der häufigen Fragestellungen, die aufkommen, wenn man sich mit dem Thema Systems Engineering beschäftigt. Die Details sind schwierig. Es sei aber vorweggenommen, dass sich eine gute Zusammenarbeit zwischen dem Projektleiter und dem Systems Engineer entscheidend auf den Erfolg eines Projektes auswirkt. Eine gute Unterscheidung der Aufgaben von Systems Engineer und Projektmanager ist anhand der beiden Standardwerke der jeweiligen „Interessensvertretungen" möglich. Das sind bei den Systems Engineers die ISO/IEC/IEEE 15288 [75] sowie das „INCOSE Systems Engineering Handbuch"[[78] [79] und bei den Projektmanagern das bekannte „Project Management – Body of Knowledge" (kurz PMBOK)[2] [84].

Eine höchst einfache Unterscheidung der Rollen von Systems Engineering und Projektmanagement wird in dem Buch von HABERFELLNER u.a. dargestellt. Sein „Systems Engineering-Männchen", das wir in der Abbildung 9 vereinfacht dargestellt haben, verdeutlicht dies auf eine einprägsame Art.

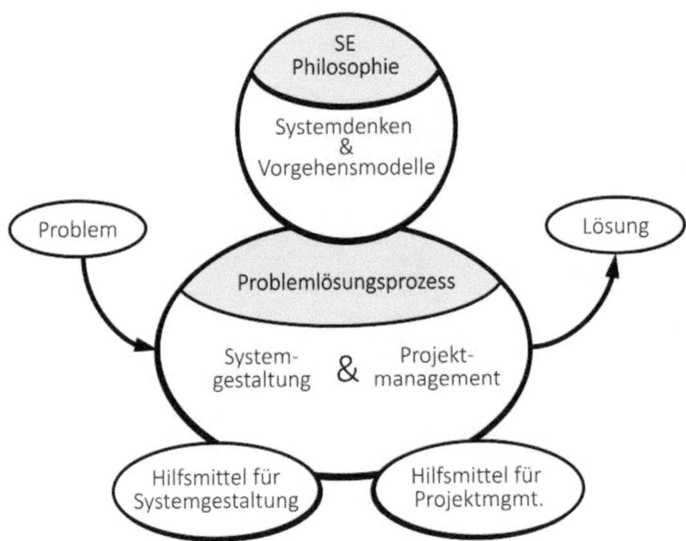

Abbildung 9: Das „Systems Engineering Männchen" (nach HABERFELLNER)

Das „Systems Engineering-Männchen" beinhaltet im Kern die Problemlösungsprozesse zur Systemgestaltung und zum Projektmanagement. Damit verbunden – quasi als Füße – sind die Techniken bzw. Hilfsmittel, die das „Vorankommen" in einem Projekt unterstützen. [85] Die normative Vorgabe – also der Kopf des Männchens – ist die Systemphilosophie von der sich Systemdenken und Vorgehensmodelle ableiten lassen.

Demnach beschäftigt sich das Systems Engineering vornehmlich mit den technischen Prozessen zur Systemgestaltung. Diese beginnen bei der Entwicklung der Systemidee

---

[2] Ähnlich dem Wissenskanon' von GPM/IPMA

und enden bei der Entsorgung des Produktes. Sie schließen insbesondere die Requirements Engineering Prozesse, die Architekturdefinition oder die Systemverifikation und -validierung ein. Zum Systems Engineering gehören aber genauso technische Managementprozesse, also steuernde und verwaltende Prozesse, die erforderlich sind, um die technischen Prozesse und damit letztlich das System selbst zu ermöglichen. In der ISO/IEC/IEEE 15288 werden diese Projektplanungs- oder Projektkontrollprozesse für das Systems Engineering beschrieben.

Im Vergleich dazu verantwortet – wie bereits erwähnt – der Projektmanager das Gesamtprojekt und verantwortet dabei vornehmlich die organisatorischen und kommerziellen Aspekte eines Projekts. Und genau an dieser Stelle kommt dann meist die Verwirrung auf weil die technischen Managementprozesse der ISO/IEC/IEEE 15288 sich mit den typischen Projektmanagementprozessen (z.B. Projektplanung, Projektbewertung und -kontrolle, Entscheidungsmanagement, Risikomanagement, Informationsmanagement) zu überschneiden scheinen. In der Tat gibt es eine große Schnittmenge zwischen Systems Engineering und Projektmanagement (vgl. [78] [86]). Es zeichnet aber ein gutes Projektteam aus dass diese Überschneidungen einvernehmlich geregelt werden. Eine Richtschnur der Kompetenzverteilung kann der Projektaspekt der jeweiligen Rolle sein (technisch, kommerziell, organisatorisch). Die Abbildung 10 verdeutlicht diese Überlappung.

Natürlich gibt es aber enorme Unterschiede zwischen dem Projektmanagement und dem Systems Engineering. Ganz einfach – aber aus Sicht eines Systems Engineers nicht vollständig korrekt – diskutiert: Zeit, Kosten, Inhalt.

Aber wer ist für was verantwortlich? Für Zeit und Kosten der Projektmanager und für den Inhalt der Systems Engineer? Im Detail betrachtet, wäre eine derartige Arbeitsteilung sicherlich nicht richtig, aber es gibt Vorstellungen, wie der Unterschied gestaltet werden könnte. Eine derartige, wie vorher beschrieben, scharfe Aufteilung würde bedeuten, dass die jeweils andere Rolle nichts mit den Kernkompetenzen des Anderen zu tun hat. Zentral ist aber die meist intensive Zusammenarbeit zwischen dem Systems Engineer und dem Projektmanager in einem Projekt. Für das Erreichen der Projektziele im Hinblick auf Inhalt (Qualität), Zeit und Kosten ist letztlich immer derjenige verantwortlich der von der Organisationsleitung die, für die Projektleitung, notwendigen Kompetenzen bekommen hat. Dies ist in den meisten Fällen allein ein Projektmanager/ -leiter .Der verantwortliche Systems Engineer trägt aber sicher immer eine Teilverantwortung für die technische Aspekt eines Produkts, auch im juristischen Sinn.

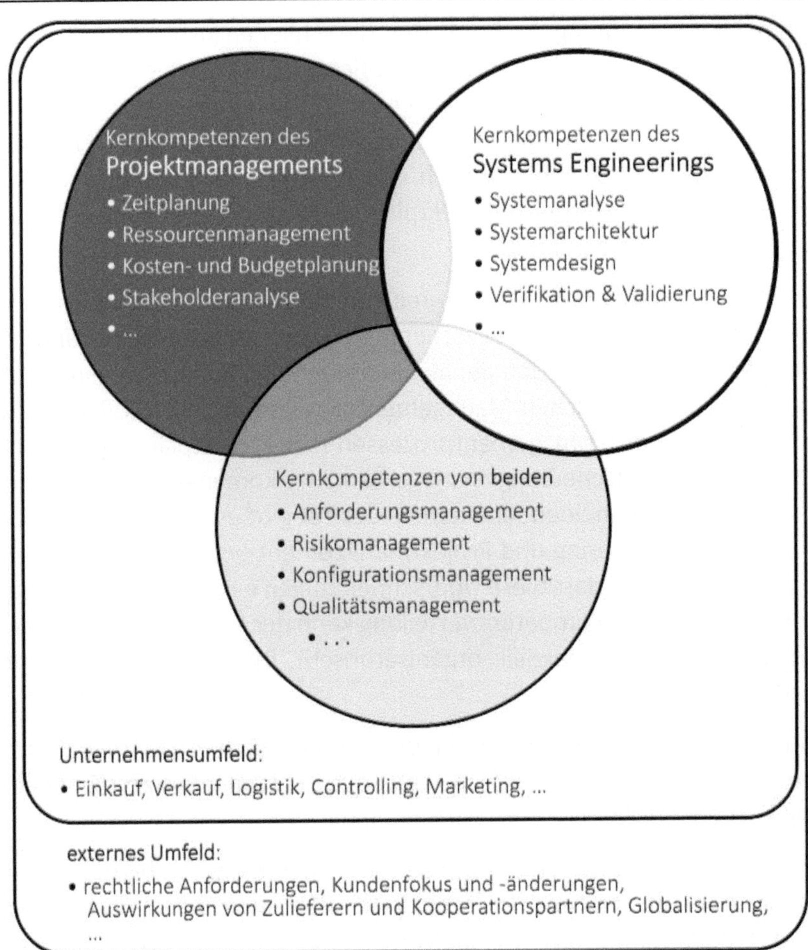

Abbildung 10: Zusammenwirken von Systems Engineering und Projektmanagement

Etwas detaillierter analysiert wird das deutlich: Zeit, Kosten und Qualität Inhalt sind Projektziele!

Der Fokus des Projektmanagements liegt generell auf dem Projekt. Aus der Perspektive eines Projektleiters beginnt der Lebenszyklus beim Projektanfang und hört beim Projektende auf. Projektmanagement bewegt sich also im typischen kommerziellen Spannungsfeld zwischen Termin, Budget und Performance.

Der Fokus des Systems Engineering ist auf die technische Ausgestaltung des zu entwickelnden Systems gerichtet. So fängt der Lebenszyklus aus der Perspektive eines Systems Engineers bei der Entwicklung einer Systemidee an und hört bei der Entsorgung des Systems auf. Systems Engineering bewegt sich also im Spannungsfeld zwischen

Lebenszyklus, Technologie/Performance und Vorgehensmodell, um innerhalb der gegebenen zeitlichen und budgetären Rahmenbedingungen einen entsprechenden Inhalt zu liefern, der den Stakeholderanforderungen entspricht.

Entsprechend benötigen Systems Engineers und Projektleiter stark überlappende aber nicht identische Fachkompetenzen. Da beide die Projektplanung gestalten, müssen beide fähig sein, Projektziele zu formulieren und zu verhandeln oder den Projektstrukturplan zu erstellen usw. Die Formulierung von Systemanforderungen, die Erstellung der Systemspezifikation (Pflichtenheft) oder Methoden der Architekturgestaltung sind hingegen Fachkompetenzen, die ein Systems Engineer beherrschen muss, ein Projektleiter hingegen nur kennen sollte. Umgekehrt muss ein Projektleiter die Ressourcenallokation und das Vertragsmanagement beherrschen. Natürlich ist ein Verständnis der Aufgaben und Methoden des jeweils anderen eine wichtige Voraussetzung für eine gute Zusammenarbeit zwischen dem Projektleiter und dem Systems Engineer.

In der Projektorganisation ist der Systems Engineer daher dem Projektleiter in der Regel nachgeordnet. Er arbeitet dem Projektleiter zu und berichtet diesem. Dabei erhält der Systems Engineer meist eine Teilprojektverantwortung, die sich auf die technischen Systemaspekte bezieht und insbesondere die Anforderungserhebung und -analyse, die Erstellung des Pflichten- oder Lastenheftes und die Gestaltung der Systemarchitektur umfasst.

In vielen Unternehmen wird der Systems Engineer nicht so benannt. Häufig werden stattdessen andere Bezeichnungen wie z. B. „Chief Engineer", „System Design Authority" oder „technischer Projektleiter" benutzt. Ein klarer Bezug zum Systems Engineering, also die Bezeichnung „Systems Engineer" ist aber natürlich vorzuziehen. In einem größeren Projekt schultern darüber hinaus in der Regel mehrere Mitarbeiter die Aufgaben des Systems Engineerings, und es gibt somit auch einen „Lead Systems Engineer", der im Sinne eines Teilprojektleiters die Aufgaben der einzelnen Systems Engineers koordiniert.

Die beiden Rollen Systems Engineer und Projektleiter können in einem Projekt manchmal auch von ein und derselben Person besetzt werden. Dies kann bei kleinen Projekten Sinn machen. Bei größeren Projekten ist dies jedoch i.a. nachteilig. Das liegt nicht nur an der entsprechend größeren zeitlichen Belastung, bedingt durch die Aufgabenfülle und die Teamgrößen, sondern auch an Interessenskonflikten. Die Aufteilung der beiden Rollen auf zwei verschiedene Mitarbeiter ermöglicht eine Art produktiver Spannung, bei der der Systems Engineer vorzugsweise die Systemsicht (Systemanforderungen, Systemarchitektur) vertritt und ein im Sinne des Kunden optimales System anstrebt (Außensicht), während der Projektleiter den Fokus eher auf das Budget und die Projektdauer legt (Innensicht). Besetzt man beide Rollen durch denselben Mitarbeiter kann das zu einer nicht ausgewogenen Systemlösung führen, z.B. zum „Opfern" von Systemfunktionen und -qualitäten oder zum Opfern einer optimalen Systemarchitektur zugunsten des Projektbudgets und der Projektdauer.

Die angedeutete Projektorganisation und Zuordnung der Verantwortlichkeiten schließt natürlich nicht grundsätzlich den Fall aus, dass der Projektleiter den Systems Engineer überstimmt und seine Vorstellungen durchsetzt. Solche Fälle können durch eine hohe soziale Kompetenz des Projektleiters und des Systems Engineers vermieden werden. Auch können geeignete Eskalationswege im Unternehmen entsprechende Probleme lösen. Grundsätzlich wird die Position des Systems Engineers vor allem durch eine hohe Bewertung des Systems Engineerings durch das Top - Management des Unternehmens gestärkt.

Noch einmal etwas detaillierter: Das Projektmanagement behandelt vorwiegend nach außen gerichtete organisatorische Fragen gegenüber dem Auftraggeber sowie den erforderlichen Ressourcen. Das Systems Engineering widmet sich den inhaltlich technischen Fragestellungen des zu entwickelnden Systems sowie den Projektbeteiligten. Das ergibt zahlreiche Wechselbeziehungen zwischen diesen beiden Themengebieten. Systems Engineering betrachtet genauso wie das Projektmanagement unterschiedliche Vorgehensmodelle und Methoden, z.B. agile oder plangetriebene Vorgehensweisen. Sie alle stehen gleichberechtigt nebeneinander und werden erst ausgewählt, wenn das Projektziel feststeht und der optimale Weg zum Ziel definiert werden kann.

Für das Projektmanagement haben sich in vielen Unternehmen Projektmanagementorganisation gebildet, die den Projektleiter mit Information versorgen, wie Projektfortschritt, Mittelverbrauch, Risikobeurteilungen, Terminplanung, usw.

Verlässliche Projektstatusinformationen sind allerdings nur gewährleistet, wenn auch das Vorgehen und die zu lösenden Aufgaben beschrieben sind. Aufgrund der unterschiedlichen Aufgaben von Systems Engineering und Projektmanagement ergeben sich zwei unterschiedliche Rollen, die den Projektzielen in unterschiedlicher Form gerecht werden:

- Der Systems Engineer ist verantwortlich für die Steuerung des aus technischer Sicht notwendigen Entwicklungsprozesses.
- Der Projektmanager steuert Monitoring, Berichte sowie die kommerziellen Randbedingungen.

Idealerweise werden die Rollen eines Systems Engineers und eines Projektleiters durch unterschiedliche Personen besetzt. Man sieht aber häufig, dass die beiden Rollen in der Person des Projektleiters vereint werden. In jedem Fall ist aber das Rollenverständnis wichtig, um den vielschichtigen Aufgaben eines Projektleiters bzw. Systems Engineers gerecht zu werden. Sind die beiden Rollen in einer Person vereint, so sollte sich die Person immer im Klaren sein, aus welcher Rolle heraus Entscheidungen zu treffen sind. Nur aus einem richtigen Rollenverständnis heraus lassen sich eine erfolgsversprechende Strategie und ein konstruktives Vorgehen zur Erreichung des Projektziels entwickeln.

Im Folgenden werden zentral Themen einer Projektabwicklung und das Zusammenwirken der Rollen des Systems Engineering und des Projektmanagements angesprochen.

2.2.1 Lebenszyklusbetrachtung

Während das Projektmanagement eine Stakeholderanalyse durchführt, um die Einflussfaktoren auf den Projekterfolg zu erkennen (wer möchte das Projekt, wer nicht, welche Genehmigungen sind erforderlich usw.) analysiert das Systems Engineering die Stakeholderinformationen zur Definition der Systemeigenschaften (wer bedient das System, wer nutzt das System, welche Umweltverträglichkeit erfordert das System, welches Einsatzprofil hat das System, usw.). Hier sei besonders darauf hingewiesen, dass auch die Betriebskosten des Systems und die Entstehungskosten als Stakeholdervorgaben verstanden werden und somit eine Systemeigenschaft darstellen.

Entscheidend für den Systems Engineer sind die Anwendungsfälle der jeweiligen Stakeholder. Anwendungsfälle begleiten ein System in jeder Lebensphase (z.B. Entwicklung, Betrieb, Wartung, Entsorgung). Die Entwicklung wird durch Budget und Terminanforderungen, durch Kunden und den Markt beeinflusst. Die Betriebsphase wird durch Anwender und Nutzer, Umwelt, Wartung und Betriebsmittel beeinflusst. Ebenso unterliegt die Entsorgungsphase bestimmten Anwendungsfällen und Gesetzen. Die Auflistung an dieser Stellen ist sicherlich nicht vollständig, gibt aber doch einen Eindruck der Stakeholdereinflüsse auf die Systemeigenschaften und die Projektdurchführungsbedingungen.

Der Systems Engineer versucht ein ausgewogenes Optimum, nicht ein Maximum, der verschiedenen Stakeholderanforderungen durch Systemeigenschaften zur erfüllen. Diese Systemeigenschaften müssen den Anforderungen aus dem gesamten Lebenszyklus genügen.

2.2.2 Performance/ Technologie

Die Lebenszyklusbetrachtung als Teil einer frühzeitigen Analyse der gewünschten Systemeigenschaften ergibt eine erste Einschätzung der Machbarkeit. Häufig können Entwicklungsprojekte nicht „auf der grünen Wiese" starten, sondern müssen sich auf bekannte Technologien und Entwicklungsmethoden abstützen. Die Auswahl der geeigneten Entwicklungsmethodik und der einzusetzenden Technologien ist ein wichtiger Beitrag zum Risikomanagement und zur Abschätzung des notwendigen Projektbudgets und der zeitlichen Vorgaben. Der Systems Engineer übernimmt mit seiner Führung der technischen Lösungsfindung als konstruktiver Gegenspieler zum Projektmanagement dabei eine große Verantwortung. Da häufig nicht die technisch beste Lösung den Projekterfolg ergibt, sind bei einem erfolgreichen Projekt auch die drei wichtigen Parameter Zeit, Budget und Inhalt zu bestimmen. Der Systems Engineer sollte hier die Entscheidung über den Projektablaufs sinnhaft beeinflussen und die Auswirkungen auf die technischen Eigenschaften abschätzen. Damit obliegen es dem Systems Engineer die Projektentscheidungen aus Sicht der technischen Lösung wesentlich zu bestimmen. Das Projektmanagement kann dann in Kenntnis aller Konsequenzen die richtigen Schritte einleiten. Die vertrauensvolle Zusammenarbeit im gegenseitigen Respektieren der Rollen ist auch hier der Schlüssel zum Erfolg. Die vollständige Erfassung der Projektziele bezüglich der Funktionalität und damit dem Gebrauchswert eines Systems und die Entscheidungen über den Werdegang eines Systems gehören damit zu den größten Herausforderungen für die Zusammenarbeit von Projektmanager und Systems Engineer.

2.2.3 Nicht-funktionale Anforderungen

Während sich funktionale Anforderungen meist relativ leicht erkennen lassen, stellen die nicht-funktionalen Anforderungen (bzw. Qualitätsanforderungen) eine große Herausforderung dar. Die funktionalen Anforderungen definieren sich vor allem aus dem Zweck, dem gewünschten Verhalten und aus der Anwendung des gesamten Systems. Dagegen entstehen die nicht-funktionalen Anforderungen aus den Qualitätsanforderungen und aus Randbedingungen. Nicht-funktionale Anforderungen sind daher häufig ein erheblicher Kostentreiber in der Projektabwicklung. Zu den nicht-funktionalen Anforderungen zählen Anforderungen zur Qualität, Zuverlässigkeit, Zulassung, Verfügbarkeit, Optik oder Sicherheit des Systems. Zum Beispiel erfordert ein System mit hoher Sicherheitsanforderung mehr Aufwand für die Entwicklung inklusive Nachweise, als ein ähnlich geartetes System mit geringeren Sicherheitsanforderungen. Mehr Informationen zu funktionalen und nicht-funktionalen Anforderungen sind im Kapitel „Hilfsmittel" im Abschnitt „Anforderungen" beschrieben.

2.2.4 Vorgehensmodell und Bestimmung der Arbeitspakete

Auf Basis der Projektziele und der Anforderungen kann die Vorgehensweise festgelegt werden und die Entwicklungsaufgaben in Arbeitspaketen beschrieben werden. Diese Arbeitspakete geben der Projektleitung die notwendigen Informationen, das Projekt zu planen und zu budgetieren.

Der Definition der Arbeitspakete kommt große Bedeutung zu, wenn man an die Projektverfolgung und Fortschrittskontrolle denkt. Eine eindeutige und messbare Projektverfolgung wird unterstützt, wenn definiert ist welche Zwischenergebnisse erreicht werden sollen und wann diese erreicht werden sollen. Werden die Abläufe oder die Arbeitspakete falsch definiert, sind in der Regel Budgetüberzüge, Terminprobleme und Performanceeinbußen des Entwicklungsergebnisses zu erwarten.

Folgende Schlüsselfragen müssen für jedes Arbeitspaket beantwortet werden:

- Welche Aufgabe hat das Arbeitspaket und welches Ergebnis wird erwartet?
- Welches nachfolgende Arbeitspaket braucht die Ergebnisse?
- Welche technischen Informationen sind notwendig, die Ergebnisse zu erzeugen?
- Welche Einschränkungen beeinflussen das technische Ergebnis?
- Welche Voraussetzungen müssen erfüllt sein, um das Ergebnis zu erzeugen (Personal, Tools usw.)?

Die Festlegung notwendiger technischer Arbeitspakete gehört allerdings nicht zu den Kernkompetenzen des Projektmanagements. Deshalb benötigt das Projektmanagement an dieser Stelle die Zuarbeit des Systems Engineerings. Der Systems Engineer ist fähig zu entscheiden, welche Informationen für welchen Projektabschnitt und welche Arbeitspakete notwendig sind. Der Systems Engineer kann entscheiden, welche Inhalte erforderlich sind, um ein Arbeitspaket zu beginnen. Mit der Bestimmung der Arbeitspakete unterstützt der Systems Engineer den Projektmanager bei der Erstellung der Netzpläne und der Prozessbeschreibung.

2.2.5 Terminplanung

Während der Fertigstellungstermin sehr häufig durch die Kundenanforderung festliegt, obliegt es dem Projektmanagement, geeignete Zwischenmeilensteine zur Fortschrittskontrolle festzulegen. Dazu müssen die jeweils benötigte Zeit und die Aufwände der Teilaufgaben abgeschätzt werden. Eine Terminplanung ohne strukturierte Aufwandsermittlung wird sich als Fehlplanung erweisen. Das Systems Engineering liefert hier die entscheidenden Informationen, die ein Projektmanagement benötigt. Das Systems Engineering legt die Vorgehensmodelle und die Abhängigkeiten der Arbeitspakete zueinander fest. So, wie ein Systemaufbruch Struktur in die Systemarchitektur und deren Schnittstellen bringt, sind auch die Schnittstellen der Arbeitspakete häufig über die Systemarchitektur bestimmt. Die Bestimmung der Arbeitspakete und die Abbildung der Schnittstellen in einer Netzwerkdarstellung werden durch die Vorgehensweise zur Produktentwicklung und die gewählte Architektur festgelegt. Im deutschen Umfeld werden diese Aufgaben häufig unglücklicherweise durch den Projektmanager erledigt.

2.2.6 Budgetplanung

Ein wichtiger Aspekt der Projektdurchführung liegt in der frühen Erfassung der benötigten Mittel, denn Entwicklungsbudgets für ein Vorhaben sind im Allgemeinen begrenzt. In diesem Zusammenhang erhält die Kostenschätzung bzw. Budgetplanung eine besondere Bedeutung.

Ein Schlüssel zum Erfolg liegt in der frühzeitigen Abschätzung der Kosten pro Anforderung. Zu diesem Zweck müssen die Hauptfunktionen festgelegt sein. Die Anforderungen sollten nach Kostentreibern aufschlüsselbar sein und in funktional zusammengehörige Blöcke aufgeteilt werden. Um dies zu ermöglichen, werden vom Systems Engineer hohe analytische Fähigkeiten gefordert. Eine weitere Analyse kann zu einem Ansatz „Design to Cost" (DtC) führen, um die notwendigen von optionalen Anforderungen zu unterscheiden. Mit Hilfe dieser Analyse kann dann auch eine Abschätzung der Risiken zur Einhaltung der Kosten abgeleitet werden. Systems Engineering stellt hierzu die Methoden bereit, um diese Planung zu unterstützen. Da Systems Engineering den Top Down Ansatz bevorzugt, ermöglichst es die Planungsunsicherheiten in frühen Projektphasen zu bestimmen und einzugrenzen. Der Strukturierung des Lösungsraums und der zu erstellenden Ergebnisse im Projekt und in Teilprojekten kommt hier eine Schlüsselfunktion zu. Kundenanforderungen und Zulassungsanforderungen bestimmen den Projektaufwand. Aus der Lebenszyklusbetrachtung ergeben sich die Tätigkeiten und Methoden, die den Projektaufwand mitbestimmen. Bei einem Investitionsprodukt mit langer Lebensdauer sind gewöhnlich umfangreichere Anforderungen für Wartbarkeit und Betriebsführung zu erwarten, als bei einem kurzlebigen Verbrauchsprodukt.

2.2.7 Fortschrittskontrolle

Über die Arbeitspaketbeschreibung und den sich daraus ergebenden Netzplan lässt sich das Projekt auf der Zeitschiene darstellen. Durch die klare Definition der Arbeitspakete mittels Eingang/Ergebnis ist die Erfassung des Fortschritts mit großer Genauigkeit und Prognosefähigkeit möglich.

2.2.8 Risikomanagement

Das Risikomanagement stellt eine wirksame Methode dar, mit der man eine Gefährdung der Projektziele erkennen und damit auch beherrschen kann. Das Risikomanagement wird dabei auf mehreren Ebenen angewendet. Über die Untersuchung welche Gefährdungen auftreten können, ihre Auswirkungen und deren Schwere kann dem Eintreten der Gefährdungen gezielt entgegengewirkt werden. Projektrisiken können sich aus der technischen Machbarkeit, falscher Budgetierung und ungenauer Zeitplanung ergeben. Planungen sollen frühzeitig im Projektverlauf erstellt werden. Dies bedeutet Umgang mit Unsicherheiten. Mehr Inhalte zum Thema Risikomanagement stehen im Kapitel „Hilfsmittel".

2.2.9 Erfolgsfaktoren

Um den Projekterfolg sicherzustellen, sind einige Faktoren von großer Bedeutung. In jedem Projekt kommt es zu dem Punkt, bei dem Prioritätenentscheidungen zwischen konkurrierenden Einflussfaktoren getroffen werden müssen. Häufig kommt es zur Entscheidungsfindung zwischen Budget, Zeit, Performance, Inhalt und Vertragserfüllung sowie Qualität. Hier hilft eine klare Zuordnung von Verantwortung und Entscheidungshoheit zu Rollen und Aufgaben. Während dem Systems Engineering die Hoheit über Performance, Prozesse und Methoden zur Zielerreichung obliegen, werden die kommerziellen Aspekte durch das Projektmanagement vertreten. Sachlich richtige Entscheidung können nur getroffen werden wenn das Rollenverständnis geklärt ist. Eine allgemeine Regel, ob den Methoden und Prozessen oder den Systemeigenschaften, bzw. Zeit/Budget der Vorrang gegeben werden sollte, ist nicht allgemeingültig zu erklären. Wenn eine Abweichung vom Prozess eine Zulassung verhindert, kann der Kompromiss nur in den anderen Bereichen gefunden werden. Die Rollen und ihr Verantwortungsbereich sind möglichst zu Beginn des Projektes zu klären und sollten im Projektmanagementhandbuch oder einem ähnlichen richtungsgebenden Dokument festgeschrieben sein.

2.3 Systems Engineering versus Qualitätsmanagement

Ein weiterer Bereich mit großer Überlappung zum Systems Engineering ist das Qualitätsmanagement und die Qualitätssicherung.

Qualität [87] wird hier verstanden als die Übereinstimmung eines Systems mit den Forderungen an die Funktion, Leistungsfähigkeit und guter Fertigung.

Qualitätsmanagement [88] befasst sich mit prozeduralen und organisatorischen Voraussetzungen zur Erreichung der Qualitätsziele.

Qualitätssicherung [88] umfasst die Maßnahmen zur Feststellung der Übereinstimmung eines Systems mit den Anforderungen im Projekt.

Die Ausprägung des Qualitätsmanagements stellt sich branchenspezifisch sehr unterschiedlich dar. Dies hängt häufig auch von Vorgaben der Produktzulassung ab. Oft kann man beobachten, dass sich die Maßnahmen der Qualitätssicherung aus der Anwendung vorgegebener Prozesse ergeben. Das Qualitätsmanagement hat die Aufgabe der Prozessfestschreibung. Plastisch zusammengefasst kann man sagen, dass das Qualitätsmanagement die unternehmerischen Vorgaben und Hilfsmittel für Prozesse, Methoden, Pläne etc. auf Basis der Qualitätsstrategie bereitstellt und die Qualitätssicherung die Anwendung der Prozesse und Methoden im Projekt mit Hilfe von Audits, Checklisten, o.ä. überprüft.

Die Definition von projektspezifischen Prozessen und Maßnahmen bedarf eines guten Verständnisses des gesamten Entstehungsprozesses und der funktionalen Anforderungen eines Systems sowie der öffentlichen Anforderungen, die ein Qualitätsmanagement einbringt. Der Systems Engineer bringt seine Projektkenntnis und das Wissen um Vorgehensmodelle und die notwendigen Maßnahmen mit. Zur Definition der projektspezifischen Prozesse nutzen der Systems Engineer und das Qualitätsmanagement branchenübliche Vorschriften, Normen und Erfahrungswerte ihrer Organisation.

Die definierten Entwicklungsprozesse werden durch das Qualitätsmanagement durch Vorlagen und Methodenbeschreibungen ergänzt (z.B. Methodenbeschreibungen für FMEA, Musterlastenheft, Zulassungsanforderungen, o.ä.). Die Qualitätssicherung plant Maßnahmen in einem Qualitätsregister. Das Qualitätsmanagement überprüft die Wirksamkeit, Effektivität der Prozesse. Zusammen mit dem Systems Engineering liefert das Qualitätsmanagement kontinuierlich Maßnahmen zur Verbesserung der Prozesse und Methoden.

Es ist häufig zu beobachten, dass das Qualitätsmanagement erst berücksichtigt wird, wenn Qualitätsaudits zur Zertifizierung anstehen. Dies stellt ein Projektrisiko dar.

2.3.1 Maßnahmen zum Qualitätsmanagement

Ähnlich wie die Unterstützung des Projektmanagements durch die Definition der Vorgehensweise und Arbeitspakete stellt sich die Unterstützung des Qualitätsmanagement dar. Diese Unterstützung manifestiert sich in der Erstellung verschiedener Pläne:

- Systems Engineering Plan (siehe auch Kapitel „Hilfsmittel"),
- Qualitätsmanagementplan,

- Development Plan,
- Validierungsplan und Verifikationsplan,
- Entwicklungsrichtlinien und Standardisierungen im Projekt (z.B.: Programmierhandbuch, Begriffsdefinitionen, Konstruktionsrichtlinien),
- Qualifizierungsplan und
- RAMS-Plan (Reliability-, Availability-, Maintainability- and Safety-Plan; s.a. Kapitel „Tätigkeiten").

Welche dieser Pläne entfallen kann und welcher Plan eventuell zusätzlich erstellt werden muss, sollte der Systems Engineer in Absprache mit dem Qualitätsmanagement bestimmen.

2.3.2 Maßnahmen zur Sicherung der Produktqualität

Zu den Maßnahmen zur Sicherung der Produktqualität in der Entwicklungsphase zählen Tätigkeiten aus dem Bereich der Validierung und Verifikation – häufig mit „V&V" abgekürzt. Die folgenden Aufzählungen stellen sicher keine vollständige Liste möglicher Maßnahmen dar, sie stellen jedoch die üblichen Methoden dar, die bei jeder technischen Entwicklung durchgeführt werden sollen. Die Maßnahmen müssen entsprechend erweitert bzw. gekürzt werden, wenn Treiber wie z.B. Sicherheitsanforderungen, Betriebslebensdauer etc. dies notwendig machen. An dieser Stelle soll jedoch auf die Bedeutung der Kenntnisse des Systems Engineers über Methoden der technischen Entwicklung und deren sinnvoller Anwendung hingewiesen werden. Maßnahmen zur Validierung eines Designs können unter anderen sein:

- Modellierung und Simulation,
- Überprüfen Anforderungsableitung auf Nachvollziehbarkeit und Rückverfolgbarkeit,
- Überprüfen auf Machbarkeit und Herstellbarkeit,
- Fehlermodus und Auswirkungsanalysen,
- Risikoanalysen bezüglich funktionaler und operativer Sicherheit sowie
- Zuverlässigkeit und Verfügbarkeitsanalysen.

Maßnahmen zur Verifikation eines Designs können unter anderen sein:

- Tests zur Überprüfung der richtigen Implementierung der Anforderungen,
- Tests zur Überprüfung des fehlertoleranten Verhaltens,
- Integrationstests und Systemtests im Labor, z.B. mittels HIL und SIL (Hardware - bzw. Software in the Loop), vorbereitet durch Tests am offenen Regelkreis,
- Hardwarequalifikation und HALT-Tests (HALT = Highly accelerated life time Tests) sowie
- First Article Inspections.

Der Systems Engineer leitet die Auswahl der Maßnahmen und Methoden, da er die Übersicht über das gesamte System behalten muss.

2.4 Organisationsformen des Systems Engineering

Die Einführung von Systems Engineering kann nur erfolgreich durch eine geeignete Integration des Ansatzes in Organisation und Prozesse gelingen. In der klassischen Produktentwicklung wird wenig über mögliche Ansätze und Verantwortungsbereiche eines Systems Engineers berichtet. Im Wesentlichen wurde einfach, entsprechend der innerbetrieblichen Organisation, das Lastenheft arbeitsteilig abgearbeitet. Im Rückblick haben sich zwei Ansätze stark verbreitet, die einerseits den Aufbau eines klassischen Systems Engineering Teams darstellen und andererseits beschreiben, welche Rollen ein Ingenieur in der Produktentwicklung übernehmen kann.

FRIEDENTHAL schlägt zur Integration von Systems Engineering in die Organisation ein interdisziplinäres Systems Engineering Team vor (Abbildung 11). Dieses Team muss dabei den vielseitigen Anforderungen an einen Systems Engineer gerecht werden, weswegen sich eine Systems Engineering-Abteilung aus folgenden fünf Bestandteilen zusammensetzen sollte [89].

- Das Systems Engineering Management Team verantwortet die Management-Prozesse, um die technische Seite der Entwicklung zu planen und zu steuern.

- Das Anforderungs-Team (Requirements Team) verantwortet die Aufnahme und Analyse der Stakeholder-Bedarfe und die Identifikation von Anwendungsszenarien (engl. Operational Concept) sowie die Spezifikation und Validierung von Anforderungen auf Systemebene.

- Das Architektur-Team verantwortet die Architektur des Systems, indem funktionale Zusammenhänge analysiert, beschrieben und mit Hilfe der Anforderungen logische/ technologieneutrale Systemelemente definiert werden.

- Das Systemanalyse-Team verantwortet die kontinuierliche Bewertung des Systementwurfs hinsichtlich des geplanten Entwicklungsfortschrittes unter Aspekten wie Performance, Verlässlichkeit und Kosten.

- Das Integrations- & Test-Team verantwortet die Erstellung von Integrations- und Testkonzepten sowie den entsprechenden Plänen und steuert die Durchführung der Verifikations- und Validierungsmaßnahmen.

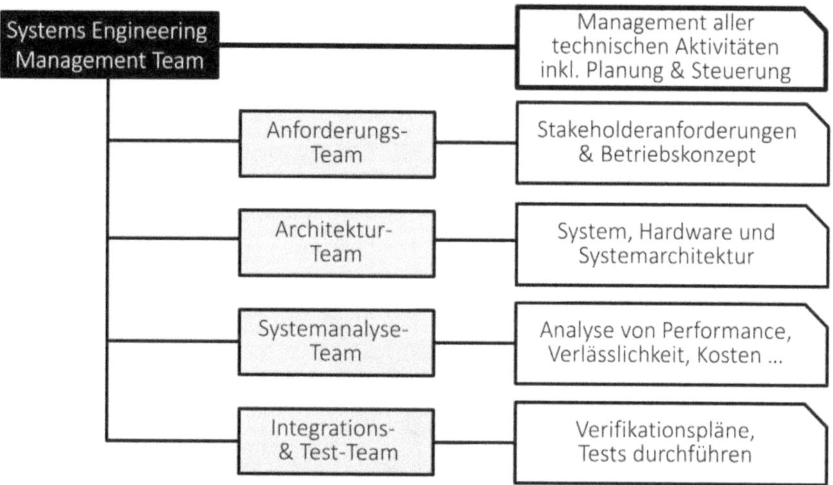

Abbildung 11: Systems Engineering Team nach FRIEDENTHAL

Im Gegensatz zu FRIEDENTHAL beschreibt SHEARD Systems Engineering Rollen die von Ingenieuren eingenommen werden können auch wenn sie nicht einer Systems Engineering Abteilung angehören. SHEARD postuliert damit Systems Engineering als Entwicklungsform die nicht an eine starre Organisation gebunden ist sondern sie beschreibt damit Systems Engineering als Prozess der von Ingenieuren in dedizierten Rollen getrieben wird. Welche Rollen der einzelne Ingenieur (Abbildung 12) in solchen Teams annehmen kann, hat SHEARD schon 1996 analysiert – seitdem ist nichts wirklich Neues dazu bekannt geworden und veröffentlicht worden. Sie fasst die verschiedenen Ansichten zum Tätigkeitsfeld des Systems Engineer in insgesamt zwölf Rollen zusammen [90]. Zum einen charakterisieren die Rollen von SHEARD alle Eigenschaften, Fähigkeiten und Kenntnisse, die ein Systems Engineer besitzen muss. Zum anderen geben sie einen guten Eindruck davon, wie Systems Engineering verstanden werden kann und welche Kernfunktionen darin ausgeübt werden. Diese Rollen lassen sich in zwei Kategorien aufteilen: Einerseits existieren sogenannte Projektlebenszyklus-Rollen. Aus dieser Perspektive kann Systems Engineering als eine Abfolge spezifischer Aufgaben entlang des Systemlebenszyklus angesehen werden. Hierzu zählen die Rollen: Requirements Owner, System Designer, Validation and Verification Engineer, Logistics and Operations Engineer und System Analyst. Andererseits kann Systems Engineering auch als das Management, die Koordination und die nachhaltige Anwendung einer fachspezifischen Systementwicklung mit Methoden der Systemtechnik verstanden werden. Diese Sichtweise wird mit sogenannten Programmanagement-Rollen beschrieben. Darunter werden die Rollen: Technical Manager, Glue (Schnittstellen & Kümmerer), Information Manager, Coordinator und Customer Interface zusammengefasst [90]. Die beiden Rollen Classified Ads Systems Engineering (Anderes und IT affin) und Process Engineer (Prozessinhaber) sind keiner Gruppe zugeordnet.

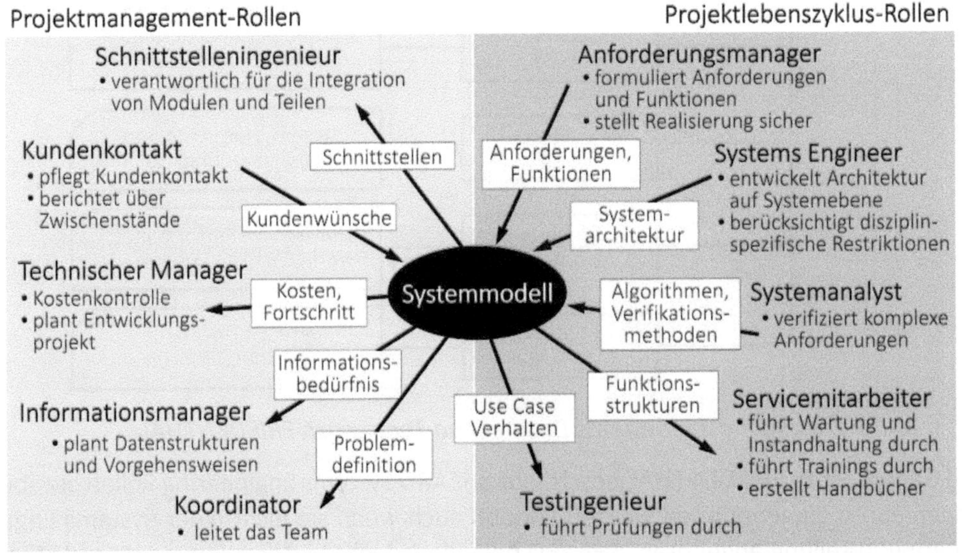

Abbildung 12: Rollen eines Ingenieurs im Systems Engineering nach SHEARD

Aus Sicht eines in Deutschland ausgebildeten und tätigen Ingenieurs ist das vielleicht unvorstellbar. Warum aber eigentlich? Nun: Die Ausbildung ist anders. Ein Ingenieur in Deutschland ist tendenziell für ein fachspezifisches Einsatzspektrum (Software, Hydraulik, Mechanik, usw.) verantwortlich. Häufig hat sich der „Konstrukteur" dabei aber zum „Mädchen für alles" entwickelt. „Job Enrichment" und „Job Enlargement" sind die entsprechenden schönen Bezeichnungen hierfür. Nun muss man sich aber die Frage stellen, …

- … ob diese große Bandbreite an Verantwortlichkeiten im Zeitalter von Industrie 4.0 und Internet-of-Things so noch tragbar und gestaltbar ist?
- …, ob die deutsche Industrie vom Automobilbau bis zum Sondermaschinenbau nicht grundsätzlich anders „tickt" und man deshalb die Konzepte des Systems Engineerings anders interpretieren könnte?
- …, ob es nicht einen generellen Unterschied zwischen „Kleinen und Mittelgroßen Unternehmen" (KMU) sowie Großkonzern gibt?

Die Antwort ist eindeutig: JA! Niemand sagt, dass die existierenden Konzepte in den aktuellen Organisationsformen umgesetzt werden müssen. Die Realität sieht dann letztlich auch von Unternehmen zu Unternehmen unterschiedlich aus. Viel wichtiger ist, dass in irgendeiner Weise die notwendigen Aufgaben im Produktentstehungsprozess gelöst werden können. Da dies in der Tat oft auch bislang eher vernachlässigte Aufgaben (Architekturentwicklung?) stärker in den Mittelpunkt rückt, sind häufig auch Anpassungen an der Aufbau-Organisation notwendig. Hierzu sind – gerade für Großunternehmen – unterschiedliche Konzepte vorstellbar. Die hier dargestellten Konzepte (Abbildung 13) sollen einfach zum Nachdenken und zu Gedankenspielen anregen à la: Systems Engineering könnte bei mir in der Organisation so funktionieren – oder so nicht funktionieren.

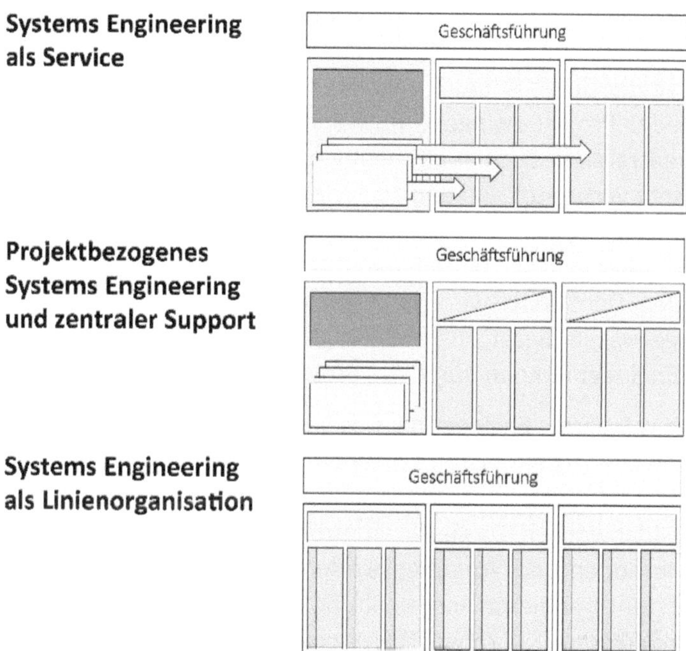

Abbildung 13: Idealisierte Systems Engineering Organisationen

Noch einmal kurz zusammengefasst:

Systems Engineering als Dienstleistung (Systems Engineering as a Service): Eigentlich ein ganz charmanter Gedanke. In jeder Division gibt es spezifische Projektleiter – so wie heute auch üblich. Für das Systems Engineering gilt: Ähnlich zum aus der Dienstleistung stammenden gleichnamigen Konzept muss nicht die gesamte Organisation geändert werden. Vielmehr werden neue Aufgaben durch spezialisierte Teams erledigt, die von Projekt zu Projekt unterstützen. Als „Shared Service" werden sie zielgerichtet „hinzugebucht". Das können bereits zu Projektbeginn Hilfestellungen beim Requirements Engineering sein, oder auch sehr spezielle Modellierungsaufgaben sowie später im Prozess ebenso ganzheitliche Simulationsaufgaben. Von Vorteil ist, dass der Ansatz langsam wachsen kann und die Implementierung kontinuierlich vorangetrieben werden kann. Es entsteht eine einheitliche Vorgehensweise. Von Nachteil ist natürlich, dass Systemdenken und das Wissen über Systems Engineering eher konsumiert als tatsächlich verinnerlicht werden. Der Ansatz verlangt aber nach einer technischen Kompetenz in der Projektleitung die den Einsatz der spezialisierten Teams koordiniert und auch kontrolliert.

Projektgetriebenes Systems Engineering mit zentralem Systems Engineering Support: Projektleiter und Systems Engineers sind in der Organisation an fixer Stelle verankert und für eine Geschäftseinheit oder Produktlinie verantwortlich. Der Systems Engineer übernimmt viele der durch SHEARD dargestellten Aufgaben im Projekt. [90] Aufgaben, die nicht für jedes Projekt zwingend notwendig sind (z.B. Anpassungskonstruktion), werden aber zentralisiert. Das hat aus heutiger Sicht einen Vorteil: Spezialthemen, die noch nicht so sehr verbreitet sind und auch vielleicht noch ein wenig Forschungsarbeit benötigen (z.B. sehr spezielle Formen der Systemanalyse) können zentral weiterentwickelt werden, aber gleichzeitig mehrwertstiftend in ein Projekt ohne große Risiken integriert werden. Der Service wird „hinzugekauft", aber kann auch weggelassen werden. Das einzige was in dieser Ausgestaltung passieren kann: Entweder Projektleiter oder Systems Engineer können durch das Projektteam in Frage gestellt werden.

Linienorientiertes Systems Engineering: Das könnte im Prinzip die klassische Variante sein. Einem Projekt ist fix ein Systems Engineer zugeordnet. Ein in Deutschland ausgebildeter Ingenieur hat bekannterweise häufig seine sehr individuelle Arbeitsweise –er ist ja so ausgebildet worden. Da gleichzeitig korporative Vorgaben zu Prozessen, anzuwendenden Methoden und Vorgehensweisen manchmal durchaus schwach ausgeprägt sind, entsteht bei dieser Ausgestaltung eine gewisse Gefahr, dass sich „Inseln des Systems Engineerings" ergeben. Da für die hiesige Industrie das Thema noch sehr jung ist, ist das natürlich nicht besonders gut für die Akzeptanz des Ansatzes.

Unabhängig von der konkreten Ausgestaltung: Es hat sich bewährt, den Systems Engineer in der Entwicklungsabteilung in einer Stabsposition unter dem Entwicklungsleiter anzuordnen. Auf diese Art hat der Entwicklungsleiter die Möglichkeit, Konflikte zwischen den Belangen der Fachabteilungen und dem Gesamtansatz zu lösen. In derartigen Organisationsformen werden dann die Projektleiter aus einer parallelen Organisation gestellt, die neben der Entwicklungsabteilung agiert. Dadurch können Konflikte auch hier auf eine übergeordnete Ebene, z.B. die technische Geschäftsführung, eskaliert werden. Weiterer Vorteil ist, dass die Systems Engineers in einer zentralen Organisationseinheit gruppiert werden und damit der Wissensaustausch von den zentralen Stellen gefördert wird.

Die Positionierung eines Systems Engineers in einer Matrixorganisation muss generell auf die Unternehmensmerkmale, die Unternehmensziele und das System of Interest abgestimmt sein und unter Umständen auch angepasst werden. Für kleine Unternehmen, die sich keine großen Stäbe leisten können, bedeutet das: Rollen werden häufig durch eine oder mehrere Personen vertreten, oft werden leider auch Projektleiter und Systems Engineer gleich besetzt. MOEHRINGER analysiert für einen Mittelständler die Verteilung der Rollen auf existierende Stellenprofile (Abbildung 14) ohne dafür das Profil des Systems Engineers zu beachten [91].

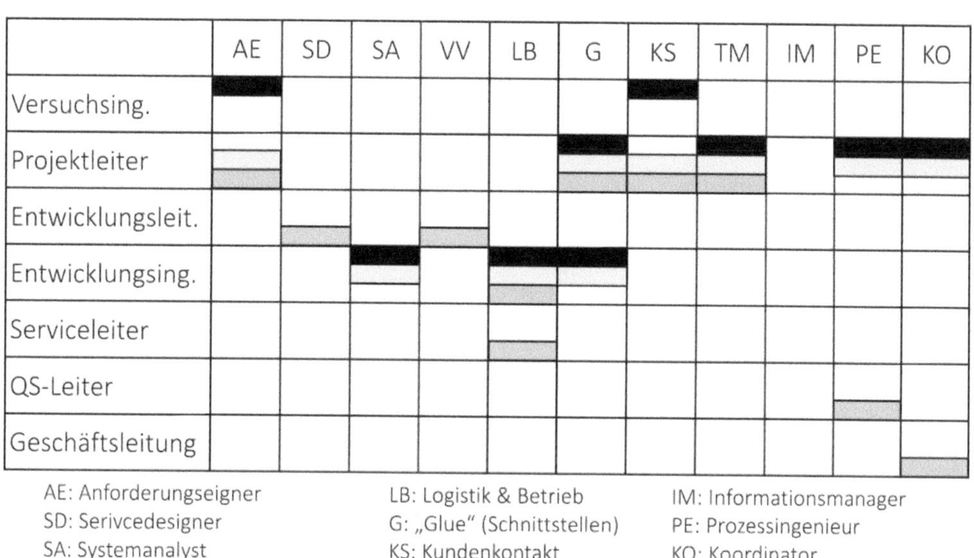

Abbildung 14: Systems Engineering in kleinen und mittelgroßen Unternehmen (KMU) – Aufteilung auf existierende Rollen

2.5 Stellung im Projekt

Nachdem im vorherigen Kapitel bereits mögliche Organisationsformen beschrieben und eine Abgrenzung zu den Aufgaben des Projektmanagers gemacht wurde, zeigt das folgende Kapitel eine detaillierte Aufstellung des Systems Engineers im Projekt.

Manchmal kommt das Gefühl auf, dass die hiesige Industrie stolz auf ihre Vielfalt an Prozessen und unterschiedlichen Prozessverständnissen ist. Der Erfolg des Einzelnen mag dem Recht geben. Für die Kommunikation ist das aber leider häufig nicht besonders vorteilhaft. Systems Engineering ist stark geprägt worden von den großen Luft- und Raumfahrtprogrammen in den USA und Europa. Wenn nun in einem internationalen Flugzeugprojekt, wie dem Airbus A400M, zahlreiche Nationen als Auftraggeber auftreten und deshalb die Entwicklung des gesamten Flugzeugs in viele „kleine Scheibchen zerteilt" wird, damit jede Nation bzw. jedes Unternehmen dann Teilaufträge für den Bau dieses Transportflugzeugs erhalten kann, dann ist schnell erkennbar, dass ein einheitliches Prozess- und Aufgabenverständnis sehr hilfreich sein kann. Das Systems Engineering hat hierfür dedizierte Normen entwickelt, die bei der einheitlichen Prozessgestaltung unterstützen. Die bekanntesten Vertreter sind hierfür sicherlich die Norm „ISO/IEC/IEEE 15288: Systems and software engineering – System life cycle processes" (Abbildung 15) und die „ISO/IEC 29110: Systems and Software Life Cycle Profiles and Guidelines for Very Small Entities (VSEs)" für kleine Organisationen bzw. Projekte. Sie beschreiben die Prozesse über den Lebenszyklus eines technischen Systems. Es werden vier Prozess-Gruppen inkl. entsprechender Terminologie definiert. [92] Für jede Gruppe werden die für Systems Engineers relevanten Prozesse detailliert. Je nach Komplexität oder abhängig von weiteren Randbedingungen wird der Aufwand für die Prozesse angepasst, was im Englischen als „Tailoring" bezeichnet wird. Die in der ISO/IEC/IEEE 15288 enthaltenen Prozess-Gruppen gehen dabei auch über die reine Entwicklung des Systems hinaus und umfassen beispielsweise auch „Technische Management Prozesse" und „Organisatorische Unterstützungsprozesse", die von der Organisation ausgeführt werden sollen, um eine Entwicklung und Betreuung des Systems über den gesamten Lebenszyklus zu ermöglichen.

Nun gibt es viele Branchen jenseits der Luft- und Raumfahrtindustrie. Aber auch hier bietet es sich immer mehr an, auf zumindest vergleichbare Prozesse zu setzen. Je mehr sich Branchen miteinander vernetzen, um ein System zu entwickeln, desto größer ist der Nutzen. Vielleicht ist dieser Bedarf noch nicht so ganz ersichtlich, aber je mehr Industrie 4.0 und intelligente technische Systeme inkl. der dazugehörigen digitalen Services den größten Umsatzanteil von Unternehmen ausmachen, desto offensichtlicher wird dieser Bedarf. Schließlich werden diese Systeme hochgradig in Kooperationen von mehreren Unternehmen entwickelt. Wenn hier nun alles vollkommen unterschiedlich abläuft, dann wird für dieses Abenteuer sicherlich der Erfolg ausbleiben. Durch immense Anstrengungen von „stolzen Ingenieuren" kann das bislang gut ausgeglichen werden, ingenieurmäßig ist das aber eher nicht. Häufig werden auch Joint Ventures gegründet, um derartige Systeme zu entwickeln. Da werden dann durch die beteiligten Unternehmen neue, eigene Organisationsstrukturen und Prozesse aufgesetzt, um genau derartige Ineffizienzen zu vermeiden.

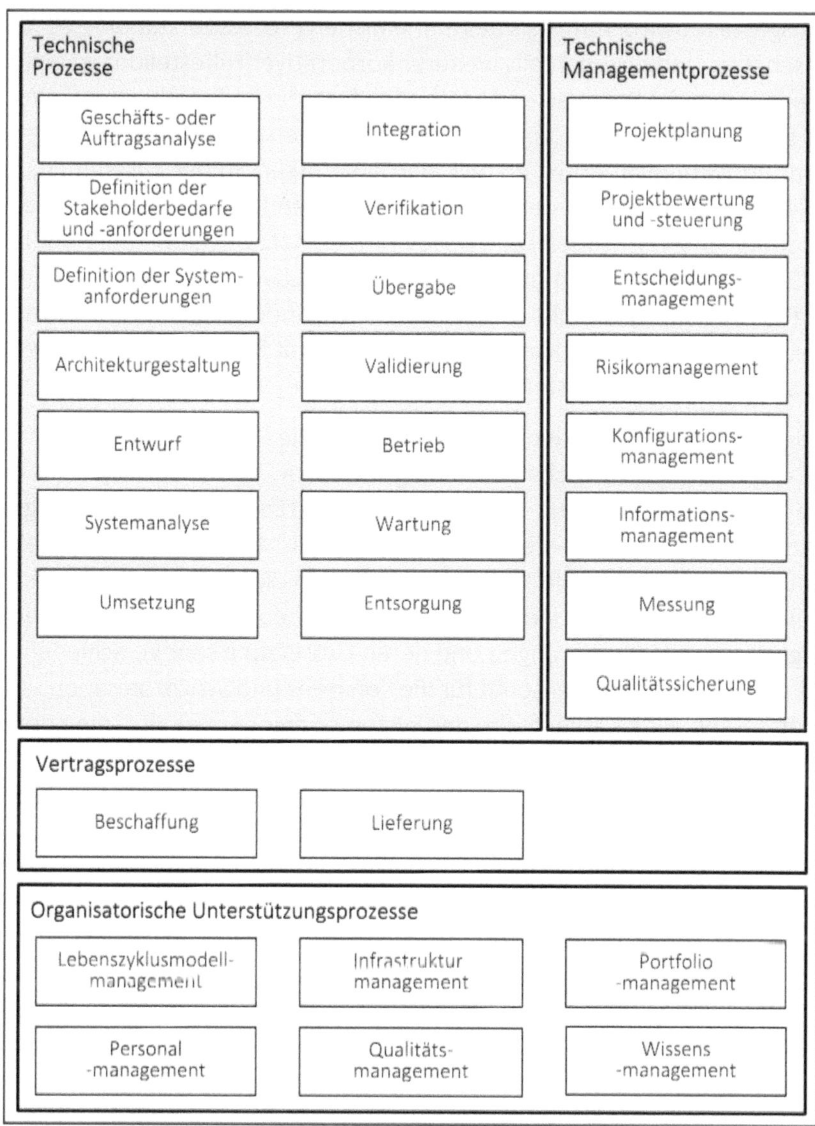

Abbildung 15: Die ISO/IEC/IEEE 15288 als Basis des Systems Engineerings

Für den Systems Engineer ist also die ISO/IEC/IEEE 15288 und das INCOSE Handbuch wichtig. Beide sind übrigens aufeinander abgestimmt. Für ein Projekt ist dann der wichtigste und erste Schritt für den Systems Engineer, den anzuwendenden Entwicklungsprozess zu definieren. Das heißt: Die Rahmenbedingungen eines Projekts (beispielsweise Betrieb, Regelungen zur Zulassung, aber auch Auftragsvolumen, geplante Stückzahl, Neuheitsgrad usw.) festzustellen und zu beeinflussen, wie ein Projekt am besten ausgestaltet wird. Auf Basis des einheitlichen Prozessverständnisses, seines Erfahrungsschatzes und gegebenfalls weiterer korporativer Hilfestellungen legt der Systems Engineer nun die Prozesse und Methoden fest, die im Projektverlauf einzuhalten sind. Das Ergebnis dieses „Tailorings" schlägt sich in den verschiedenen Plänen nieder, die bei der Projektinitialisierung erstellt werden müssen. In der Zusammenarbeit mit dem Projektmanagement entstehen dann die notwendigen Pläne, z.B.: Qualification Plan, Validation and Verification Plan, Development Plan, Development Handbook und Systems Engineering Plan. Um mit einem großen Missverständnis aufzuräumen: Das „Tailoring" (= Zuschnitt) streicht nicht Aktivitäten, sondern definiert die Intensität einer Aktivität. Denn schließlich kann ja nicht die Aktivität Requirements Engineering gestrichen werden – und das System entsteht trotzdem.

Je nach Umfang eines Entwicklungsvorhabens sieht die Projektorganisation zahlreiche weitere Personen mit spezifischen Zuständigkeiten vor. Neben dem Systems Engineer und dem Projektmanager kann dies der Verantwortliche für Software-Engineering, Konstruktion, Elektrotechnik, Test, Einkauf, Logistik, Produktion, Inbetriebnahme, Wartung usw. oder für spezielle Technologien sein. In diesen Bereichen herrschen unterschiedliche Fachkulturen und Vorgehensweisen, ebenso sind die Änderungsgeschwindigkeiten von Anforderungen und deren Umsetzung sehr verschieden. Im Projekt muss der Systems Engineer somit für die Kohärenz und Synchronisation sämtlicher Tätigkeiten sorgen. Eine Kernaufgabe des Systems Engineers ist also, die Kommunikation und Abstimmung zwischen den Projektbeteiligten voranzutreiben. Hier sind vor allem auch die Fertigung und der Service als wichtige Partner zu nennen – sie haben mit dem Systems Engineer einen wichtigen Advokaten, der früh ihre Anforderungen berücksichtigt. Diese beiden Bereiche werden in frühen Phasen eines Projekts wie Anforderungsvereinbarung oder Konzeptfindung leider oft nicht ausreichend berücksichtigt. Ein weiterer gewichtiger Partner des Systems Engineers ist das Fachgebiet Test und Erprobung. Die frühe Einbindung auch dieses Fachbereichs in die Phase der Anforderungsfestlegung erspart manche unangenehme Überraschung am Projektende. Es ist eine fundamentale Aufgabe des Systems Engineerings zu klären ob und wie eine Anforderung überprüfbar ist. Der Bereich Test und Erprobung kann bei der Planung mit seiner Kenntnis der Möglichkeiten hierfür wertvolle Unterstützung leisten. Hier wird durch das Tailoring z.B. schon früh entschieden, ob Tests oder numerische Simulationen durchgeführt werden, ob Aufgaben intern oder extern erledigt werden und ob Versuchsträger notwendig sind oder ein seriennahes Produkt für die Verifikation und Validierung – häufig mit dem Begriff „V&V" abgekürzt – benötigt werden wird usw. Das alles kann dann wiederum zu unterschiedlichsten weiteren Schritten führen, die ebenfalls durch den Systems Engineer ausgelöst, vorangetrieben oder unterstützt werden müssen. Ein Beispiel sei hier die frühe Lastenhefterstellung für fremdvergebene Test- oder Simulationsaufgaben. Die Termine dieser Aufgaben können kritisch für das Projekt sein, etwa wegen langer Vorbereitungszeiten. Das alles sind Prozesse und Aktivitäten der in der ISO/IEC/IEEE 15288 dargestellten Projektprozesse, an denen die Stellung des Systems Engineers im Projekt sehr deutlich wird.

Es existiert jedoch noch ein zweiter Blickwinkel auf die Stellung des Systems Engineers: die Aufteilung eines Systems nach z.B. Systemplattformen (z.B. das System liegt in einer Standardvariante und einer Premiumvariante vor, die auch von zwei unterschiedlichen Projekten entwickelt werden) oder die räumlichen Verteilung von Entwicklungsaufgaben (z.B. wenn das Sub-System 1 an einem anderen Standort oder in einer anderen Zeitzone entwickelt wird als das Sub-System 2) hat Auswirkungen auf die Stellung des Systems Engineers.

Eine zusätzliche Dimension im Kontext des Systems Engineers im Projekt ist die Zeitschiene: Es gibt Ausprägungen, in denen ein oder mehrere Systems Engineers für ein System unabhängig von laufenden oder geplanten Projekten verantwortlich sind und damit sozusagen eine zeitliche Konstante darstellen. Projektleitung und auch Entwicklungsmannschaft können dann projektbezogen wechseln, die Systemverantwortung bleibt jedoch unverändert. Vorteile dieses Ansatzes sind die gute Kenntnis der Systemhistorie und ein tiefer Erfahrungsschatz. Es gibt auch erfolgreiche Implementierungen des Systems Engineering, in denen in neuen Projekten auch neue Systems Engineers in Verantwortung kommen. Hier entstehen Vorteile, da weniger Routine und mehr Änderungs- und Innovationsdrang in das Projekt eingetragen werden. Weiterhin wird eine breitere Basis erfahrener Systems Engineers geschaffen.

2.6 Argumente zum Einsatz von Systems Engineering

Oft wird behauptet dass Systems Engineering die Kosten eines Projekts erhöht und angeblich auch ein Projekt verzögert. Ursprung für derartige Argumente ist häufig aber die klassische aus dem Change Management bekannte „Resistance-to-Change": Der Mensch verändert sich ungern, Neues wird abgelehnt, das Alte ist bewährt und für die bekannten Probleme und Herausforderungen gibt es Möglichkeiten um sie zu umgehen (=Workarounds). Da werden auch gerne Überstunden und „Feuerwehreinsätze" in Kauf genommen.

Systems Engineering verspricht nun aber eine Entwicklung nach dem Prinzip „First Time Right"- das heißt dann: Keine Überstunden, keine Feuerwehr, vielleicht aber am Anfang eine Periode des Lernens. Ob Systems Engineering dann wirklich einen Hebel darstellt: Das kann nur überprüft werden, wenn das „Abenteuer Systems Engineering"

angegangen wird. Dass eine Veränderung in der Produktentstehung notwendig ist –
das ist offensichtlich. Auch aktuelle Studien bestätigen die Befunde der 1960er Jahre:
Ingenieure sind immer noch gut die Hälfte ihrer Arbeitszeit mit der Suche nach Informationen beschäftigt, wie die in der folgenden Abbildung 16 dargestellten Ergebnisse
einer Umfrage zeigen. Abhilfe kann ein Wissensmanagement als Teil des Systems Engineerings schaffen, das signifikante Fortschritte ermöglicht sofern es angemessen
ausgestaltet ist.

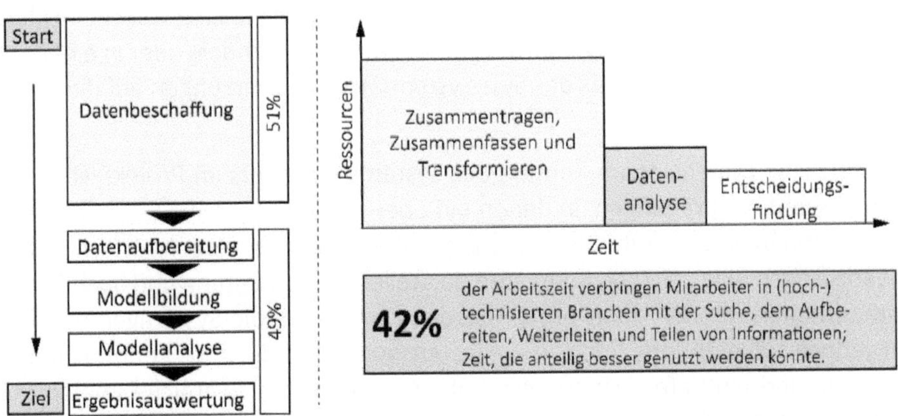

Abbildung 16: Suchen als Lieblingsbeschäftigung des Ingenieurs

Wie können nun aber Dritte überzeugt werden? Breit angelegte Studien zur Verbreitung von Systems Engineering und dessen Nutzen existieren bislang nicht. Einige kleinere Studien bestätigen jedoch den Eindruck, dass das Interesse an und die Notwendigkeit für Systems Engineering kontinuierlich zunehmen und auch der Nutzen positiv
bestätigt wird.

- Im Luftfahrtunternehmen Boeing wurden in den 1990er Jahren für drei gleichzeitig ablaufende ähnliche Projekte Aktivitäten im Systems Engineering in unterschiedlichem Umfang eingesetzt – hier zeigte sich, dass bei einem erhöhten Aufwand in Systems Engineering eine Erhöhung der Produktqualität und eine Reduktion der Projektlaufzeit erreicht werden konnte [93].
- Rolls-Royce konnte durch den Einsatz von Systems Engineering die fehlerbeding-
  ten Designänderungen von 30-70% auf etwa 2% reduzieren [94].
- In einer umfangreichen quantitativen Studie von HONOUR wurde der Zusammenhang zwischen Budget- und Terminüberschreitungen und dem eingebrach-
  ten Aufwand für Systems Engineering untersucht. Das Optimum für die Aktivitä-

ten des Systems Engineerings lag bei etwa 15% des Projektbudgets. Sowohl weniger als auch mehr Aufwand für Systems Engineer führten zu schlechteren Ergebnissen [95].

- ELM und GOLDENSON untersuchten in ihrer Studie die Wirksamkeit des Systems Engineerings. Dazu wurde der Zusammenhang zwischen der Durchführung von Aktivitäten des Systems Engineerings und der Performance des entsprechenden Projektes analysiert. Untersuchte Aktivitäten des Systems Engineerings waren u. a. Anforderungs-, Konfigurations- und Risikomanagement. Dabei wurde eine positive Korrelation zwischen der Anwendung von Systems Engineering und der Performance des Projektes festgestellt [96].

Bei allen Ansätzen wird auf die klassischen Prozesse des Systems Engineerings abgezielt, wie bspw. die der ISO/IEC/IEEE 15288. Für spezielle Ansätze, wie das Modellbasierte Systems Engineering (MBSE) – siehe dazu Kapitel „Hilfsmittel" – ist die Studienlage nicht im gleichen Ausmaß vorhanden. RHODES und ROSS beschreiben die gewünschten Auswirkungen des MBSE auf die Entwicklung wie folgt: Durch das MBSE wird zu einem früheren Zeitpunkt viel Wissen über das System generiert, sodass dieses Wissen bereits vor der Festlegung des Großteils der Kosten besteht. Dadurch können fundiertere Entscheidungen getroffen werden [97]. Diese Sicht wird durch die praktische Erfahrung gestützt, dass für der Entwicklung nur ein geringer Teil der Projektkosten anfallen, jedoch der Großteil der zukünftigen Kosten festgelegt werden. Die Studie von CLOUTIER und BONES gibt einen Überblick über MBSE in den USA (Abbildung 17). Hierbei wurden jedoch vornehmlich Unternehmen befragt, die schon intensive Erfahrungen mit dem Systems Engineering Ansatz hatten. Unklar ist, welcher Branche diese Unternehmen entstammen [98].

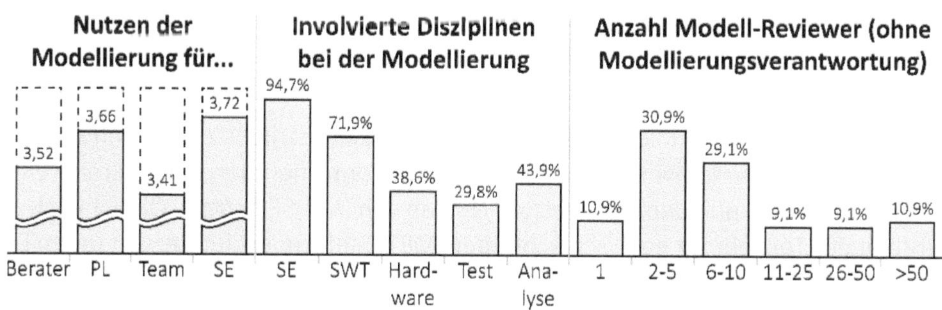

Abbildung 17: Studie von BONES und CLOUTIER

Dennoch: Der Nutzen von MBSE wird gerade für den Systems Engineer und die Projektleitung hervorgehoben. Verantwortlich für die Modellierung ist der Systems Engineer, der jedoch von einem starken Team unterstützt wird.

Es ist also ersichtlich: Die Investition in die frühen Projektphasen kann sich lohnen und das Projekt insgesamt eine deutlich größere Budget- und Plantreue aufweisen als wenn nach „herkömmlichen" Methoden entwickelt wird. Sollten noch keinerlei Erfahrungswerte für die Effizienz- und Effektivitätssteigerung in der Entwicklung durch die Anwendung der Methoden des Systems Engineerings vorliegen, aber der Mut für ein Systems Engineering Projekt existieren, kann diese Erfahrungslücke mit Kennzahlen geschlossen werden. Die Maßzahlen sollen direkt zu Beginn des Projekts eingeführt werden. Sie können in einer sog. „Score Card" gelistet und als Bestandteil der Projektabarbeitung geführt werden. Als Grundlage sollten neutrale Wertungen wie „Fehler/Verfügung oder Änderung", „Kosten/Teil" (hier die Entwicklungskosten und nicht die Produktkosten), „Ingenieurstunden/Teil" oder ähnliches verwendet werden. Dabei sollte im Vorfeld sowohl ein „Pilotprojekt" definiert werden, das dann entsprechend vorheriger Vereinbarung zum Vergleich verwendet wird und ebenfalls ein „Basisprojekt", das als Referenz Informationen liefern kann. Dabei ist natürlich die ungefähre Vergleichbarkeit der Projekte dringend zu beachten, die sich z.B. aus Projektdauer, Projektumfang (Anzahl der Anforderungen, Komplexität des Produkts, Arbeitsaufwand, etc.), Projektkosten und -Budget u. ä. ergibt.

Wer noch immer unsicher ist, der findet auch in den Veröffentlichungen der GfSE-Jahreskonferenz – dem „Tage des Systems Engineering" (TdSE) – ebenfalls zahlreiche Erfahrungsberichte von der Anwendung des Systems Engineering in der Praxis (siehe [99] [100] [101] [102] [103] [104] [105]. Auf dem Tag des Systems Engineering – TdSE 2013 in Stuttgart haben erfahrene Systems Engineers zum Beispiel einmal qualitativ bewertet, wie sie den Nutzen des MBSE einschätzen. Dies ist in folgender Abbildung 18 dargestellt. Dabei fällt insbesondere der hohe Nutzen des Systems Engineerings für die verschiedenen Rollen jenseits der Entwicklungstätigkeit auf.

Ein weiterer Praxisbericht kommt aus der Automobilindustrie. In einer Umfrage wurden 177 Fahrzeugsystemverantwortliche in einem Unternehmen nach deren Kenntnissen über (MB)SE und dem geschätzten Nutzen von (MB)SE befragt. Obwohl sich die Mehrheit der Teilnehmer noch schlecht über (MB)SE informiert fühlte, war deren Einstellung zu (MB)SE jedoch durchweg eher positiv [106].

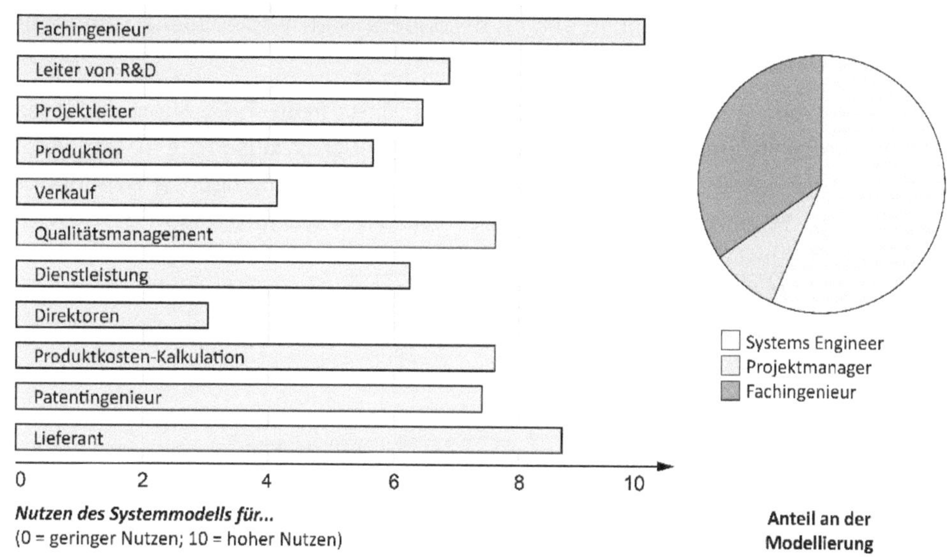

Nutzen des Systemmodells für...
(0 = geringer Nutzen; 10 = hoher Nutzen)

Abbildung 18: Nutzen des MBSE für verschiedenen Rollen

Es bleibt somit zusammenzufassen: Systems Engineering – Nicht nur darüber nachdenken – machen!

2.7 Kapitelautoren und andere wichtige Quellen

In diesem Kapitel haben sich mehrere Personen eingebracht. Allen vorweg möchten wir **Christian Tschirner** für die fachliche Koordination der ursprünglichen Fassung danken. Die Überarbeitung für diese Ausgabe hat **Hannes Hüffer** erbracht.

Die folgenden **Autoren** waren an diesem Kapitel beteiligt:

- Hannes Hüffer
- Christian Tschirner,
- Georg Hünnemeyer,
- Claudio Zuccaro,
- Christian von Holst,
- Stephan Roth,
- Jürgen Rambo.

Wir greifen in der täglichen Arbeit auf das bereits niedergeschriebene Wissen von anderen zu. Beim Schreiben dieses Buchs haben wir das ebenfalls getan. Das haben wir in den Texten mit zahlreiche Quellenangaben gewürdigt.

Für weiterführende Informationen und als besonders lesenswerte Quellen empfehlen wir folgende Quellen:

- D. D. Walden, G. J. Roedler, K. J. Forsberg, R. D. Hamelin, T. M. Shortell: **Systems Engineering Handbuch: Ein Leitfaden für Systemlebenszyklus-Prozesse und -Aktivitäten. Titel des englischen Originals: INCOSE Systems Engineering Handbook: A Guide for System Life Cycle Processes and Activities (4th ed.).** GfSE Verlag, München; Juni 2017.
- ISO/IEC/IEEE: **ISO/IEC/IEEE 15288:2015 Systems and software engineering -- System life cycle processes.** Beuth-Verlag, Berlin; 15 Mai 2015.

Kapitel 3
Tugenden

Systems Engineering ist eine Führungsaufgabe, die sich natürlich mit den technischen Aspekten einer Produktentwicklung befasst aber eben auch im erheblichen Maße mit Menschen und deren Fähigkeiten, Bedürfnissen und Grenzen, um Beteiligten möglichst gerecht zu werden und ein Vorhaben zum Erfolg zu führen.

Das Thema Systems Engineering wird in vielen Quellen sehr Prozess- und Methoden-orientiert beschrieben. Diese definierten Vorgehensweisen haben an vielen Stellen ihre Berechtigung und werden auch im hier vorliegenden Buch entsprechend gewürdigt. Dennoch lässt sich nicht alles in Prozesse und Strukturen fassen, was für ein erfolgreiches Entwicklungsprojekt notwendig ist. Denn es sind oftmals eher die „weichen Aspekte", wie beispielsweise der Umgang mit Fehlern oder Konflikten, die Art der Kommunikation oder der Führungsstil im Projekt, die am Ende über den Erfolg oder Misserfolg eines Entwicklungsvorhabens entscheiden. In diesem Kapitel möchten wir auf diese Aspekte eingehen. Wir haben es mit „Tugenden" überschrieben, da es sich um wichtige und erstrebenswert geltende Eigenschaften handelt, die eine Person zu besonderen Verhaltensweisen befähigen. Für einen Systems Engineer sind diese Verhaltensweisen und Eigenschaften unabdingbar. Deshalb sollten Systems Engineers ein Bewusstsein und einen eigenen Maßstab für die hier beschriebenen Aspekte haben oder zumindest im Zuge ihrer persönlichen Reifung entwickeln.

3.1 Systemdenken

Die Grundlage von Systemen, das funktionale, strukturale und hierarchische System-konzept haben wir bereits ausführlich im Kapitel „Orientierung" beschrieben. Eine der grundlegenden Fähigkeiten eines erfolgreichen Systems Engineers ist natürlich die Fähigkeit in verschiedenen Hierarchien von Systemen zu denken, um der Gefahr entgegenzuwirken, sich in Einzelheiten zu verlieren. Systemdenken beschreibt im Systems Engineering einen interdisziplinären Denkansatz, der im Projekt von Beginn an die Gesamtheit eines Systems entlang des gesamten Lebenszyklus betrachtet: also von der Klärung des Anwenderbedarfs, über die Entwicklung, die Herstellung, die Nutzung bzw. den Betrieb bis zur Außerbetriebnahme und Entsorgung des Systems. Das ganzheitliche Denken im Systems Engineering berücksichtigt die Einflüsse auf das Produkt während seiner gesamten Lebenszeit.

Systemdenken wird in der GfSE-Übersetzung des INCOSE SYSTEMS ENGINEERING HANDBUCH folgendermaßen beschrieben: „Systemdenken geschieht, wenn die betrachteten Dinge hinterfragt, Zusammenhänge modelliert, Wechselwirkungen erklärt und diese sprachlich und/oder modellhaft ausgedrückt und diskutiert werden, so dass das Verständnis für die Arbeit mit Systemen verbessert wird. Systemdenken stellt eine besondere Sicht auf die Wirklichkeit dar, die unsere Sinne für die Wahrnehmung von Ganzheiten und die Wechselwirkungen zwischen deren Bestandteilen schärft. Systemdenken erkennt die kausalen Schleifen, in denen Größen sowohl Ursache, als auch Folge sind und betrachtet vordringlich die Wechselwirkungen, die zu nichtlinearem und organischem Systemverhalten führen – eine Denkweise, die das Ganze in den Mittelpunkt stellt." [107]

Systemdenken wird nicht nur im Systems Engineering, sondern auch in anderen Disziplinen praktiziert. Speziell im Systems Engineering ist die Anwendung von verschiedensten Betrachtungsweisen auf ein System und die Wechselwirkungen eines Systems mit der betroffenen Umgebung über den gesamten Lebenszyklus eine eminent wichtige Aufgabe des Systems Engineers. Nur durch das systematische Betrachten aller Einflussfaktoren von und auf das System – schon von Beginn des Projekts an – können böse Überraschungen im Laufe des Projektes oder Systemlebens vermieden werden.

Systemdenken beginnt in einem Projekt bereits bei der Analyse der Systemidee und der Mitarbeit bei der Klärung und Definition des wirklichen Bedarfs des Nutzers und der daraus abgeleiteten Anforderungen für ein System, das den wirklichen Nutzerbedarf erfüllt. KASSER schreibt zu diesem Thema in seinem Buch „Applying Total Quality Management to Systems Engineering" einen treffenden Satz (übersetzt aus dem Englischen): „Wenn die tatsächlichen Anforderungen an ein Produkt nicht eindeutig identifiziert sind, wird das hergestellte Produkt die Anforderungen möglicherweise nicht erfüllen. Wenn aber die Anforderungen nicht erfüllt werden, sind alle Entstehungskosten und -bemühungen verschwendete Mittel." [108]

Hierbei geht es nicht nur um den wirklichen Bedarf des Nutzers und die daraus abgeleiteten eigentlichen Leistungsparameter des Systems, sondern um eine gesamtheitliche „umgebungsorientierte Betrachtung", wie sie HABERFELLNER et. al. benennen: also eine Berücksichtigung aller von dem System auf die Umgebung ausgehenden Wirkungen und von der Umgebung auf das System einwirkenden Faktoren [109]. Der Begriff „Umgebung" beinhaltet alle natürlichen, technischen, sozialen, ökonomischen, sicherheitsrelevanten Aspekte. Die „umgebungsorientierte Betrachtung" bedeutet, dass die Eingaben einer Vielzahl von Stakeholdern eruiert, bewertet und in die Anforderungsdokumente eingearbeitet werden müssen.

Es geht also um eine ganzheitliche Betrachtung des Systems von Anfang an. Dieser Denkprozess beinhaltet – neben Überlegungen zu einer möglichen Systemstruktur – auch die Realisierung des Systems. Hier kommt der interdisziplinäre Denkansatz zum Tragen. Eine realistische Struktur eines hochkomplexen Systems zu entwickeln, erfordert das Einbeziehen und die intensive Mitarbeit verschiedenster Fachdisziplinen. Eine frühzeitige Einschaltung verschiedener Fachdisziplinen garantiert auch die korrekte Formulierung des Benutzerbedarfs in realistische und weitestgehend vollständige System- und daraus abgeleitete Teilsystemanforderungen.

Die durch den Kunden bzw. die Stakeholder verifizierten Systemanforderungen und die Systemarchitektur, die das Gesamtsystem in Teilsysteme aufgliedert, bilden während des gesamten Projektablaufs zusammen mit den zugehörigen Teilsystemanforderungen die Basis für die Realisierung des Systems. Durch die präzise Festlegung der Leistungs- und Schnittstellenanforderungen beinhaltet diese Basis auch eine klare Festlegung der Systemgrenzen. Der Wunsch, die Systemgrenzen während des Projektablaufs auf Grund von neuen Erkenntnissen oder den bei der Projektdurchführung gesammelten Erfahrungen zu modifizieren, tritt relativ häufig auf. Die Vor- und Nachteile von technischen, kommerziellen, terminlichen oder anderen Änderungswünschen an das Gesamtsystem und das Gesamtprojekt sind vom Systems Engineer sorgfältig zu beurteilen und die Einführung mit allen Beteiligten abzuklären. Erst nach einer formellen Überprüfung und Zustimmung aller Beteiligten sollte der Systems Engineer die Änderung auf allen betroffenen Ebenen einführen.

Systemdenken ist ein ständiger Begleiter der Realisierungsaktivitäten des Systems Engineers. Es ist zum Beispiel bei folgenden Aktivitäten erforderlich:

- bei der Entwicklung und Analyse verschiedener Realisierungskonzepte und Strukturmodelle, die alle die Systemanforderungen erfüllen;
- beim Vergleichen und Abwägen (engl. trade-off) verschiedener Realisierungskonzepte und Auswahl der geeignetsten Lösung zur Realisierung;
- bei der Auswahl und Betreuung bzw. Anleitung der notwendigen Fachdisziplinen;

- beim Erstellen eines Verifikations- und Validierungsplans, in dem die Aktionen definiert sind, die einen systematischen projektphasenbezogenen Nachweis der Erfüllung der System- und Projektanforderungen gewährleisten;
- beim fortlaufenden Vergleich von SOLL und IST, um frühzeitige Abweichungen von den System- und Projektanforderungen festzustellen und diese gegebenenfalls zu korrigieren;
- beim Beurteilen von Änderungswünschen und deren Auswirkungen;
- bei der fortlaufenden Berichterstattung über den Zustand und den Fortschritt des Gesamtsystems;
- beim Führen von Teil- und Gesamtsystemnachweis und
- bei vielen anderen Aktivitäten.

Systemdenken ist also eine unabdingbare Grundlage für ein wirksames Systems Engineering und eine der wichtigsten Eigenschaften eines erfolgreichen Systems Engineers.

3.2 Abstraktionsfähigkeit

Eine der bedeutsamsten Methoden im Systems Engineering ist das Beschreiben von Systemen anhand von abstrakten Modellen. Damit verbunden ist natürlich eine ausgeprägte Fähigkeit des Systems Engineers zur Abstraktion. Abstraktion wurde bereits im Rahmen des „Verkürzungsmerkmals" bei der Definition von Modellen im Kapitel „Orientierung" angesprochen. Es bedeutet, „Etwas" aus einem höheren Blickwinkel zu betrachten, es zu verallgemeinern oder zu generalisieren und damit nicht-relevante Einzelheiten wegzulassen. Im Folgenden soll noch einmal auf die Abstraktionsfähigkeit und die Bedeutung von Modellen eingegangen werden.

Die Vorgehensweise im Systems Engineering ist meist hierarchisch. Systeme werden in unterschiedliche Ebenen gegliedert (z.B. Systeme, Subsysteme, usw.) oder mit Modellen beschrieben, wobei die Modelle unterschiedliche Betrachtungsaspekte widergeben können. Ausgangspunkt ist zumeist ein Kundenwunsch, der dann schrittweise in einzelne Anforderungen umgesetzt wird. Das zu entwickelnde System ist zu Beginn eine einzige „Black-Box", über deren innere Struktur nichts oder nur Teile bekannt sind. Dieses „Gesamtsystem" wird anhand von Analysen zunächst schrittweise in Subsysteme oder Segmente unterteilt. Damit entsteht eine erste grobe System-Architektur. Die Bestandteile dieser System-Architektur sind wiederum zunächst „Black-Boxes" ohne definiertes Innenleben und werden im Rahmen weiterer Entwicklungsschritte ebenso wieder detailliert.

Für manche Ingenieure ist das abstrakte Vorgehen bei der Systemgestaltung gewöhnungsbedürftig. Dadurch, dass in diesen frühen Stadien der Systemgestaltung noch keine physisch darstellbaren Lösungen vorhanden sind, haben frühe Modelle im Systems Engineering eher die Form von Diagrammen aus (meist benannten) Kästchen und dazwischen vorhandenen Verbindungslinien. Ein benanntes Kästchen beschreibt zum Beispiel eine Funktion oder einen Funktionsträger. Die Verbindungen dieses Blocks zu den übrigen Blöcken verknüpfen diese Funktion bzw. diesen Funktionsträger mit den umgebenden Blöcken des Diagramms. Es erfordert deshalb ein großes Abstraktionsvermögen, um hinter einem Kästchen mit dem Titel „Antrieb" unterschiedlichste Antriebe wie Elektromotoren, Hydraulik-Zylinder, Pneumatik-Antriebe usw. zu sehen. Das Kästchen „Antrieb" ist vielleicht über eine Linie mit einem weiteren Kästchen mit der Aufschrift „Drossel" verbunden. Diese Linie kann in der weiteren Realisierung für eine Ansteuerstange, einen Ketten- oder Riementrieb usw. stehen. In der Phase der Architekturgestaltung sind die konkreten Lösungsvarianten noch nicht relevant. Wichtig ist allerdings, dass es Lösungsmöglichkeiten prinzipiell gibt. Diese muss der Systems Engineer abschätzen können. Solche Modelle portionieren das Projekt in einzelne Aufgaben und stellen den Kontext zu den übrigen Aufgaben her. In den Blöcken können dabei sowohl technische als auch organisatorische Informationen stecken: Wer macht was? Mit wem muss sich der Block abstimmen? Welche Verbindungen (technische, chemische, biologische, logische, usw.) sind zu berücksichtigen?

Mit fortschreitender Systemgestaltung wird die Beschreibung der Systembestandteile dann immer konkreter. Wenn bei der Ausgestaltung der Black-Box „Antrieb" dann ein Hydraulik-Zylinder gewählt wird, so sollte man auch dann noch nicht gleich einen existierenden Zylinder mit einer bestimmten Artikelnummer festlegen, sondern zunächst die erforderlichen Leistungsdaten mit Wertebereichen angeben, wie beispielsweise den Hub des Zylinders mit Minimal- und Maximalwert. Die Auswahlkriterien können technischer, logistischer, kommerzieller oder auch strategischer Natur sein. Das Vorgehen konvergiert also von der allgemeinen Aufgabenstellung hin zur konkreten Spezifikation von Einzelkomponenten. Dabei die richtige Anzahl von Zwischenebenen in der Systemhierarchie vorzusehen, so dass auf jeder Ebene genügend große gestalterische Freiräume bleiben, erfordert viel Erfahrung und ein gutes Gespür, insbesondere, wenn zugleich auch ein aufwandarmer Fortschritt bei der Entwicklung berücksichtigt werden soll. Kurzum: Systems Engineers denken in hierarchischen Lösungen und Architekturen. Weitere Informationen zu konkreten Modellen und zur Modellierung im Systems Engineering beschreiben wir später im Kapitel „Tätigkeiten" sowie im Kapitel „Hilfsmittel". Letztlich ist in dieser Auswahltätigkeit ein großes Innovationspotential enthalten. Hier kann auf neue innovative Komponenten zugegriffen werden oder auf komplette neue Konzepte (z.B. neue Antriebskonzepte).

3.3 Problemlösefähigkeit

Im Systems Engineering werden auf den unterschiedlichen Hierarchieebenen, wie beispielsweise Gesamtsystem, Teilsystem, Baugruppe, Bauteil immer wieder ähnliche elementare Schritte ausgeführt. Es gilt auf jeder Ebene zunächst das „Ziel zu klären": d.h. das „Warum" der Aufgabenstellung. Es gilt aber auch, dass das übergeordnete Element die Anforderungen an das nachgeordnete Element bestimmt. Die Anforderungen an eine Aufgabe müssen möglichst vollständig erhoben werden. Dazu sollen im Vorfeld zum Beispiel möglichst alle Stakeholder identifiziert werden, wobei Stakeholder in der Regel nur zum Gesamtsystem (= Produkt) befragt werden. Es ist wichtig zu klären, wer Interesse an einer Lösung hat, weil nur dann Produkte entstehen können, die im Interesse der Abnehmer (Kunden) stehen. Im Weiteren sind dann „Lösungen zu suchen". Sämtliche bekannten Anforderungen werden zusammengetragen und bilden den Ausgangspunkt für den ersten Entwurf einer Architektur, dem „Was". Die Architekturbeschreibung ist Ausgangspunkt für die Spezifizierung der funktionalen und auch sonstigen Eigenschaften der Architekturelemente. Auf Grundlage dieser Elementspezifikationen können die (Fach-)Ingenieure das „Wie", die konkreten Lösungselemente ausarbeiten. Für die Funktionen werden Funktionsträger bzw. Lösungselemente ermittelt. Erst in einem Folgeschritt werden die Lösungsvorschläge bewertet und daraus die für die weitere Entwicklung vielversprechendste „Lösung ausgewählt". Dazu werden sowohl Einzellösungen geprüft also auch die Einzellösungen im Kontext einer Gesamtlösung betrachtet. Im Idealfall stehen mehrere Lösungsvorschläge sowohl für Elemente als auch für das Gesamtsystem zur Wahl. Aus diesem „Pool" kann dann die Lösung für die eigentliche Entwicklung nach unterschiedlichsten Kriterien gewählt werden. Kriterien können technischer oder kommerzieller bzw. auch firmenspezifischer Natur sein. Damit schließt sich dann der Regelkreis, denn es handelt sich ja um einen Problemlösungs-Zyklus. Dieses elementare Grundmuster (Abbildung 19) aus „Zielklärung-Lösungssuche-Bewertung" entspricht einem allgemeinen Problemlösungsansatz, wie er in zahlreichen Literaturquellen beschrieben ist. [72] [110]. Zu beachten ist, dass ein Lieferant, sofern er Systems Engineering betreibt, in der Regel einen eigenen Zyklus betreibt. Lieferant und Auftraggeber sind üblicherweise wirtschaftlich und weisungsmäßig entkoppelte Unternehmungen und arbeiten eigenverantwortlich.

Das Grundmuster (Zielklärung-Lösungssuche-Bewertung) kann dabei im Großen wie im Kleinen angewandt werden. Im Großen verteilen sich diese Schritte auf zahlreiche Personen und Abteilungen; im Kleinen kann das alles in Personalunion im Kopf einer einzelnen Person ablaufen. Systems Engineers sollten sich dieses Grundmuster des Problemlösens deshalb zu Eigen machen und wo immer möglich anwenden. Dabei können bei einfachen Aufgaben die einzelnen Schritte recht knapp ausfallen, und nicht immer ist eine ausführliche Dokumentation für jedes Ergebnis erforderlich. Nichtsdestotrotz sollten diese Schritte ausgeführt werden und dann ausreichend dokumentiert werden.

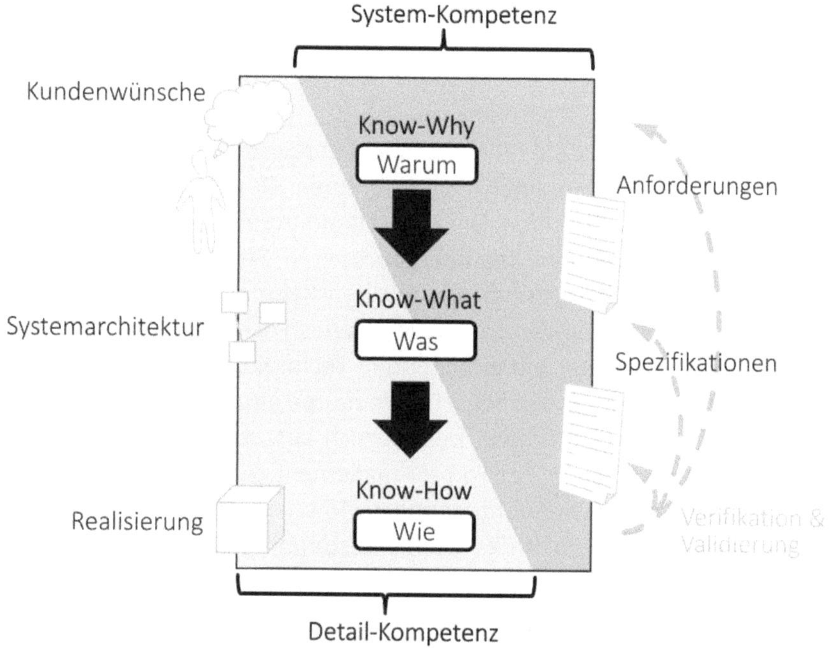

Abbildung 19: Grundmuster des Systems Engineering

3.4 Denken in Funktionen

Es wurde bereits angesprochen, dass jedes System einen Zweck verfolgt bzw. eine oder mehrere Funktionen erfüllt. Bei der Systementwicklung sind deshalb zunächst die erforderlichen Funktionen des zu entwickelnden Systems zu definieren. Ausgangspunkt hierfür sind sogenannte Anwendungsfälle (engl. Use Cases) oder auch Beschreibungen von Szenarien, in denen das System zum Einsatz kommt. Aus den Anwendungsfällen wird also klar, welche Funktionalität das System dem Nutzer bieten soll bzw. wie der Nutzer mit dem System interagieren kann und wie das System mit seiner Umwelt verbunden ist. Am Beispiel eines Getränkeautomaten würde ein zentraler Anwendungsfall zum Beispiel aus den Schritten (1) Auswahl eines Getränks, (2) Bezahlung und (3) Entnahme des Getränks bestehen. Anstatt nun bei der Systementwicklung direkt zur Auswahl der Gerätekomponenten zu schreiten, werden die Hauptfunktionen des Anwendungsfalls in einzelne Teilfunktionen zerlegt. Dies erscheint zunächst umständlich und zeitaufwendig, öffnet aber den Blick auf Möglichkeiten, die nicht durch verfügbare Komponenten bestimmt sind, sondern auf Kundenwünschen bzw. innovativen Ansätzen basieren. Die Zuordnung der identifizierten Funktionen zu Lösungselementen und in der Ausgestaltung der Funktionsträger steckt ein enormes Optimierungs- und Innovationspotenzial. Es bietet die Möglichkeit neue technologische, kostenoptimierte und kundenspezifische Ansätze zu verfolgen, und sich so von Mitbewerbern abzusetzen.

Bei komplexen Systemen, wie sie oft Gegenstand des Systems Engineering sind, arbeiten unterschiedliche Fachdisziplinen eng zusammen. Der Systems Engineer verantwortet dabei die Gesamtkonzeption. Die zuarbeitenden Fachdisziplinen arbeiten dabei eigenverantwortlich im Rahmen des übergeordneten Gesamtentwurfs. Die funktionale Beschreibung gibt den Fachingenieuren den Rahmen vor. Weitere Details der Ausführung fallen dann in den Verantwortungsbereich der Fachingenieure, die tiefere Kenntnis und Erfahrung in der entsprechenden Technologie besitzen. Es ist zu empfehlen den Fachingenieuren größtmögliche Freiräume einzuräumen, um deren Expertise und Motivation in einem Projekt bestmöglich auszuschöpfen. Im Management-Jargon könnte man dies als eine Art von „Management durch Ziele" (Management by Objectives) bezeichnen. Es wird vorgegeben, WAS erreicht werden soll, nicht WIE es erreicht werden soll. Die Freiheit das WIE zu bestimmen, soll nur durch die Grenzen des Gesamtentwurfs eingeschränkt werden. Der Systems Engineer ist hier stark gefordert, weil er Kompromisse finden muss, um Vorschläge von unterschiedlichen Fachdisziplinen im Sinn des Gesamtentwurfs zu harmonisieren. In vielen Fällen ist dabei Einfühlungsvermögen und umfassendes Fachwissen gefordert. Gerade in hochentwickelten Technologiebereichen ist dies der einzige Weg, wie hochspezialisiertes Fachwissen in ein großes Entwicklungsprojekt eingebracht werden kann.

Die Funktionen der obersten Entwurfsebene in eine logisch funktionale Abfolge zu bringen und die Überwachung des weiteren funktionalen Aufbruchs in den nachgeordneten Ebenen ist Aufgabe des Systems Engineers. Seine Kriterien für diese Aufgaben ergeben sich aus technischen Notwendigkeiten und den Entscheidungskriterien für den Systementwurf.

Das Denken in Funktionen folgt dem „Subsidiaritätsprinzip", wonach die selbstbestimmte Entfaltung der Kompetenzen auf der ausführenden Ebene die handlungsleitende Maxime darstellt. Übergeordnete Ebenen des Systems Engineering, des Projektmanagements oder der Geschäftsführung sind nur dann gefordert, wenn richtungsweisende Entscheidungen anstehen oder Unterstützung bei der Ausführung von Aktivitäten angefordert wird. Das Denken in Funktionen prägt also auch maßgeblich die

Unternehmenskultur. In den Kapiteln „Tätigkeiten" und „Hilfsmittel" gehen wir noch näher auf das Beschreiben von Funktionen und auf funktionale Architekturen ein.

3.5 Dokumentationsdisziplin

Dokumentation von Entscheidungen und deren Begründungen wird bei Entwicklern oft als lästige Bürokratie empfunden. Das Thema Dokumentation ist vielschichtig und verdient aus unterschiedlichen Gründen besondere Aufmerksamkeit. Die Präsentation des Projektstands dient zum einen der Reflexion des Erreichten und damit der internen Fortschrittskontrolle und zum anderen der Kommunikation mit anderen Projektbeteiligten zur Synchronisierung. Projektstandspräsentationen rein zur Berichterstattung bei der Geschäftsleitung vermitteln zwar vordergründig bei der Leitung ein Gefühl, dass man „auf dem Laufenden ist", aber in Wirklichkeit sind es reine Aktionen um sich der Verantwortung zu entziehen. Eine Geringschätzung der Kommunikation und der damit einhergehenden Ergebnissicherung zeigt ein unzureichendes Verständnis für organisatorische Zusammenhänge. Hier möchten wir deshalb ein Bewusstsein für die Bedeutung der Dokumentation schaffen und darauf hinweisen, dass Aufwand und Nutzen der Dokumentation in ein gutes Verhältnis gebracht werden müssen. Dokumentation darf nie Selbstzweck sein oder Planerfüllung, sondern soll mit Erfahrung und Augenmaß sinnstiftend und zielorientiert eingesetzt werden. Um die Frage nach dem „Wie dokumentieren?" zu beantworten, sollen hier verschiedene Arten von Dokumentation unterschieden werden:

- die archivierende Dokumentation,
- die kommunizierende Dokumentation und
- die planende Dokumentation.

Die **archivierende Dokumentation** dient vor allem dem Erhalt von Informationen. Diese Art der Dokumentation ist für die Nachweisführung, zum internen Know-How- Erhalt und für Serviceaktivitäten nach Produktübergabe an Kunden erforderlich. Sie beinhalten zum einen Projektergebnisse und zum anderen Hinweise, wie und warum die Ergebnisse angestrebt bzw. erzielt wurden. Diese Dokumentation ist vor allem für die Umsetzung von gesetzlichen Regelungen, wie z. B. der Typzulassung, dem Produkthaftungsgesetz oder dem Nachweis der Erfüllung von Normen und Richtlinien relevant. Unternehmen müssen in ihren Entwicklungsprozessen bzw. bei der Festlegung von Anforderungen gesetzliche Regelungen berücksichtigen und geeignete Vorlagen, Ablageorte, Verfahren und auch ein entsprechendes Konfigurations- bzw. Änderungsmanagement für ihre Produkte und deren Entstehungshistorie in der Firmenstruktur etablieren. Die Form der Dokumentation ist dabei zweitranging. Auch eine Dokumentation in Form von Modellen würde die Anforderungen an eine geordnete Archivierung erfüllen, sofern sie vollständig ist. Für z.B. Typzulassungen ist allerdings auch die Bedingung zu erfüllen, dass das Format der archivierten Information dazu geeignet sein muss, dass die Information von „Nicht-Beteiligten" aufgenommen und verstanden werden kann. Zu berücksichtigen ist ebenfalls der Zeitraum der Aufbewahrungspflicht und die technischen Voraussetzungen, um z.B. gespeicherte Informationen wieder zugänglich zu machen. Auch die Haltbarkeit von Datenträgern ist zu beachten.

Die **kommunizierende Dokumentation** dient dem Informationsaustausch innerhalb von Organisationen. Sie kann Informationen in Form von Texten, Tabellen, Diagrammen, Zeichnungen und Modellen beinhalten. Auch Lasten- und Pflichtenhefte, Anforderungsdokumente ganz allgemein, UML- und SysML-Diagramme, Spezifikationen, Testergebnisse und vieles mehr gehören dazu. Vor allem im Rahmen der Softwareentwicklung haben hier Modelle zur Dokumentation, die bisher oft üblichen text- oder bildbasierten Dokumente ergänzt. Im klassischen mechanischen Ingenieurwesen sind dies dann z.B. Zeichnungen oder auch CAD-Modelle. In der Regel hat die kommunizierende Dokumentation den Zweck eine möglichst effiziente Kommunikation bei einem hohen Detaillierungsgrad in einem Team zu ermöglichen. Welche Teile dieser Dokumentation dauerhaft archiviert werden, und wie, sollte in einem Dokumentenmanagementplan festgelegt sein.

Die **planende Dokumentation**, also die Dokumentation des planerischen Umfeldes von Projekten umfasst auch Inhalte die aus nichttechnischen Bereichen einer Organisation stammen wie z.B. Marketingplänen, Strategiebeschreibungen oder auch Budgetplanungen. Informationen dieser Art gehen in der Regel über die Grenzen eines einzelnen Projekts hinaus. Aus der planenden Dokumentation kann aber entnommen werden warum Projekte gestartet wurden und welche Ziele damit verbunden waren.

Grundsätzlich sollte ein zu entwickelndes System zu jedem Zeitpunkt der Entwicklung vollständig sowie widerspruchsfrei dokumentiert sein. Alle Änderungen an der Dokumentation sollten nur kontrolliert erfolgen. Sinnvoll ist es schon am Beginn eines Vorhabens die Kundenanforderungen, alle projektrelevanten Pläne sowie die ersten groben Zeit- und Budgetpläne zu archivieren. Im Zuge der weiteren Entwicklung des Systems wird die Dokumentation detailreicher und damit umfangreicher. Zusätzlich zur Systembeschreibung werden dann noch Dokumentationen für die Nutzer, das Wartungspersonal, Reparaturanleitungen und Hinweise zur Entsorgung des Systems erstellt.

Zur Dokumentation ist grundsätzlich jede Form erlaubt, die hilfreich und zielführend ist. So kann z.B. die angenommene Nutzung eines Systems durch seinen Benutzer als

Text, als nicht weiter formalisiertes Bild (z.B. einfache Flussdiagramme) oder als (semi-)formales Modell (z.B. unter Nutzung der Sprache SysML o.ä.) erfolgen. Auch Mischformen unter den verschiedenen Formaten sind denkbar. Wichtig ist hier, dass die verwendete Dokumentationsform von allen Beteiligten – Ersteller sowie insbesondere auch Konsumenten – hinreichend gut beherrscht wird. Wenn z.B. wenig Erfahrung im Systems Engineering besteht, kann ein Anwendungsfall in Form eines Textdokuments einem formalen Modell gegenüber von Vorteil sein.

3.6 Kreativität

Kreatives Handeln zählt ebenfalls zu den wünschenswerten Tugenden eines Systems Engineers. Doch was ist Kreativität? Zu unterscheiden ist die Kreativität einer Person und die Kreativität eines Teams. Die Aufgabe eines Systems Engineers ist die Kreativität eines Teams zu wecken und zu fördern. Definiert man Kreativität als „die Fähigkeit, etwas zu erschaffen, was neu oder originell und dabei nützlich oder brauchbar ist" [111] dann hat man schon zwei Charakteristika, die ein zu entwerfendes Produkt haben sollte, um auf „dem Markt" erfolgreich zu sein.

Im Systems Engineering zeigt sich Kreativität anhand von innovativen, besseren oder aufwandsärmeren Systemlösungen. Da Systems Engineering multidisziplinär und wesentlich von Teamarbeit geprägt ist, lassen sich kreative Systemlösungen im Ganzen aber selten einer Einzelperson zuordnen. Es ist die Aufgabe des Systems Engineers sein Team mit Hilfe von Kreativitätstechniken zu neuen Ideen und Lösungsansätzen zu führen. Letztlich hängt der Erfolg der Bemühungen von der Motivation der Teammitglieder und der Begeisterungsfähigkeit des leitenden Systems Engineers ab. Kreativitätsblockaden wie strikte Zielorientierung, etablierte Problemlösungsrituale oder Angst vor Versagen und Misserfolg und unangemessene zeitliche Einschränkungen können strukturelle Defizite einer Organisation sein. Sie verstellen meist den Weg zu Produktlösungen die das „Quäntchen mehr Mehrwert" haben als Konkurrenzprodukte und damit Markterfolg haben oder eben nicht. Eine Mentalität, die nach Methode „wir sind die Fachleute und wissen wie es geht", verhindert wirklich kreative Ansätze. Verpasste Ideen und falsche Ansätze in dieser Projektphase können praktisch nicht mehr ausgeglichen werden. Zudem muss in dieser Phase auch die Überzeugung reifen, dass man den „richtigen" Weg gehen wird.

Im Systems Engineering wirken in der Regel multidisziplinäre Teams. Werden am Projektanfang die einzelnen beteiligten Disziplinen vom Systems Engineer mit ersten Anforderungen konfrontiert, so entwickeln sie zunächst eigene Sichten auf Fragestellungen und Lösungsansätze. Meist kann dann beobachtet werden, dass Lösungen, die für eine Fachdisziplin offensichtlich sind, von anderen Fachdisziplinen als irrelevant klassifiziert oder geradewegs ignoriert werden, weil sie mangels spezifischem Fachwissen nicht nachvollzogen oder verstanden werden können. Systems Engineers müssen in diesen Fällen vermitteln und zu allgemein akzeptierten Lösungen führen. Dafür sind breites Fachwissen und eine hohe soziale Kompetenz erforderlich.

Kreativität ist keine isolierte Methodenfrage. Vorgaben für durchzuführende Brainstormings, SWOT-Analysen und Ähnlichem verpuffen, wenn es in der Teamkultur an grundsätzlichen Voraussetzungen zur Kreativitätsentfaltung mangelt.

Die Gültigkeit der nachfolgenden Beschreibungen wird durch die Ergebnisse einer internen Studie des Unternehmens Google von RUZKOVSKY untermauert [112]. Das Thema seiner Studie war die Suche nach charakteristischen, ursächlichen Faktoren, die erfolgreiche Projekte von erfolglosen Projekten unterscheiden lassen. Vermutet wurde eine Abhängigkeit von der individuellen Exzellenz der Teammitglieder und von einer idealen, auf Diversifikation beruhenden Teamzusammensetzung. Für diese These fand die Studie jedoch keine statistisch signifikanten Belege. Zusammenfassend ergab sich für erfolgreiche Projekte jedoch eine Gemeinsamkeit: Die Teammitglieder empfanden (1) persönliche Sicherheit und Wertschätzung, sie waren (2) von der Bedeutung, Wichtigkeit und Mission ihres Projektes überzeugt, und sie konnten sich (3) ihren persönlichen Anteil am Gelingen nachvollziehbar bewusst sein.

Bewährte Kreativitätstechniken sind:

- Brainstorming, Brainwriting
- Wertanalyse
- TRIZ bzw. TIPS (Theory of Inventive Problem Solving)
- Open Space
- Bar Camps
- 6 Thinking Hats
- Design Thinking

Bewährt hat sich auch das Befragen von gänzlich Unbeteiligten, die aber zumindest Branchenwissen haben sollten.

3.7 Projektbewusstsein

Technische Entscheidungen haben neben technischen Auswirkungen in vielen Fällen auch Folgen für den Verlauf des Entwicklungsprojekts. So belastet die Auswahl einer spezifischen Systemkomponente das Budget, die Lieferzeit überschreitet möglicherweise ein gesetztes Zeitlimit und es kommt möglicherweise ein zusätzlicher Lieferant und Kommunikationspartner ins Spiel. Für diese Komponenten sind ggf. auch spezielle Testmethoden und Techniken zur Konfiguration und Wartung sowie Schulung des Personals notwendig. Im Folgenden beschreiben wir, wie Systems Engineers bei technischen Entscheidungen die Projektprozesse, sowie die kaufmännischen und logistischen Konsequenzen im Blick behalten können.

Der Systems Engineering Ansatz des Systemdenkens zielt auf sämtliche Aspekte einer Lösung eines Bedarfs. Er beinhaltet damit auch die monetären und terminlichen Belange, d.h. die wirtschaftlichen Aspekte eines Lösungskonzeptes. Ziel ist dabei, ein System und dessen Entwicklung, Herstellung und Anwendung zu optimieren und den Verbrauch von Ressourcen und damit die Lebensdauerkosten zu minimieren. Das gleiche Ziel strebt – ergänzt durch Faktoren wie Gewinnoptimierung usw. – auch das Projektmanagement an. Eine enge Zusammenarbeit zwischen Systems Engineering und Projektmanagement ist daher unabdingbar, um die gemeinsamen Ziele effizient zu erreichen, das hatten wir bereits im Kapitel „Positionierung" beschrieben. Das heißt aber auch, dass der Systems Engineer neben seinem Systemdenken auch technische und planerische Managementfähigkeiten besitzen muss, um

- eine realisierbare Systemarchitektur zu entwickeln,
- ein mit den Zielen des Projektmanagements harmonierendes Realisierungskonzept zu erarbeiten sowie
- die Belange des Systems Engineerings im Projekt und gegenüber dem Kunden sachlich fundiert vertreten zu können.

Wie jede andere Aktivität in einem Projekt, müssen auch die Systems Engineering Arbeiten und Prozesse frühzeitig geplant werden und in den Projektablaufplan einfließen. Nachdem der projektbezogene Ansatz des Systems Engineerings wesentlichen Einfluss auf die Art und Weise der Projektrealisierung und auf die Aktivitäten der am Projekt Beteiligten hat, empfiehlt es sich, bei komplexen Systemen einen sog. Systems Engineering Management Plan (SEMP) – auch Systems Engineering Plan (SEP) genannt – zu erstellen und an alle Projektbeteiligten zu verteilen (mehr dazu im Kapitel „Hilfsmittel"). Der Projektleiter sollte diesen SEMP mit freigeben. Bei kleineren Projekten können die Systems Engineering Arbeiten auch direkt im Projektablaufplan definiert werden. Es ist dabei unabdingbar, dass SEMP und PMP (Projekt Management Plan) abgestimmt sind.

Bei den Aktivitäten des Systems Engineerings beginnt die Berücksichtigung der wirtschaftlichen Belange spätestens bei der von den Nutzerbedürfnissen abgeleiteten Definition der Systemanforderungen. Idealerweise ist das Systems Engineering bereits bei der Klärung der Nutzerbedürfnisse involviert. Das schließt die Betrachtung der wirtschaftlichen Möglichkeiten des Nutzers bezüglich der Systembeschaffung und dem späteren Betrieb des Systems (z.B. Lebensdauerkosten) ein.

Systems Engineers sollten also nicht nur die Systementwicklung, sondern den gesamten Lebenszyklus des Systems im Blick haben, was in der Regel im Projekt Management (PM) anders ist. Dort endet die Projektbetrachtung mit der Produktübergabe an den Kunden. Da die Eigenschaften des Systems in der frühen Entwicklungsphase definiert werden, die wesentlichen Kosten aber viel später im Betrieb des Systems entstehen, ist der Systems Engineer gefordert, das spätere Systemverhalten auch bezüglich der Betriebs-, Wartungs- und Entsorgungskosten beim Systementwurf vorwegzunehmen. Den Zusammenhang zwischen festgelegten und tatsächlich entstandenen Kosten stellt die folgende Abbildung 20 dar.

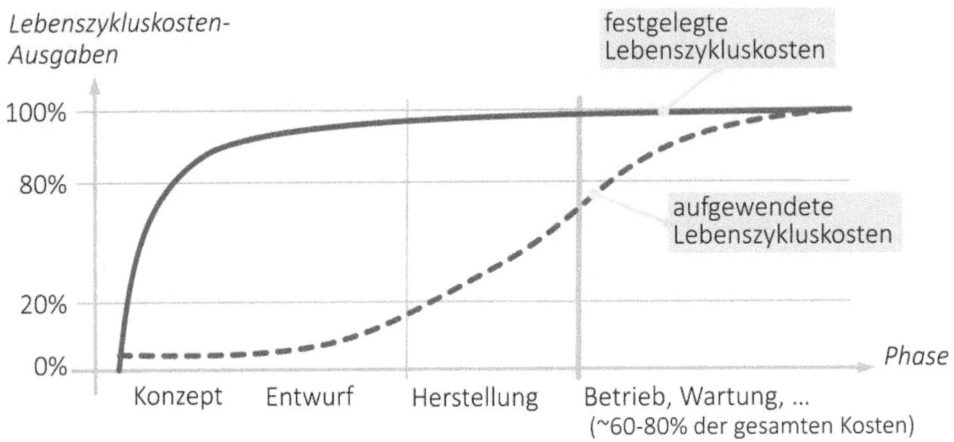

Abbildung 20: Zusammenhang zwischen tatsächlichen und festgelegten Kosten

Eine ähnliche Aussage gibt auch BLANCHARD in seinem Buch „Design and Manage to Life Cycle Cost" [113] wieder.

Dies lässt sich folgendermaßen zusammenfassen:

1. Die Lebensdauerkosten werden im Wesentlichen bereits durch die Festlegungen in der Voruntersuchungsphase festgelegt.
2. Um die Lebensdauerkosten gering zu halten, müssen die Betriebs- und Instandhaltungskosten minimiert werden.

Diese bedeutsamen Zusammenhänge müssen dem Systems Engineer und dem Projektleiter bekannt sein sowie im Projektablauf berücksichtigt werden. In der Voruntersuchungsphase, in der der Systems Engineer die Nutzerbedürfnisse im Detail mit den Stakeholder diskutiert, um sie im Einzelnen zu verstehen und gegebenenfalls zu korrigieren und zu ergänzen, werden die zukünftigen Systemkosten zu 60 bis 80% festgelegt. Bei einem unbedachten Vorgehen entstehen in dieser Phase z.B. die kosten- und termintreibenden Anforderungen nach „vergoldeten Wasserhähnen" – also möglicherweise überzogenen Anforderungen. Die Ergebnisse der Voruntersuchungsphase fließen in die Systemanforderungen ein und bilden zusammen mit den finanziellen und terminlichen Rahmen einen wesentlichen Bestandteil der Vertragsgrundlagen für das Projekt.

Es ist nicht ausschließlich die Aufgabe des Projektleiters, während der Projektdurchführung den vorgegebenen Leistungs-, Kosten- und Terminrahmen einzuhalten. Dem Systems Engineer fällt die schwierige Aufgabe zu, den Überblick über den Entwicklungsfortschritt des Gesamtsystems zu behalten. Er muss die System- und Teilsystemarchitektur und die entsprechenden Leistungsanforderungen zusammen mit den Vertretern der Fachdisziplinen so entwickeln, dass das System im vorgegeben Kosten- und Terminrahmen mit den geforderten Lebensdauerkosten realisiert werden kann. Darüber hinaus muss er kontinuierlich mit dem Projektleiter über den Stand und den Fortschritt aus der Sicht des Systems Engineering kommunizieren.

Die projektphasenbezogenen Systems Engineering Vorgaben werden vom Systems Engineer nach der Überprüfung der Ergebnisse der vorangegangenen, abgeschlossenen Projektphase in Form einer verbindlichen Arbeitsvorgabe für die nächste Projektphase definiert und vom Projektleiter budgetmäßig freigegeben. Die freigegebenen Vorgaben unterliegen der Konfigurationskontrolle. Änderungen jeglicher Art können nur mittels eines formellen Änderungsprozesses vorgenommen werden.

Realistisch gesehen treten folgende Punkte in Entwicklungsprojekten oftmals auf:

1. Einzelne System- oder Teilsystemanforderungen können gar nicht oder nicht im vorgegebenen Kosten- und Zeitrahmen erfüllt werden. Je nach Projektphase kann das in technischen Entwicklungsproblemen, Herstell- oder Beschaffungsschwierigkeiten usw. begründet sein.
2. Der Kunde bringt Änderungswünsche ein, die die Systemleistung, den Betrieb oder die Instandhaltung usw. betreffen.

In jedem Fall ist dann die Anwendung des zum formellen Änderungsprozess gehörenden Änderungsantrags, in dem die Gründe und die technischen, finanziellen, terminlichen und sonstigen Folgen einer Änderung der Anforderungen definiert sind, notwendig. Basierend auf diesem Änderungsantrag wird der Systems Engineer den Einfluss der gewünschten Änderung auf das Gesamtsystem und die noch ausstehenden technischen Prozesse analysieren und zusammen mit dem Projektmanager und anderen Projektverantwortlichen sowie ggfs. dem Kunden die Auswirkungen des Änderungsantrages diskutieren. Wird der Antrag akzeptiert, heißt es für den Systems Engineer, die Änderungen in das Gesamtsystem einzuarbeiten und die Realisierung entsprechend zu modifizieren. Das Projektmanagement muss die Auswirkungen der Änderung mit dem Kunden abstimmen und ggf. Nachforderungen stellen.

Zusammenfassend kann gesagt werden, dass alle Tätigkeiten des Systems Engineer in einem eindeutigen Zusammenhang mit dem Projektablauf ausgeführt werden müssen. Sowohl der Systems Engineer, als auch der Projektmanager sind auf eine enge, vertrauensvolle Zusammenarbeit angewiesen.

3.8 Interdisziplinarität

Die Bereitschaft und Offenheit für das Hineindenken in Aufgaben, Konzepte und Lösungen fremder Fachdisziplinen, ist Voraussetzung für die technische Leitung von komplexen Entwicklungsprojekten. Systems Engineers kommen meist aus einer Ingenieurdisziplin und sind von dieser „einen" fachlichen Heimat geprägt. Es stellt sich daher die Frage, welche Kenntnisse über andere Disziplinen benötigt ein Systems Engineer? Diese Frage ist schwierig zu beantworten, da die Entwicklungsprojekte ganz unterschiedlich gelagert sein können. Dennoch wollen wir hier grobe Anhaltswerte über das erforderliche Wissen eines Systems Engineers aus Nachbardisziplinen geben.

Das Kompetenzprofil von Ingenieuren ist im Wandel von dem eines (rein technisch geprägten) Spezialisten hin zu einem (organisatorisch geprägten) Generalisten. So haben sich spezialisierte Maschinenbau- oder Elektrotechnikprofile zunächst gewandelt zu technisch domänenübergreifenden und auch die Informationstechnologie umfassenden Mechatronikprofilen, die auch mehr und mehr organisatorische Aspekte einbeziehen. Das Profil des interdisziplinären Systems Engineers beinhaltet breite Fachkenntnisse über diverse Fachdisziplinen hinweg ebenso wie integrierende übergreifende – also interdisziplinäre – Kenntnisse sowohl technischer als auch organisatorischer Natur. Dazu kommen Kenntnisse über Management (z.B. QM, PM) wie auch über die kommerzielle Seite eines Projekts und eine sehr große Portion „social skills".

Um erfolgreich und effektiv eine Entwicklung zu führen, benötigt ein Systems Engineer ein breites Wissen über seinen Industriezweig. Entscheidend ist hier seine Erfahrung, die ihm erlaubt angemessene Entscheidungen auch in einem nebulösen Umfeld zu treffen. Grundsätzlich sollte ein Systems Engineer, wie in Abbildung 21 zu sehen, Kompetenzen in vier Feldern mitbringen, um seinen Aufgaben erfolgreich lösen zu können.

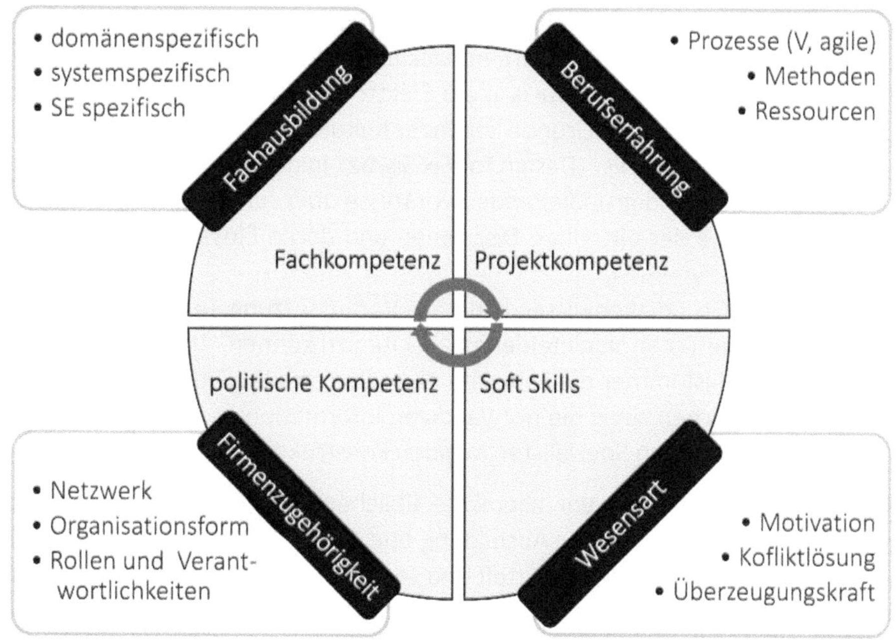

Abbildung 21: Kompetenzfelder des Systems Engineer

Fachkenntnisse können domänenspezifisch, aber auch domänenübergreifend sein. Sie werden während der Ausbildung zum Ingenieur vermittelt und meistens im täglichen Arbeiten im Werdegang eines Ingenieurs vertieft. Den Systems Engineer befähigen sie vor allem dazu

- mit Fachkollegen effizient und effektiv zu kommunizieren und schnell Zugang zu den technischen Aspekten einer Problemstellung zu erlangen,
- selbst einen Beitrag zu den technischen Aspekten der Problemstellung oder der Aufgabe zu leisten,
- im Problemfall (z.B. stockender Projektfortschritt oder schlechte Zwischenergebnisse) das nötige Gehör zu finden und signifikanten Einfluss auf Projektentscheidungen nehmen zu können.

Die Kenntnisse des ingenieurmäßigen Arbeitens bilden das Fundament der Systems Engineers. Die Bedeutung von Fachkenntnissen kann jedoch abnehmen, je höher ein Systems Engineer in der Hierarchie angeordnet ist und je komplexer das zu bearbeitende System (oder Projekt) ist, für das er verantwortlich zeichnet.

Basiswissen in den einzelnen Fachdisziplinen muss ihn dazu befähigen, die „Sprache" innerhalb dieser Disziplinen zu sprechen und zu verstehen:

- Insbesondere zählt hierzu das Verständnis disziplinspezifischer Methoden und Vorgehensweisen (z.B. Softwareentwicklungsmethoden in der Informatik, Methoden des Schaltungsentwurfs in der Elektronik, Konstruktionsmethoden in der Mechanik) und deren zu Grunde liegender Kulturen (z.B. „permanent beta" in der Softwareentwicklung vs. „Design for Six Sigma" in der Mechanikentwicklung).
- Darüber hinaus sind grundlegende Kenntnisse über funktionale und logische Lösungsbausteine der einzelnen Disziplinen und deren Einsatzbedingungen erforderlich.
- Technisches Grundlagenwissen bildet die Voraussetzung, ums sich schnell in projektspezifische Technologiefelder einarbeiten zu können.
- Entscheidend ist immer die Fähigkeit eines Systems Engineers sich in ihm unbekannten Bereichen zügig die notwendigen Informationen zu beschaffen und mit den entsprechenden Spezialisten in einen konstruktiven Austausch zu treten.

Projektkenntnisse umfassen vor allem die üblichen Disziplinen der Projektleitung. Diese werden, abhängig von der Ausbildung und dem Werdegang des Systems Engineers, oft erst im Berufsalltag vermittelt und vertieft. Es handelt sich hier vor allem um Kenntnisse im Bereich Zeit- und Ressourcenplanung, die Vereinbarung von Meilensteinen, die Festlegung von messbaren Erfolgskriterien und ähnliches. Interdisziplinäre Kenntnisse technischer Art müssen dazu befähigen, die technischen Beiträge der Fachdisziplinen zu koordinieren und zusammenzuführen:

- Hierzu zählt zunächst das Verständnis einer übergreifenden Systementwicklungsmethodik, die Anteile auf Systemebene und Disziplinebene koordiniert (z.B. V-Modell).
- Diese Methodik muss auf Systemebene mit Methoden der Systemkonzeption (z.B. Requirements Management, Systemmodellierung) und der Systemintegration (z.B. Systemsimulation) unterfüttert werden.

Die Bedeutung der „Projektleiterfähigkeiten" hängt vor allem von zwei Aspekten ab:

- von der Organisationsstruktur und
- von der hierarchischen Position des Systems Engineerings.

Im Zusammenhang mit der **Organisationsstruktur** finden sich verschiedene Varianten, wie die Funktion des Systems Engineers in der Entwicklungsorganisation angeordnet sein kann. Eine Variante „ersetzt" sozusagen den klassischen Projektleiter durch einen Systems Engineer. Natürlich sind in dieser Struktur Projektleiterkompetenzen von größerer Bedeutung. Eine andere Variante installiert den Systems Engineer eher orthogonal zu den Projektleitern auf der Ebene der Entwicklungs-Fachgruppen. Hier sind die

Projektleiterkompetenzen des Systems Engineers vor allem notwendig, um im Problemfall auch als „Vermittler" zwischen Entwicklungsabteilungen und Projektleitung auftreten zu können.

Die hierarchische **Position des Systems Engineers** hängt unter anderem eng mit der Komplexität des Systems zusammen. Üblicherweise werden die Kompetenzen eines Systems Engineers im Bereich Projektleitung mehr gefordert je komplexer das System ist und sind damit von größerer Bedeutung als Fachwissen. Bei sehr großen oder sehr komplexen Systemen werden in der Praxis Systems Engineers hierarchisch unter einem leitenden Systems Engineer angesiedelt, die für eine bessere Abdeckung der Fachkompetenzen z.B. in einzelnen Domänen sorgen und dort schwerpunktmäßig mit den Fachspezialisten zusammenarbeiten.

Führungskenntnisse werden in aller Regel während der beruflichen Praxis erworben, durch praktische Erfahrung, Selbststudium oder auch durch Schulungs- und Weiterbildungsmaßnahmen. Diese Kenntnisse sog. „soft skills" sind Fähigkeiten im Umgang mit Beteiligten im Sinne des Teamworks, der Problem- und Konfliktlösung. Hierzu zählen Fähigkeiten, wie z.B. das Einschätzen der Verhaltensweisen verschiedener Teammitglieder, Fähigkeiten zur Moderation, zur Deeskalation, zur Kompromissfindung und weitere mehr. Häufig sind es genau diese Fähigkeiten, durch die ein Systems Engineer erkannt wird und die ihn dann erfolgreich machen. Diese Fähigkeiten sind unabhängig davon, auf welcher hierarchischen Ebene der Systems Engineer angesiedelt ist oder wie komplex das System ist. Letztendlich muss ein Systems Engineer bei divergierenden Zielen einzelner Fachdisziplinen immer einen Kompromiss finden, so dass es weder „Gewinner", noch „Verlierer" gibt. Idealerweise sollte es nur „Gewinner" geben. Der Weg zu diesem Kompromiss kann in verschiedenen Kulturkreisen sehr unterschiedlich aussehen. Die Sensibilität für diese kulturellen Unterschiede gehört ebenfalls zum Repertoire der „soft skills" des Systems Engineers.

Organisationskenntnisse können nur in der beruflichen Praxis erlangt werden und sind für den Systems Engineer von größerer Bedeutung, wenn er weiter „oben" in der Hierarchie angesiedelt ist, oder wenn das System eine besonders hohe Komplexität besitzt. Interdisziplinäre Fähigkeiten organisatorischer Art müssen dazu befähigen, die Komplexität einer Systementwicklung mit disziplinspezifischen und -übergreifenden Anteilen in einem Projekt zusammenzuführen. Hierzu gehört auch Erfahrung im Umgang mit projektorientierten Organisationsformen, wie beispielsweise der Matrix-Projektorganisation. Diese Fähigkeit ergänzt die übrigen Kompetenzen und ist ebenso erfolgsentscheidend. Hierzu zählt die Vertrautheit mit den im Unternehmen gelebten Prozessen, vor allem dem Entwicklungsprozess sowie mit den bestehenden Strukturen und den Verantwortlichkeiten. Ebenso bedeutungsvoll ist die Sensibilität für die „politische Situation" sowie der Aufbau eines „persönlichen Netzwerks". Die zielgerichtete Nutzung dieses Netzwerks, sowie ein Verständnis darüber, wie Dinge im Unternehmen vorangetrieben werden können oder zu beschleunigen sind, kann den Erfolg des Systems Engineers sowie letztlich den Projekterfolg maßgeblich beeinflussen.

Die Fähigkeit zur interdisziplinären Zusammenarbeit wird also umso wichtiger:

- je komplexer das zu entwickelnde System ist;
- je höher der Systems Engineer in der Organisationsstruktur hierarchisch angesiedelt ist;
- je größer die Organisation (oft das Unternehmen) ist;
- je heterogener die Zusammensetzung des Teams ist;
- je kritischer die Projektrandbedingungen sind, hier vor allem der Zeit- und der Ressourcenplan;
- je herausfordernder die Projekt- oder Systemziele definiert sind;
- je neuartiger Systems Engineering in der Organisation ist.

Die Fachkompetenz in Verbindung mit den sogenannten „soft skills" sind es, die einen Ingenieur zum Systems Engineer qualifizieren. Die Fähigkeit zur Führung großer Teams mit und auch ohne Personalverantwortung und das notwendige politische Geschick machen ihn erfolgreich. Vor allem in der interdisziplinären Zusammenarbeit entscheidet oft das „Wie" und weniger das „Was" über Erfolg oder Misserfolg.

3.9 Integrationsfähigkeit

Ein gemeinsames Verständnis der zu lösenden Aufgabe und die Einigung auf ein gemeinsames Vorgehen erfordert eine ausgeprägte Fähigkeit zur Integration unterschiedlicher Teilaspekte, Fachkulturen und Persönlichkeiten. Voraussetzung hierfür ist eine vermittelnde und moderierende Art der Kommunikation und ein Verständnis der in den einzelnen Fachkulturen vorherrschenden semantischen und methodischen Unterschiedlichkeiten sowie für Belange außerhalb des Projekts.

Zu Beginn der Systementwicklung ist eine arbeitsteilige Vorgehensweise mit klar abgegrenzten Komponenten und Zuständigkeiten meist noch nicht erreichbar. Daher sind diese frühen Entscheidungen schwierig zu organisieren. Gerade in diesen Phasen sind die Gestaltbarkeit und die Einflussnahme auf das zu entwickelnde System aber besonders hoch. Der frühe Entwurf erfordert daher den oben beschriebenen systemorientierten Blick auf das Ganze. Hier sind Systems Engineers ganz besonders gefordert. In diesem Abschnitt geht es also nicht um die Integration des Gesamtsystems aus einzelnen Komponenten, sondern um die Integration vielfältiger Zielvorstellungen, Sichtweisen und Methoden mit dem Ziel den besten Gesamtentwurf für das zu realisierende System zu erreichen. Wobei der beste Gesamtentwurf nicht der ist, der an der Grenze des technisch machbaren liegt, sondern der, der die Rahmenbedingungen am besten abbildet und dennoch die Anforderungen erfüllt.

Beim Entwurf eines Systems sind neben den funktionalen Anforderungen auch vielfältige nicht-funktionale (=allgemeine) Anforderungen zu berücksichtigen. Dies sind beispielsweise:

- Kosten,
- Entwicklungszeit,
- besondere Kundenwünsche,
- Produktion und Beschaffung,
- Unternehmensstrategie,
- personelle Ressourcen,
- spezifische Kompetenzen der Mitarbeiter/innen fachlicher und überfachlicher Art sowie
- spezifische Fachkulturen mit eigener Sprache und eigenen Methoden.

Oftmals werden diese nicht-funktionalen Anforderungen als „störend" für den Entwurfsprozess empfunden, da sie viele technisch interessante Lösungen unerreichbar machen und oft auch nur unscharf beschrieben sind. Unter dem Blickwinkel der Integration sind diese nicht-funktionalen Anforderungen besonders relevant, da sie nicht von einer bestimmten Fachabteilung umgesetzt werden können, sondern von einem integrierten Team zu bearbeiten sind und entsprechend der Gesamtstrategie und dem Systemlösungsansatz in die Vorgaben für die Fachbereiche umgesetzt werden müssen

Neben dem Systems Engineering und der Projektleitung sollten daher folgende Personen, bzw. Rollen bei der Konzeption mitwirken:

- der Kunde, bzw. Stakeholder aus dem Marketing, die stellvertretend die Anforderungen der Kunden bzw. Nutzer artikulieren können;
- das Top-Management, das die langfristigen Unternehmensziele vertritt;
- Kaufleute und Planer, zur Abschätzung von Kosten und verfügbaren Ressourcen;
- die Fertigung, zur Abschätzung von Terminen und Durchlaufzeiten für die Prototypen und Produktion;
- Ingenieure aus den Bereichen Konstruktion, Elektronik- und Software-Entwicklung, die technische Schwierigkeiten und Lösungsansätze für die Erfüllung von Anforderungen (er)kennen und über Maßnahmen entscheiden können;
- Ingenieure aus den Bereichen Logistik, Wartung und Testen.

Für die Leitung interdisziplinär zusammengesetzter Teams benötigen Systems Engineers eine besonders ausgeprägte Integrationskompetenz. Hierfür bedarf es des Verstehens der einzelnen Fachsprachen, des Nachvollziehens von Argumenten und Lösungsentwürfen sowie des Verknüpfens von Problemstellungen einer Fachdomäne mit Lösungen aus einer anderen. Zusätzlich zu dieser „horizontalen" Integration zwischen den Fachdomänen sind Systems Engineers gefordert, in „vertikaler" Richtung auch die langfristigen Ziele des Unternehmens, des Kunden und des Umfelds in den Katalog der Anforderungen mit aufzunehmen. Systems Engineers brauchen deshalb einen gewissen „siebten Sinn" für das Erkennen von widersprüchlichen oder auch unrealistischen Anforderungen sowie ein Geschick für das Aushandeln von Kompromissen sowohl mit dem Kunden und der Unternehmensleitung (vertikal) als auch mit den Fachabteilungen und Zulieferern (horizontal).

Die Integrationsfähigkeit erreicht man durch fundierte Schulungen, durch langjährige Erfahrung oder durch eine sogenannte Job-Rotation, bei dem die wesentlichen Planungs- und Entwicklungsbereiche eines Unternehmens durchlaufen werden. Diese Job-Rotationen können sich sogar auf Zulieferer mit großem Entwicklungsbeitrag ausdehnen.

3.10 Kommunikationsfähigkeit

Es ist bereits mehrmals angesprochen worden, dass der Erfolg von Systems Engineering entscheidend von den beteiligten Menschen bestimmt wird. Allein durch die Verwendung von Prozessen, Techniken, Methoden oder Tools entsteht kein erfolgreiches Systems Engineering. Somit ist die herrschende Unternehmenskultur, das Verhalten der Beteiligten und ganz wesentlich, die Kommunikation zwischen ihnen, ein ganz entscheidender Faktor. Der dem Systems Engineering zugrundeliegende Problemlösungszyklus funktioniert nur über die Kommunikation zwischen den beteiligten Menschen. Daher ist es entscheidend, dass ein Systems Engineer die Aspekte der Kommunikation kennt und mit ihnen umzugehen weiß.

Mit der Komplexität eines zu entwickelnden Systems wächst zugleich auch die Anzahl der Beteiligten in einem Entwicklungsprojekt. Während ein „Erfinder" im 19. Jahrhundert die Möglichkeiten zur Umsetzung seiner Ideen meist noch in seinem näheren Umfeld hatte, reichen heutige Entwicklungsvorhaben weit über den Einflussbereich eines Einzelnen hinaus. Globalisierung, Individualisierung, Miniaturisierung und Digitalisierung der Produkte verändern die Entwicklungs- und Produktionslandschaft. Entwicklung, Herstellung, Nutzung, Entsorgung usw. eines Systems finden heute oftmals an verschieden Orten in der ganzen Welt statt. Die Variantenvielfalt und die Software-

Anteile nehmen stetig zu und damit steigt auch die Komplexität der Entwicklungsprojekte und letztlich auch die Komplexität der Kommunikation. Das hängt ganz einfach mit der Verknüpfungsdichte zusammen, wie wir es im Kapitel „Orientierung" schon einmal beschrieben hatten.

Denn theoretisch steigt die Anzahl der Kommunikationsbeziehungen mit der Anzahl der Beteiligten quadratisch an. Die Anzahl der möglichen Kommunikationswege zwischen n Teilnehmern beträgt also „$n(n-1)/2$". Bei 4 Teilnehmern sind es also 6 Verbindungen, bei 8 Teilnehmern sind es schon 28 und bei 12 Teilnehmern sind es 66 mögliche Kommunikationsverbindungen, die es zu berücksichtigen gilt. Wird dieses Organisieren der Kommunikationswege vernachlässigt, drohen Informationsverlust, Koordinationsprobleme und letztlich Motivationsverlust. Daher ist es eine der Aufgabe des Systems Engineers, die Prinzipien der Kommunikation zu verstehen und sie sinnvoll zu organisieren. Damit inhaltliche Arbeit und Kommunikation in einem gesunden Verhältnis zueinanderstehen, werden Strukturen oder Kommunikationswege oft vorgegeben. Diese Strukturen orientieren sich meist an der Organisationsstruktur der Firma, des Projekts und an den Beziehungen zu den Stakeholdern, man sollte allerdings auch eine WBS (Work Breakdown Structure) zur Orientierung nicht vergessen. Um die Effizienz der Kommunikation zu steigern, können strukturelle Veränderungen oder eine veränderte Teamzusammensetzung erforderlich sein. So gibt eine hierarchische Organisation viele Kommunikationswege bereits vor und schließt andere dafür aus (z.B. Entwickler zu Vorstand). Das vereinfacht das Geflecht der Kommunikationswege erheblich, beinhaltet aber die Gefahr, dass Informationen zu langsam fließen oder „gefiltert" werden. Die Kommunikation kann dadurch verbessert werden, indem man in kleinen Teams von ca. 5 bis 10 Personen zusammenarbeitet, damit alle gegenseitig informiert bleiben.

Für die Kommunikation zwischen Personen hat FRIEDMAN SCHULZE VON THUN ein Vier-Seiten-Modell entwickelt, das mittlerweile weit verbreitet ist. Mit jeder Kommunikation sind demnach immer vier Botschaften verknüpft:

- die Sachinformation (worum geht es),
- eine Selbstkundgabe (was ich von mir zu erkennen gebe),
- eine Beziehungsseite (wie ich zu dir stehe) und
- eine Appellseite (was ich bei dir erreichen möchte) [114].

Da die meisten Kommunikationen keine Einbahnstraße sind, folgt auf eine Äußerung IMMER eine entsprechende Reaktion, bzw. Antwort. Selbst Schweigen wäre eine Antwort. Oder wie der Kommunikationswissenschaftler PAUL WAZLAWICK sagte: „Man kann nicht nicht kommunizieren!" [115] In der folgenden Abbildung 22 haben wir daher auf die Bezeichnung Sender und Empfänger verzichtet, da beide Personen in der Regel beide Rollen ausfüllen, denn auch die Antwort besteht wiederum aus vier Botschaften. Somit wird deutlich, dass zum Beispiel ein Konflikt nicht ausschließlich auf der Sachebene bestehen kann, sondern sich auch über die drei übrigen Seiten der Nachricht erstrecken kann. Oft wird zum Beispiel übersehen, dass neben der Sache auch die Beziehungsseite im Widerspruch steht.

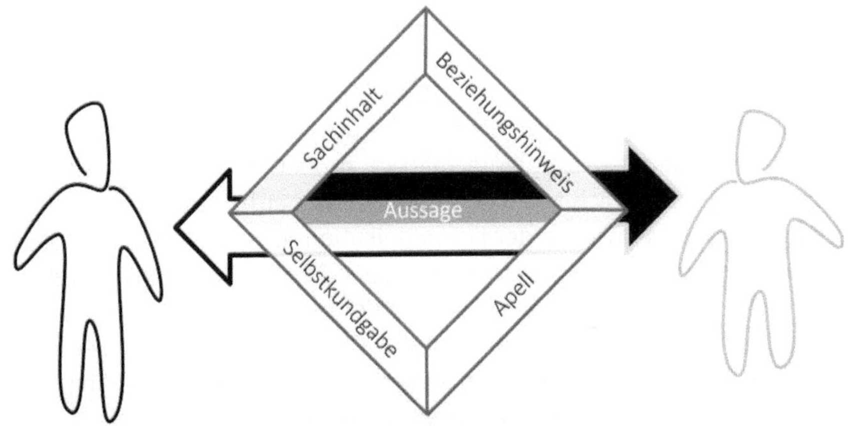

Abbildung 22: Kommunikationsmodell nach SCHULZE VON THUN

Konflikte auf der Beziehungsebene sind für manche Menschen schwer zu lösen und manche sind damit auch überfordert. Systems Engineers benötigen ein gutes Bewusstsein, um auch Konflikte auf der Beziehungsebene wahrzunehmen und ggf. zu lösen. Aber auch hier gibt es Grenzen, ab derer ein psychologisch geschulter Coach oder Mediator unterstützen muss.

Darüber hinaus ist Kommunikation situationsabhängig über unterschiedliche Medien möglich. Es kann grob unterschieden werden zwischen

- mündlicher und
- schriftlicher Kommunikation.

Mündliche Kommunikation hat den Vorteil einer beidseitigen Kommunikation mit extrem schneller Antwortmöglichkeit. Zugleich hat sie aber auch den Nachteil geringer Dauerhaftigkeit und Nachverfolgbarkeit, hohe Vermischung der Sachebene mit den oben beschriebenen weiteren Botschaften zur Selbstkundgabe, den Beziehungs- und der Apellseite. Deshalb eignet sich mündliche Kommunikation gut für eine „personenbezogene Kommunikation", wenn es darum geht, auch Beziehungen und Emotionen mit einzubringen und Sachthemen gegebenenfalls eine untergeordnete Rolle spielen. Die mündliche Kommunikation kann sich auch für schnellen und intensiven gegenseitigen Austausch von Sachthemen eignen. Dafür müssen sich jedoch alle Partner bewusst auf die Sachebene fokussieren. Das empfiehlt sich bei Kommunikation mit Partnern, mit denen man in einer Organisation und in räumlicher Nähe zusammenarbeitet. Es ermöglicht schnelle Klärung von Sachthemen mit schnellem sachlichem Feedback.

Schriftliche Kommunikation oder „nicht-mündliche" Kommunikation eignet sich vor allem für „sachbezogene Inhalte". Um den Sachaspekten gerecht zu werden und die begleitenden Aspekte der Kommunikation abzuschwächen, werden oft Modelle in Form von Tabellen, Diagrammen oder Zeichnungen verwendet. Diese Art der Kommunikation hat den Vorteil der Langlebigkeit und Nachweisbarkeit. Vereinbarungen können getroffen werden und es besteht eine hohe Verfügbarkeit der Informationen. Sie verläuft meist eher sachbezogen, da Mimik, Tonfall und Gestik, die oftmals die Beziehungsseite unterstreichen, hier natürlich nicht vorkommen. Das kann natürlich auch ein Nachteil sein, wenn Probleme auf der Beziehungsebene nicht erkannt werden. Ein weiterer Nachteil schriftlicher Kommunikation ist ein häufig auch sehr langsames Feedback. Durch die deutlich größere Verzögerungszeit zwischen Äußerung und Antwort können massive Konflikte auf der Beziehungsebene entstehen. Durch Hinweise zur „Netiquette" versuchen Unternehmen diesem Effekt entgegenzuwirken. Da heutzutage ein großer Anteil an Kommunikation über E-Mail stattfindet, wird auch die schriftliche Kommunikation zunehmend informeller. In dem Maße, wie sich die schriftliche Kommunikation der mündlichen annähert, nehmen auch die oben genannten vier Anteile einer Nachricht zu. So versucht man, zunehmend auch in schriftlicher Kommunikation „Mimik" durch Emoticons oder Emojis zu vermitteln.

Selbstverständlich existieren häufig Mischformen zwischen den Kommunikationsmedien und Kommunikationsarten. Generell kann Kommunikation aber verbessert werden, indem man sich auf eine gemeinsame Begriffswelt (z.B. mit Hilfe eines Glossars) und Kommunikationsregeln verständigt und indem man geeignete Kommunikationsmedien auswählt.

Der Systems Engineer muss also ein gutes Verständnis über Kommunikation entwickeln. Dann kann er Maßnahmen ergreifen, um die Zusammenarbeit und deren Strukturen effizient zu gestalten.

In großen Teams kann die Sprache eine Quelle von permanenten Missverstehens sein. Die zu wählende Teamsprache ist daher sorgfältig auszuwählen. Nicht immer ist Englisch die beste Lösung. Man sollte beachten, dass man sich in seiner Muttersprache auf Grund des Sprachgefühls immer am variantenreichsten und genauesten ausdrücken kann. Jede Abweichung bedeutet damit eine Einschränkung der Kommunikationsmöglichkeiten. Für die technische Arbeit haben sich Modelle und synthetische Sprachen wie z.B. SysML bzw. UML bewährt.

3.11 Konfliktmanagement

Konflikte haben viele Gesichter. Man kann darunter den persönlichen Konflikt zweier oder mehrere Personen untereinander verstehen. Aber auch Streitfälle über das Vorgehen in einem Projekt oder auftretende Unstimmigkeiten (z.B. widersprüchliche Anforderungen) bzw. fehlerhafte Angaben während der Produktion eines Produkts zählen zu dieser Kategorie.

Anforderungen an komplexe Systeme enthalten meist Zielkonflikte. Eine Vielzahl alternativer Lösungswege, widersprüchliche Randbedingungen und unzureichende Ressourcen erschweren die Übersicht. Jedes erfolgreich realisierte System stellt daher eine große Leistung des Konfliktmanagements dar. Wir möchten an dieser Stelle dem Konflikt die Dramatik und das negative Image nehmen und vielmehr Lösungsmöglichkeiten aufzeigen.

In vielen Unternehmen sind Konflikte mit dem Stigma der Fehlleistung oder der Fehlwahrnehmung behaftet. Konflikte gilt es demnach möglichst zu vermeiden. Tritt ein Konflikt dennoch zutage, so steht er für ein Versagen der Fachabteilungen oder des Managements. Diese Sichtweise verstellt jedoch den Blick auf die positiven Aspekte: denn Konflikte bergen große Potenziale für die Weiterentwicklung von Produkten, Prozessen und Organisationen. Zielführender als die Suche nach einem Schuldigen oder die Frage, wer nun im Recht oder im Unrecht ist, ist die Frage nach den Gründen für Konflikte. Systems Engineers sollten daher ein Wahrnehmungsvermögen entwickeln, um Konflikte mit Entwicklungspotenzial von schlichten Pannen im Ablauf – die natürlich auch vorkommen können – zu unterscheiden [116].

Die Analyse eines Konflikts sollte den positiven Kern als Ziel haben. Das Ergebnis soll Unterschiede erkennen und aufzeigen. Diese Unterschiede sind wertvoll, denn sie zeigen Alternativen auf, die vielleicht wettbewerbsfähig sind. Werden diese Unterschiede „unter den Teppich gekehrt", so bleiben diese Alternativen unberücksichtigt. Damit entgeht dem Unternehmen eine Chance zur Verbesserung, sei es der Technologie, der internen Abläufe oder der Zusammenarbeit mit dem Kunden. Andere Unternehmen, die Konflikte sinnvoll lösen, erarbeiten sich hier einen Wettbewerbsvorteil. Das „konfliktfreie" Unternehmen wird in stiller Harmonie – die eine trügerische ist, denn ignorierte Konflikte sind dennoch existent – „untergehen".

Wenn Unterschiede innerhalb einer Gruppe auftreten, können sie die Einheit der Gruppe gefährden. Die Konfliktlösung hat dann die Aufgabe, diese Unterschiede zu überwinden und die Einheit der Gruppe wieder herzustellen [116]. Sanktionen sind im Systems Engineering ein ungenügendes Mittel um Einheit wieder herzustellen. Der argumentative Weg ist eindeutig vorzuziehen. Bei Konflikten sind Einheit und Unterschied die zwei Seiten der gleichen Medaille. Daher gilt es, diese beiden Aspekte auszubalancieren. Ob diese Balance eher die Unterschiede in einem Team betont, damit es sehr differenziert unterschiedliche Alternativen bearbeiten kann, oder ob die Einheit als Gruppe betont wird und das Team mit „einer Stimme spricht" ist letztlich eine Frage der Unternehmenskultur, die der Systems Engineer aktiv mitgestaltet, und der Projekterfordernisse. Eine einheitliche Kommunikation über den Projektfortschritt fördert die positive Wahrnehmung eines Projekts gegenüber internen und externen Kunden. Sie darf aber nicht zu einer diktatorischen Meinungshoheit einer oder mehrerer Personen degradieren. Alternativen abseits des Mainstreams müssen im Projektteam diskutierbar sein.

Ein weiterer Effekt der Konfliktbearbeitung, gemeinhin als „Streit" bezeichnet, ist das Aufdecken der Vielfalt an Aspekten und Einschätzungen, die zu einem tieferen Verständnis des Problems und damit auch zu besseren Lösungen führen. Eine Organisation ohne (kultivierten) Streit, steht unter Verdacht, ignorant gegenüber unterschiedlichen Meinungen und Zielstellungen zu sein oder Konflikte zu tabuisieren und somit den lebhaften Puls des Unternehmens zu schwächen.

Konflikte sind also durchaus auch erwünscht, müssen aber richtig genutzt werden. Hierbei geht es im Wesentlichen darum, dass zwischen dem Auftreten eines Konflikts und der Suche nach Lösungen eine ausführliche Analyse durchgeführt wird. Es muss als erstes erkannt werden, ob der Konflikt auf der rationalen (Sachseite) oder emotionalen (Beziehungsseite) Ebene angesiedelt ist. Im rationalen Bereich lassen sich Ursachen finden; es bestehen Regeln und die Analyse kann an Systemen und Strukturen (z.B. Fachabteilungen, Rechtsabteilung oder kaufmännische Bereich) durchgeführt werden. Eigentlich handelt es sich in diesem Fall eher um „Pannen" im Entscheidungsprozess, die es zu korrigieren gilt. Im emotionalen Bereich dagegen existiert keine Logik und es gibt auch nicht die eine gültige Wahrheit. Emotionen und Bedürfnisse lassen sich nicht befehlen, daher wird eine Entscheidung „von oben" in der Regel auf der emotionalen Ebene nicht akzeptiert. Die Lösung muss von den Beteiligten im dialektischen Prozess, d.h. im Widerstreit der Argumente, gefunden werden. Wichtigste Tugend sollte dabei die Offenheit aller Teammitglieder sein. Der Systems Engineer hat hierbei die Rolle des Moderators inne. Ist er selbst Teil des Konflikts, sollte ein neutraler Moderator hinzugezogen werden.

Gruppenentscheidungen sind meist ausgereifter und tragfähiger als Einzelentscheidungen. Sie berücksichtigen in der Regel die Bedürfnisse der Mitglieder deutlich besser. Sie werden aber nur dann wirklich von allen akzeptiert, wenn sich auch alle in der Entscheidung „wiederfinden". Ob die Umsetzung kontrolliert wird, muss gemeinsam festgelegt werden. Dem größeren Aufwand an Zeit und Kosten steht aber gegenüber, dass sie meist fundiert und nachvollziehbar sind [116].

Wie schon im Abschnitt „Interdisziplinäres Arbeiten" erwähnt, kommt es beim Konfliktmanagement darauf an, es möglichst so durchzuführen, dass es keine „Verlierer" gibt. Das ist abhängig vom persönlichen Charakter der Beteiligten, dem kulturellen Hintergrund und weiteren Aspekten, und es erfordert viel Einfühlungsvermögen. Bedauerlicherweise verfügt nicht jeder guter Ingenieur über eine hohe Empathie, der Fähigkeit zum genauen Zuhören und dem Gespür für Emotionen. Für „Alpha-Tiere" ist es meist sehr schwer sich derartigen Prozessen zu unterwerfen. Bis zu einem gewissen Grad kann sich hier jeder weiterbilden und weiterentwickeln, aber es kann durchaus hilfreich sein, auch Hilfe durch Dritte mit in Anspruch zu nehmen. Dies sollte insbesondere dann erfolgen, wenn der Systemerfolg stark von individuellen Fähigkeiten abhängt oder unter schwierigen zeitlichen Randbedingungen (z.B. der entscheidende Programmierer weigert sich kurz vor Serienstart nach mehrfachem Streit weiter mit einem Kollegen zusammenzuarbeiten, aber beide sind zu diesem Zeitpunkt unersetzlich). Hier kann beispielsweise das Hinzuziehen eines Moderators oder speziell geschulten Mediators hilfreich sein denn alles muss der Systems Engineer auch nicht bis zur Perfektion können.

3.12 Leadership

Es wurde bereits mehrfach angesprochen, dass die erfolgreiche Systementwicklung stets eine Team-Leistung ist. Doch wie führt man ein Team zu guten Leistungen? Systems Engineers brauchen ein hohes Maß an Führungsqualitäten, oder Neudeutsch „Leadership". Das Thema „Leadership" wurde in den letzten Jahren zum heiligen Gral der Management-Literatur hochstilisiert. Es besitzt mittlerweile einen fast mystischen – manchmal auch esoterischen – Beigeschmack. Für das Systems Engineering gehört Leadership jedoch zum Handwerkszeug, das man sich aber durch Lektüre, praktische Erfahrung und Selbstreflektion aneignen kann. Letztlich gehören aber auch bestimmte Charaktereigenschaften dazu, insbesondere ein hohes Maß an sozialer Kompetenz. Da bei einem Systems Engineer die technischen Aspekte eines Projekts zusammenlaufen, besitzt er demzufolge eine herausgehobene Position und muss gemeinsam mit dem Projektleiter sein Team von der Aufgabenstellung zur Lösung führen. Nach WEINBERG besteht Leadership aus den folgenden drei Tätigkeiten:

- die Aufgabenstellung verstehen,
- den Fluss von Ideen zu leiten und
- die Qualität der Ergebnisse sicherzustellen [117].

Das passt natürlich hervorragend zu den Aufgaben des Systems Engineerings. Was in dieser Auflistung fehlt, ist die Fähigkeit ein Team zu motivieren, in bestimmte Richtungen zu steuern und seine Kreativität zu wecken.

Die **Aufgabenstellung zu verstehen** umfasst u. a. die Generierung von Anforderungslisten und Spezifikationen. Diese können sehr umfangreich sein. Es führt aber kein Weg daran vorbei, dass der leitende Systems Engineer sie erstellt, „im Kopf behält", angemessen bewertet und pflegt. Oftmals geraten Anforderungen bei fortschreitender Systementwicklung aus dem Blick. Ein Systems Engineer, der seine Leitungsfunktion ernst nimmt, sieht sich die Anforderungen wiederholt an und reflektiert sie vor dem Hintergrund der bereits getroffenen Entwicklungsentscheidungen. Oftmals verbergen sich in vermeintlich unbedeutenden Anforderungen Hinweise auf große Risiken oder Chancen in Bezug auf die Systemrealisierung, den Kosten und der erforderlichen Entwicklungszeit. Auch bei Konflikten über Entscheidungsalternativen finden sich klärende Hinweise oft in den Anforderungen.

Den **Fluss von Ideen zu leiten** ist wichtig, um von einer Aufgabenstellung zu einer angemessenen Lösung zu kommen. Werden zu wenige Ideen entwickelt, wird das Problem nicht gelöst. Entstehen zu viele Ideen, mündet das Vorgehen häufig im Chaos. Der Fluss der Ideen muss daher in geeigneter Weise gesteuert werden. [118] Kommen zu wenige Ideen, so muss der Systems Engineer eigene Ideen einbringen oder er kann die Suche in einem anderen Kontext anregen. Oftmals lassen sich gute Ideen von einem anderen Verwendungszusammenhang auf die eigene Problemsituation übertragen. Auch Ideen, die auf den ersten Blick nicht zielführend erscheinen, können entsprechend erweitert oder angepasst werden. Hilfreich in solch einer Phase ist die Beschreibung von Szenarien und Erstellung von Use Cases.

Die **Qualität der Ergebnisse sicherzustellen** bedeutet, die erreichten Ergebnisse stets gegen die gestellten Anforderungen zu reflektieren. Da die Lösung letztendlich vom Kunden bezahlt wird, sind Ideen zur Umsetzung von Anforderungen mit der Projektleitung und dem Kunden abzustimmen. Bei umfangreichen Projekten ist der Einsatz entsprechender Metriken zur Qualitäts- und Fortschrittskontrolle anzuraten.

Neben den oben beschriebenen drei zentralen Tätigkeiten sind die sogenannten Führungsqualitäten auch eine Frage des persönlichen Stils. Die Ausübung von Führung kann von der reinen Moderation oder dem Coaching bis zum straffen vorgeben von Lösungswegen variieren. Je nach Komplexität der Aufgabe, der Branche, der Teamzusammensetzung und der eigenen Persönlichkeit, muss jeder den Stil finden und weiterentwickeln, der zum Erfolg führt. Um seine eigenen Führungsqualitäten weiter zu entwickeln, empfiehlt WEINBERG deshalb sein sogenanntes MOI-Modell. Die drei Buchstaben stehen für

- Motivation: was uns dazu bewegt, uns weiterzuentwickeln,
- Organisation: eine stabile Basis, auf der wir verändertes Verhalten ausprobieren können und
- Innovation: Ideen zur Verbesserung unserer Führungsfähigkeiten. [119]

Voraussetzung für die persönliche Weiterentwicklung ist dabei ein reflektiertes und kritisches Selbstbild, verbunden mit einer klaren Zielvorstellung und der Offenheit für Veränderungen. Führungsqualitäten lassen sich nach EISNER auch an persönlichen Verhaltensweisen und Eigenschaften erkennen, die Systems Engineers kultivieren sollten. Nach EISNER sind diese z.B.:

- bevollmächtigen, unterstützen, motivieren und Anderen vertrauen,
- entwickeln einer Vision und einer langfristigen Sichtweise,
- kooperieren, kommunizieren, engagieren für Team-Building,
- erneuern, lernen und Aufgaben für persönliches Wachstum nutzen,
- bei Kultur und Werten Vorbild sein,
- produktiv, effizient und handlungsorientiert sein,
- Zeiten und Prioritäten im Blick behalten,
- innovativ und kreativ sein,
- Integrität, Moral und Menschlichkeit ausstrahlen sowie
- über ein fundiertes Wissen und Fähigkeiten verfügen. [120]

3.13 Kapitelautoren und andere wichtige Quellen

In diesem Kapitel haben sich mehrere Personen eingebracht. Allen vorweg möchten wir **Hanno Weber** für die fachliche Koordination der ursprünglichen Fassung danken. Die Überarbeitung für diese Ausgabe hat **Martin Geisreiter** erbracht.

Die folgenden **Autoren** waren an diesem Kapitel beteiligt:

- Hanno Weber,
- Dieter Scheithauer,
- Christian von Holst,
- Thaddäus Dorsch,
- Jürgen Rambo,
- Wolfgang Ansorge,
- Martin Geisreiter,
- Michael Vielhaber,
- Johannes Fritz.

Wir greifen in der täglichen Arbeit auf das bereits niedergeschriebene Wissen von anderen zu. Beim Schreiben dieses Buchs haben wir das ebenfalls getan. Das haben wir in den Texten mit zahlreiche Quellenangaben gewürdigt.

Für weiterführende Informationen und als besonders lesenswerte Quellen empfehlen wir folgende Quellen:

- Friedemann Schulz von Thun: **Miteinander Reden, Band 1 - Störungen und Klärungen.** Reinbeck, Hamburg; 1981.
- Gerhard Schwarz: **Konfliktmanagement – Konflikte erkennen, analysieren, lösen.** Gabler Verlag, Wiesbaden; 2003.
- Gerald M. Weinberg: **Becoming a Technical Leader – An Organic Problem - solving Approach.** Dorset House, New York, N.Y; 1986.
- Florian Rustler: **Denkwerkzeuge der Kreativität und Innovation.** Midas Management Verlag AG, St. Gallen Zürich; 2017
- Bruce W. Tuckman: **Developmental sequence in small groups.** University of California, Berkeley; 1965

In den vorhergehenden Kapiteln haben wir „Orientierung" gegeben, eine „Positionierung" des Systems Engineerings vorgenommen und einige der „Tugenden" von Systems Engineers beschrieben. Dabei sind wir bereits grob auf verschiedene Tätigkeiten im Systems Engineering eingegangen. Ziel dieses vierten Kapitels ist es, die einzelnen Tätigkeiten des Systems Engineers detaillierter als bisher zu beschreiben. Bevor wir damit beginnen, fassen wir hier noch einmal wichtige Erkenntnisse der vorhergehenden Kapitel kurz zusammen.

4.1 Überblick

Systems Engineers tragen in einem Projekt die Verantwortung für die systematische, ganzheitliche Umsetzung der technischen und wirtschaftlichen Bedarfe der Stakeholder zur Realisierung eines optimalen Systems. In diesem Zusammenhang konzentriert sich der Systems Engineer auf die Betrachtung von übergeordneten Systemaspekten im Gegensatz zu den detailbezogenen Arbeiten der beteiligten Fachdisziplinen. Der Systems Engineer definiert die System- und die darauf aufbauenden Subsystem-Anforderungen, einschließlich der notwendigen projektphasenbezogenen Erfüllungsnachweise. Der Systems Engineer organisiert und kontrolliert die interdisziplinäre Zusammenarbeit der Fachdisziplinen immer im Hinblick auf eine ganzheitliche Erfüllung der Stakeholderbedarfe. In einem Projekt ist er die verantwortliche Person für die Erfüllung der technischen Systemanforderungen und die zentrale Ansprech- und Kommunikationsstelle für alle technischen Belange. Darunter fallen auch eventuell erforderliche Konzeptmodifikationen und Änderungswünsche seitens des Kunden. Um der Verantwortung des Systems Engineerings gerecht werden zu können, sollte der Systems Engineer in einer Projektorganisation gleichrangig mit dem Projektleiter agieren können, wobei der Projektleiter die Gesamtverantwortung für das Projekt trägt. Je nach Projektumfang und Systemkomplexität ist ein Systems Engineering Management Plan (SEMP) erforderlich, der die übergreifenden Systems Engineering Aktivitäten für das gesamte Projekt definiert und regelt. Mit diesem Plan werden die grundsätzlichen Entwicklungsverfahren projektübergreifend festgelegt und geplant (s. auch Kapitel „Hilfsmittel").

Die bereits erwähnte Norm ISO/IEC/IEEE 15288 definiert die Prozesse, die in einem Systemlebenszyklus zu etablieren sind, und ist damit eine wichtige Quelle, um einen Überblick über die Tätigkeiten des Systems Engineers zu gewinnen. Die Abbildung 15 (s. Kapitel „Positionierung") zeigt alle Prozesse nach dieser Norm. Wir werden uns im Folgenden, wie in Abbildung 23 zu sehen, auf die technischen Prozesse konzentrieren, aber natürlich nicht vergessen, dass die Systems Engineering Aktivitäten in einem Projekt eingebettet sind und die Tätigkeiten des Systems Engineers mit denen des Projektleiters überlappen, das hatten wir bereits im Kapitel „Positionierung" ausführlich erläutert.

Die technischen Prozesse nach ISO/IEC/IEEE 15288 zeigen einen sachlogischen Zusammenhang. So hängt die Gestaltung des Systems von der Definition der Systemanforderungen ab. Auch setzen die Verifikation und Validierung des Systems die Umsetzung des Systementwurfs voraus usw.

Die technischen Prozesse deuten auch eine Entwicklung „vom Abstrakten zum Konkreten" an: Die Systemidee wird noch sehr abstrakt beschrieben. Der Systementwurf hingegen enthält bereits so viele Details, dass Fachspezialisten für Software, Elektronik, Mechanik usw. mit der Entwicklung von Systemkomponenten beginnen können.

Hieraus könnte man folgern, dass es auch einen zeitlichen Zusammenhang zwischen den einzelnen Prozessen gibt. Man muss zuerst definieren, welche Bedarfe und Anforderungen die Stakeholder haben, bevor man konkrete Lösungen zu diesen Bedarfen sucht – wenigstens sollte das nach den Prinzipien des Systems Engineerings so sein. Bei der Weiterentwicklung bereits vorhandener Systeme sowie bei vergleichsweise einfachen Systemen kann man durchaus erfolgreich mit klassischen Vorgehensmodellen wie dem „Wasserfallmodell" [121] vorgehen und die verschiedenen technischen Prozesse der Norm ISO/IEC/IEEE 15288 nacheinander durchführen.

Technische Prozesse
Geschäfts- und Auftragsanalyse (siehe Abschnitt „Systems Engineering Projekte initialisieren")
Definition der Stakeholder-Bedarfe und -Anforderungen (siehe Abschnitte „Stakeholder ...", „Betriebskonzept ...", „Anforderungen ...")
Definition der Systemanforderungen (siehe Abschnitt „Anforderungen spezifizieren")
Architekturgestaltung und Entwurf (siehe Abschnitte „Systemfunktionen ...", „Systemarchitektur und Systementwurf ...")
Systemanalyse (siehe Abschnitt „Systemanalyse, Risikoanalyse, und Betrachtung funktionaler Sicherheit)
Umsetzung (siehe Abschnitt „Umsetzung unterstützen")
Integration (siehe Abschnitt „Integration unterstützen")
Verifikation, Validierung, Übergabe (siehe Abschnitt „Verifikation und Validierung unterstützen")
Betrieb, Wartung, Entsorgung (siehe Abschnitt „Systems Engineering in der Betriebsphase")

Abbildung 23: Technische Prozesse des Systems Engineering gemäß ISO/IEC/IEEE 15288

Bei den meisten Systemen ist jedoch eine Entwicklung rein nach dem Wasserfallmodell wenig effizient, da Unsicherheiten z.B. bezüglich der Stakeholderanforderungen oder neu angewandter Technologien nicht auszuschließen sind. Damit ist die Gefahr wesentlicher Änderungen des Systementwurfs zu einem späten Zeitpunkt des Projektes und damit zusätzlicher Kosten oder von Verzögerungen hoch. Deshalb werden verschiedene Tätigkeiten meist überlappend, iterativ und auch rekursiv durchgeführt. So ist es häufig erforderlich, die Anforderungen zu aktualisieren, nachdem der Systementwurf erstmalig vorliegt. Auch eine neue Beurteilung oder Priorisierung der Stakeholderanforderungen mag zu einer Korrektur sowohl der Anforderungsdokumente als auch des Entwurfs führen. Ein solches Vorgehen nennt man **iterativ**. Ebenso sollte auch die Integration, Verifikation und Validierung nicht erst dann erfolgen, wenn das System vollständig entworfen worden ist. Erste Überprüfungen können bereits parallel zur Anforderungsdefinition und zum Systementwurf erfolgen.

Rekursives Vorgehen ergibt sich dann, wenn man im Sinne des „teile und herrsche" das Gesamtsystem in Teilsysteme zerlegt (z.B. in mehrere Baugruppen), die Teilsysteme wiederum in kleinere Teilsysteme (z.B. in mehrere Module oder Komponenten) usw. Bei einer solchen hierarchischen Zerlegung (Dekomposition) des Systems sind immer wieder Anforderungen zu definieren und Teilentwürfe zu gestalten: zuerst auf der Ebene des Gesamtsystems, dann auf der Ebene der Baugruppen, danach auf der Ebene der Module usw. Man wiederholt also immer wieder ähnliche Tätigkeiten (z.B. Anforderungen definieren), aber nicht nur iterativ auf der gleichen Systemebene, sondern auch rekursiv auf verschiedenen Ebenen, wie es in der folgenden Abbildung 24 dargestellt ist.

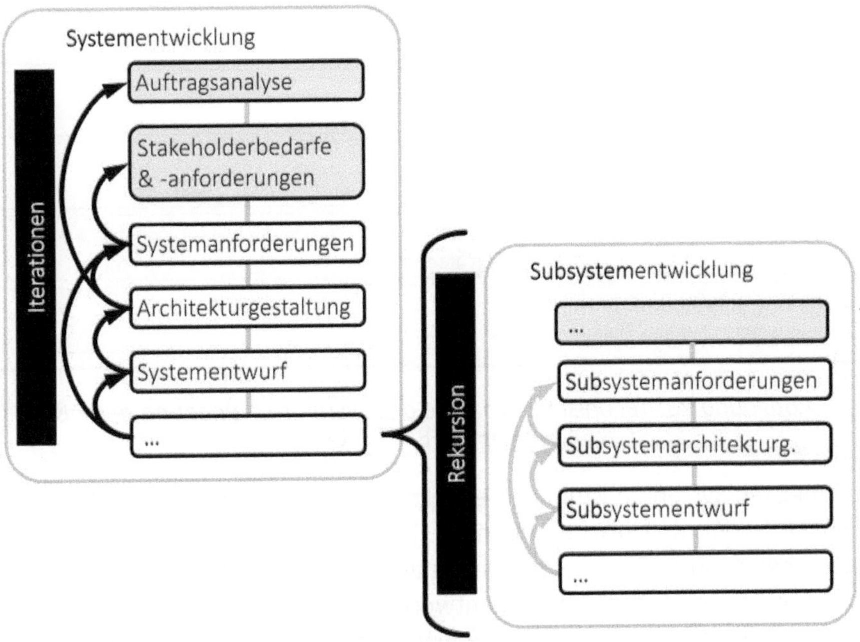

Abbildung 24: Iterationen und Rekursionen in der Systementwicklung

Rekursionen finden sich auch im V-Modell [59] – im Englischen auch Vee-Modell genannt [122]. Wie die Abbildung 25 zeigt, stellt dieses Modell verschiedene System- bzw. Subsystemebenen der Entwicklung graphisch untereinander dar. Dabei werden die Anforderungsdefinition sowie die Architekturgestaltung links und die Integration der einzelnen Teile und deren Prüfungen (Verifikation und Validierung) auf der rechten Seite der jeweiligen Systemebene gegenübergestellt.

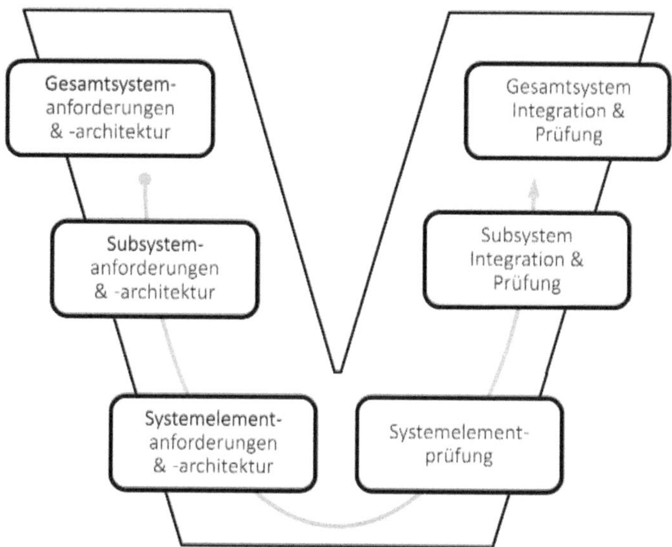

Abbildung 25: V-Modell mit Rekursionen

Bevor im Folgenden mit einer näheren Betrachtung der Tätigkeiten des Systems Engineers begonnen wird, noch ein letzter allgemeingültiger Hinweis: Die vielen von Systems Engineers zu erstellenden Dokumente sind unbedingt einem Konfigurationsmanagement und damit der Konfigurationskontrolle zu unterwerfen. Das bedeutet, dass bei Änderungen an den Inhalten die notwendigen Änderungsmaßnahmen korrekt erfasst, kalkuliert, in die Dokumentation und den Projektablauf eingefügt und in der Praxis nachvollziehbar realisiert werden. Das Konfigurationsmanagement soll aber nicht nur den Werdegang eines Dokuments nachvollziehbar machen (Dokumentenmanagement), sondern auch Hinweise enthalten, welcher Satz von Unterlagen (Revision, Version) das System in einem bestimmten Reifegrad beschreibt.

4.2 Projekte initialisieren

Im Systems Engineering steht jedes Projekt im Kontext des Systemlebenszyklus. Am Anfang des Systemlebenszyklus steht eine Idee (Vision) für die Verbesserung eines existierenden Systems oder für die Entwicklung eines neuen Systems, das es in seiner angedachten Funktionalität noch gar nicht gibt. Die Systemidee kann das Ergebnis einer Kundenanfrage, einer Geschäfts- oder Marktanalyse sein oder aus einem Verbesserungsvorschlag bzw. einer Erfindung resultieren.

Ergibt sich die Systemidee aus einer Kundenanfrage oder aus der Marktforschung („Market-Pull"), so geht es meist darum, ein Portfolio zu ergänzen, ein bestehendes System durch eine Neuentwicklung oder eine „verbesserte" Version zu ersetzen. Die durch „Market-Pull" initiierten Entwicklungsprojekte haben meist eine geringe Marktunsicherheit und beruhen auf der Verwendung bekannter Technologien, so dass sie zwar weniger innovativ, aber dafür mittelfristig und mit geringem Risiko umsetzbar sind.[123]

Die Systemidee kann aber auch von einer Person oder Personengruppe stammen, die eine Erfindung gemacht hat und diese in einem innovativen System umsetzen möchte. Aufgrund des hohen Innovationsgrades dieser als „Technology-Push" bezeichneten Variante der Ideenentstehung weisen die zugehörigen Systementwicklungsprojekte höhere Technologie- und Marktunsicherheiten auf. Dies führt im Allgemeinen zu einem längerfristigen Realisierungszeitraum. [124]

Selten lässt sich ein Systemlebenszyklus als ein einzelnes geschlossenes Projekt betrachten. Tatsächliche Produktionszahlen, die Zahl der Installationen, die tatsächliche Nutzungsdauer, zukünftige Systemverbesserungen und -varianten sowie die Notwendigkeit, auf technische Obsoleszenz reagieren zu müssen, sind am Anfang des Systemlebenszyklus kaum vorhersehbar. Entsprechend sind separate aber natürlich aufeinander aufbauende Projekte wie ein „Entwicklungsprojekt", „Markteinführungsprojekt", „Serviceprojekt", „Upgradeprojekt" usw. möglich. In vielen Anwendungsdomänen hat sich für die Gesamtheit aller Projekte im Unternehmen, die dem gleichen System oder einer Gruppe ähnlicher Systeme zugeordnet sind und somit ein gemeinsames Ziel verfolgen, die Bezeichnung „Programm" durchgesetzt.

Zur Projektinitialisierung [125; 126] muss bereits ein prinzipielles Wissen über das zu entwickelnde System vorliegen. Dieses Wissen muss in frühen Stufen der Systemkonzeptgenerierung erarbeitet werden. Diese frühen Phasen im Systemlebenszyklus laufen typischerweise im Rahmen der Geschäftsplanung nach einem unternehmensweiten standardisierten Prozess ab. Der Systemkonzeptgenerierung fällt dabei die Rolle zu, die Portfoliostrategie des Unternehmens mit fachlich abgesicherten Systemkonzepten zu untermauern und den erforderlichen Forschungs- und Technologieentwicklungsbedarf aufzuzeigen. Systems Engineers sollten in diesen Phasen bereits eingebunden sein um die technischen Aspekte eines neuen Projekts möglichst risikoarm zu gestalten.

Verbindliche Richtlinien und konkrete Verfahrensvorgaben helfen, alle Projekte im Systemlebenszyklus optimal aufeinander abzustimmen. Auf der obersten Regelungsebene steht das Zusammenspiel aller Systemlebenszyklusphasen im Vordergrund. Darunter ist normalerweise eine zweite Ebene zur Festlegung phasenspezifisch einzuhaltender Standards und Praktiken sinnvoll. Jede Projektinitialisierung sollte unter Beachtung dieser Vorgaben erfolgen. Die Projektinitialisierung umfasst vier Themen: Festlegung des Projektrahmens, Formulierung der Projektanforderungen, Bereitstellung der Projektumgebung und Etablierung des Projektteams. In den folgenden Abschnitten wird auf diese Themen detaillierter eingegangen.

4.2.1 Festlegung des Projektrahmens

Projektziele können allgemein vorgegeben oder detailliert spezifiziert sein. Zu Beginn eines Projekts ist es sinnvoll einen Projektauftrag (engl. project charter) zu erstellen, der die Zieldefinition des Projekts enthält und Schlüsselpersonal wie Projektleiter und leitenden Systems Engineer autorisiert. Dieses kurze Dokument beschreibt auch den Bezug des Projektes zu einem Business Case und zur Firmenstrategie. Der Projektauftrag sollte von einer der Projektleitung übergeordnete Stelle erstellt werden und stellt den formalen Start eines Projekts dar. Die Anlagen können z.B. Analysen des Business Case, Machbarkeitsstudien oder Hinweise auf bereits geleistete Vorarbeiten enthalten. Der Projektauftrag sollte nicht mehr geändert werden um kostspielige Änderungen der Projektergebnisse zu vermeiden.[125]

Auf der Basis der in der Zieldefinition enthaltenen Information können erste Schätzungen für Aufwand und Kosten für die ersten Aktionen der Projektdurchführung (Architekturerstellung, Anforderungsdefinition, Anforderungsallokierung auf Systemkomponenten) von der Projektleitung und dem Systems Engineer erstellt werden. Zur Strukturierung von Arbeitsaufwänden haben sich Projektstrukturpläne (engl. Work Breakdown Structure, auch Aufgabenstrukturplan) bewährt. Im Optimalfall führen sie zu einer vollständigen Ermittlung aller erforderlichen Arbeiten, zu einer ausbalancierten Aufwandsschätzung und zu einer umfassenden Risikobewertung. Für den weiteren Planungsprozess sind der Gesamtaufwand sowie dessen Aufteilung und Zuordnung zu den beteiligten Fachdisziplinen relevant. Die Gesamtkosten ergeben sich aus dem geschätzten Gesamtaufwand und den Kosten für die Bereitstellung der Projektumgebung. Dazu wird eine Reserve zur Abdeckung bekannter und möglichst auch noch unbekannter Risiken addiert. Die Reserven werden häufig nach erfahrungsbasierten Unternehmensvorgaben prozentual zu den kalkulierten Gesamtkosten berechnet, sollten aber aus den Risikobetrachtungen abgeleitet werden.

Aus der Aufwandsschätzung lässt sich in Kombination mit den verfügbaren, dem Projekt zugeordneten personellen Ressourcen auch eine grobe Schätzung für den Zeitbedarf mit und ohne Berücksichtigung der Kostenreserve errechnen. Eine detaillierte Zeitplanung wird sich immer auch auf die konkrete Prozessdefinition abstützen.

4.2.2 Projektanforderungen formulieren

Projektanforderungen werden durch das Projektmanagement festgelegt bzw. sind manchmal vorgegeben. Systems Engineers sollten dazu eingebunden werden. Eine der Hauptfehlerquellen für das Scheitern von Projekten sind unsauber oder fehlerhaft formulierte Anforderungen. Projektanforderungen beschreiben aber keine Funktionalitäten eines neuen bzw. zu ändernden Produkts, sondern beschreiben die Bedingungen bzw. Fähigkeiten, die zur Erreichung der Projektziele (Dauer, Budget und Qualität) erforderlich sind. Um die Projektziele bzw. Projektteilziele festzulegen ist eine Planung der Projektaktivitäten erforderlich, die von Systems Engineers und Fachingenieuren erbracht werden sollen. Ein erprobtes Mittel ist hierfür die bereits erwähnte Work Breakdown Structure (WBS). Eine Modellierung der Systementwicklung als Wertschöpfungskette kann ein probates Mittel für eine effiziente Prozessdefinition bilden. Arbeitsabläufe, Werkzeugeinsatz, Mitarbeiterzuordnung und Verantwortlichkeiten werden so immer mit direktem Bezug auf die Wertschöpfungskette definiert.[127]

4.2.3 Projektumgebung bereitstellen

Jedes Projekt braucht für eine erfolgreiche Durchführung eine Projektumgebung die einen strukturellen Rahmen bildet und das Projekt damit in den jeweiligen Unternehmenskontext einbettet. In gut funktionierenden Organisationen steht eine Infrastruktur mit ausreichenden Ingenieurdienstleistungen, anwendbaren Werkzeugen und Fachingenieuren zur Verfügung, wie sie für das Produktspektrum der Organisation notwendig sind. Das Unternehmen sollte zudem eine Reihe essentieller Dienstleistungen in den kaufmännischen, juristischen und fertigungstechnischen Bereichen bereitstellen. Jedes Programm und jedes Projekt kann aber mit besonderen Anforderungen beaufschlagt werden, denen die bestehende Organisationsstruktur und die verfügbare Infrastruktur nicht gerecht werden kann. Hierfür sind dann projektspezifische Lösungen zu finden.

Der reinen Lehre nach sollte die Projektumgebung zu Projektbeginn vollständig etabliert sein um die in sie gesetzten Erwartungen erfüllen zu können. Die jeweilige spezielle Verfügbarkeit ist bei der Erstellung des Projektplans bzw. dem Projektzeitplan zu berücksichtigen. Besondere Aufmerksamkeit ist dabei den Systemintegrationsumgebungen zu widmen. Eventuelle Vorlaufzeiten bzw. besondere Umstände müssen berücksichtigt werden, insbesondere wenn zur Nachweisführung z.B. Geräte oder Anlagen des Kunden benötigt werden.

4.2.4 Projektteam etablieren

Die Etablierung des Projektteams beginnt mit der Mitarbeiterauswahl, primär auf Basis der fachlichen Kompetenz. Es wäre vermessen, von jedem Projektmitarbeiter eine Spitzenkompetenz in allen Belangen zu erwarten. Personen, die für die Ergebnisse ihrer Fachdisziplin verantwortlich sind, sollten aber natürlich sehr wohl über gutes theoretisches Wissen und hinreichende praktische Erfahrung in ihrem Fachgebiet verfügen. Da sie ihre Fachdisziplinen auch in der multidisziplinären Zusammenarbeit vertreten sollen, sind weitere Kompetenzen gefragt: Systemverständnis für das zu entwickelnde System in seinem Anwendungskontext, Kenntnisse im Systems Engineering und entsprechende kommunikative und soziale Kompetenzen.

Der Kenntnisstand geeigneter Mitarbeiter mag nicht immer ausreichend sein, so dass Qualifikationsmaßnahmen zur Kompetenzsteigerung erforderlich sind. Um die Auswahl der Teammitglieder durch die Projektleitung und den verantwortlichen Systems Engineer zu unterstützen, ist es wünschenswert, dass das Personalmanagement entsprechende Informationen bereitstellt. Nachweise, z.B. durch eine Zertifizierung, dass alle Entwicklungstätigkeiten von hinreichend qualifiziertem Personal ausgeführt werden, sind insbesondere bei internationalen Projekten notwendig.

4.3 Stakeholder ermitteln und analysieren

Zu den wichtigsten Erfolgsfaktoren in der modernen Systementwicklung gehört die Auswahl der richtigen Stakeholder für das Projekt. Stakeholder sind in erster Linie Personen oder Organisationen, die direkt oder indirekt Einfluss auf das zu entwickelnde System haben bzw. vom Einsatz oder Betrieb des Systems „betroffen" sind. Sie sind Informationslieferanten für Bedarfe, Anwendungsfälle, Systemziele und Anforderungen inklusive der Randbedingungen. Die Ansprüche der Stakeholder können dabei sehr unterschiedlich und auch widersprüchlich sein. Zurückzuführen ist das meist auf die verschiedenen Interessensträger, die an einer Systementwicklung Anteil nehmen. Entwickler, Architekten, Tester können berücksichtigt werden. Wesentlich sind externe Stakeholder wie Auftraggeber, Kunden, Nutzer aber auch Zertifizierungsbehörden, Gesetzgeber und sogar Gegner des Systems. Diese sind nur ein kleiner Auszug der Stakeholder, die im Rahmen eines Entwicklungsprojekts berücksichtigt werden sollten. Zu den Zielen des Prozesses „Definition der Stakeholder-Bedarfe und -Anforderungen" im Systems Engineering, gehört die vollständige Erfassung aller Stakeholder, das Sammeln ihrer Bedarfe und die Generierung der Basis für den Anforderungskatalog und die Systemarchitektur. Diese Basis sollte ein Kompromiss aus den Interessen der entwickelnden Organisation, den öffentlichen Anforderungen und den Interessen der Stakeholder sein. Wichtig ist, dass der Auswahlprozess und die jeweilige Argumentation nachvollziehbar sind.

Werden Stakeholder zu Beginn eines Projekts vergessen, so können unvollständige Anforderungsdokumente die Konsequenz sein. Unter Umständen wird die unzureichende Funktionalität des Systems erst bei der Inbetriebnahme des Systems festgestellt, so dass sich späte und somit teure Änderungen am System ergeben. Die Folgen sind dann meist deutliche Überschreitungen des Budgets und des Zeitplans.

Um möglichst alle Stakeholder zu erfassen muss der gesamte Lebenszyklus eines Systems betrachtet werden. Nicht wenige Stakeholder kommen erst in nachgelagerten Phasen des Lebenszyklus mit dem System in Kontakt. Hierzu gehören zum Beispiel Personen bzw. Organisationen, die am Service, an der Wartung oder an der Stilllegung beteiligt sind.

Bei der Identifikation von Stakeholdern muss man berücksichtigen, dass nicht auf alle Stakeholder direkt zugegriffen werden kann. In solchen Fällen können Repräsentanten der entsprechenden Stakeholder ausgewählt werden. Ein Beispiel hierfür sind Kleinkinder bei der Entwicklung eines Automobils. Die Interessen der Kleinkinder werden sozusagen „kommissarisch" z.B. vom Gesetzgeber wahrgenommen (der besondere Sicherheitsmaßnahmen zum Schutz kleiner Kinder in Automobilen vorschreibt) oder von Eltern, die aus dem Wunsch nach Zufriedenheit des Kindes auf einer Autofahrt eigene Wünsche und dann auch Bedarfe ableiten. Dabei muss man beachten, dass „kommissarische Stakeholder" nicht immer in der Position sind, die Bedarfe der von ihnen repräsentierten Stakeholder zu formulieren.

Im Fall von Systemen, die in ähnlicher Form schon existieren und weiterentwickelt werden sollen, ist in jedem Fall eine Neubewertung bzw. Identifikation von Stakeholdern notwendig. Beispielhaft sei hier die Entwicklung von Mobiltelefonen genannt. So waren in der Vergangenheit neben dem Gesetzgeber und den Nutzern des Mobiltelefons auch die Betreiber der Funknetze Stakeholder dieser Systeme. Mit der weiten Verbreitung der Mobiltelefone und der Zunahme der Funktionen kamen später auch noch Betreiber von Internetdienstleistungen als Stakeholder hinzu.

Die Interessen von Stakeholder sollten nicht einfach gleichgewichtet werden. Eine Priorisierung ist hilfreich, um einen unangemessene Entwicklungsaufwand zu vermeiden. Zur Priorisierung können Klassen von Stakeholdern gebildet werden (z.B. Betriebsumfeld, kommerzielle Interessen, Sonstige), deren Bedarfe dann mit einer unterschiedlichen Gewichtung in die erwähnte Basis eingehen. Werden die Bedarfe einer Stakeholderklasse (z.B. die Besatzung eines Passagierflugzeuges) zu hoch priorisiert, so können die Folgen

- ungünstige oder falsche Kompromisse (z.B. zu schmale Sitze im Flugzeug um mehr Raum im Mittelgang für Servierwagen zu schaffen) und damit meist
- ein unnötig hoher Entwicklungsaufwand sowie
- ungerechtfertigt hohe Systemkosten (für Herstellung, Verkauf, Betrieb usw.) sein.

Die Frage der Einflussmöglichkeit der Stakeholder auf das System muss deshalb sehr genau und wertneutral berücksichtigt werden. Zur Klassifizierung von Stakeholdern können beispielsweise auch noch folgende Merkmale verwendet werden: [128]

- Interaktion: Wer hat direkten Kontakt bzw. ist direkt vom betrachteten System in irgendeiner Form betroffen?
- Interessen: Wessen Interessen sind hinsichtlich seiner Lebensumstände, seiner sozialen, wirtschaftlichen oder kulturellen Belange betroffen?
- Prioritäten: Welche Priorität wird ein Stakeholder, dessen Interessen betroffen sind, vermutlich dem Systemeinfluss zumessen?
- Einfluss: Welchen Einfluss hat ein Stakeholder gegenwärtig auf das bestehende System bzw. das Interessensgebiet?

4.4 Betriebskonzept erstellen

Im Betriebskonzept (engl. Operational Concept, OpsCon[3]) wird nach INCOSE und ISO/IEC/IEEE 29148 beschrieben, „was das System leisten soll (und nicht wie es das tun soll) und warum (Begründung). Das Betriebskonzeptdokument richtet sich an den Nutzer und enthält Informationen darüber, welche Charakteristiken das zu liefernde System aus Perspektive des Nutzers aufweist." [129] Dazu müssen Analysen und Festlegungen zum Systemkontext, den Systemgrenzen und den Anwendungsfällen berücksichtigt werden.

4.4.1 Systemkontext analysieren

Als eine der Kernaufgaben des Systems Engineers wurde beschrieben, die Bedarfe aller Stakeholder während des Entwicklungsprozesses immer wieder „auf einen gemeinsamen Nenner" zu bringen. Dabei stehen Aspekte des Betriebs bzw. der Nutzung des

---

[3] Unterscheide: ConOps – OpsCon [75]

Ein ConOps (Concept of Operation) beschreibt aus Sicht der Organisationsebene, was das künftige System leisten soll (die Kundensicht).

Ein OpsCon (Operational Concept) beschreibt das künftige System aus Sicht des Benutzers.

Systems zunächst einmal im Vordergrund: Mit welchen Stakeholdern und Systemen wird das zu entwickelnde System interagieren? Welche Probleme soll das System lösen und welche nicht? Welche Funktionen und welche Elemente werden zum System gehören und welche zu seiner Umgebung? Wie wird der jeweilige Anwender das System benutzen? Um solche Fragen zu beantworten, ist es hilfreich, geeignete Werkzeuge zur effizienten Kommunikation bereitzustellen. Ein derartiges Werkzeug ist der „Systemkontext". Er beinhaltet auch die Informationen, die beschreiben, wie das System mit seiner Umwelt interagiert bzw. in Kontakt steht, also die Schnittstellen (Interfaces) des Systems zu:

- seiner Umwelt,
- seinem Eigentümer bzw. Anwender,
- demjenigen, der es instand hält,
- seine Rand- und Zwangsbedingungen (auch Rechtsvorschriften und Normen),
- Systemeingänge,
- Systemausgänge und
- weitere relevante Schnittstellen.

Der Systemkontext kann als einfaches Diagramm wie in Abbildung 26 dargestellt werden. Derartige Systemkontext-Diagramme dienen der Festlegung von Anforderungen, können aber auch in der Diskussion mit Stakeholdern sehr nützlich sein. Es gibt hier keine feste Vorschrift, wie solche Diagramme aussehen oder welchen Informationsgehalt sie haben müssen. So kann es Sinn machen die Interaktion der Kontextelemente mit dem System zu gruppieren (z.B. informationsbezogene, physische, energetische Schnittstellen).

Diagramme sind auch dann hilfreich, wenn sie nur als informelles Bild „auf dem Zettel" existieren. Sie entfalten aber noch mehr Nutzen, wenn sie in elektronischer Form vorliegen und damit rasch verteilt, verändert und in Beziehung mit anderen Entwicklungselementen gesetzt werden können. Selbstverständlich können sie in einer formalisierten Modellierungssprache wie SysML und mit entsprechenden Modellierungswerkzeugen erstellt und gepflegt werden. Mit einem sorgfältigen Dokumentenmanagement ist dann auch die Rückverfolgbarkeit der Informationen gegeben. Werden die Diagramme in Diskussionen mit Partnern geführt, die über keine Kenntnisse in formalisierten Sprachen verfügen, ist meist die „Zettelmethode" oder auch die Anwendung einfacher Software die bessere Variante.

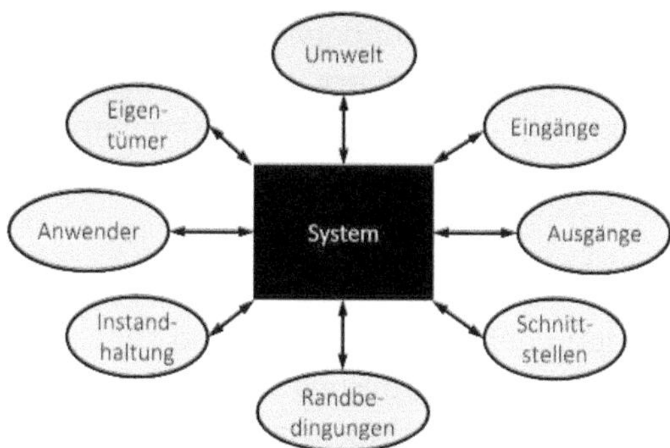

Abbildung 26: Systemkontextdiagramm

4.4.2 Systemgrenze festlegen

Zum Festlegen der Systemgrenzen und zur detaillierteren Abbildung der Schnittstellen zwischen dem System und den Elementen im Kontext haben sich „Boundary Diagrams" etabliert. Die folgende Abbildung 27 zeigt ein Beispiel.

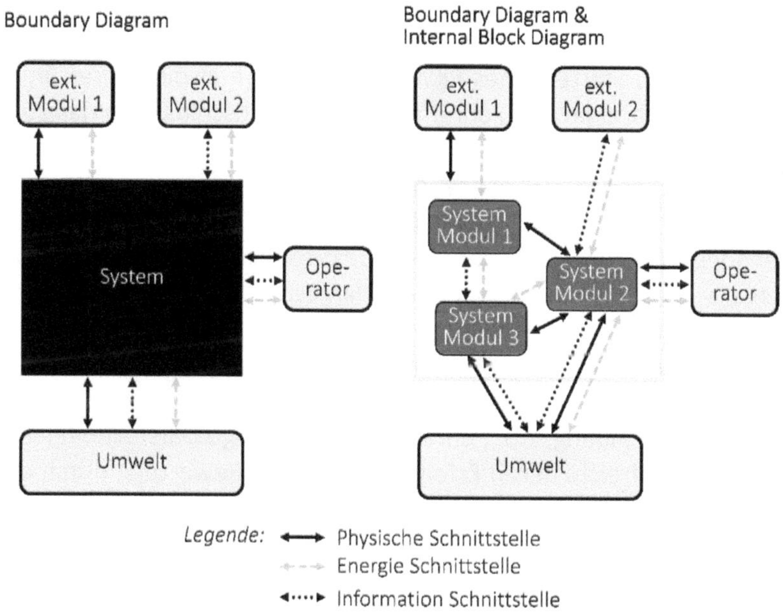

Abbildung 27: System Boundary Diagram

Für Systemgrenzen werden oft Diagrammtypen verwendet, die im Bereich „Design for Six Sigma" oder im Umfeld der „FMEA" (Failure Mode and Effect Analysis) auch schon außerhalb des Systems Engineerings Bekanntheit und Beliebtheit erfahren haben. In einigen Ausprägungen werden diese Boundary-Diagrams durch sog. „Internal Block Diagrams", wie sie aus SysML bekannt sind, ergänzt und zeigen dann neben den Schnittstellen des Systems zu seiner Umgebung auch die Zusammenhänge innerhalb des Systems (zumindest in der nächsten Aggregations- bzw. Dekompositionsstufe).

4.4.3 Anwendungsfälle beschreiben

Zur Ableitung von Anforderungen an das System sind sog. „Anwendungsfälle" (engl. „Use Cases") sehr hilfreich. Eine Anforderung soll im Prinzip beschreiben: „Was soll das System leisten, wie gut und unter welchen Umständen?". Bei der Beantwortung der Frage „Unter welchen betrieblichen Umständen?" ist die Beschreibung von Anwendungsfällen hilfreich, um

- gleich mehrere Anforderungen zu ergänzen, in einen Zusammenhang zu stellen und zu präzisieren,
- Anwendungen zu klassifizieren, z.B. in „bestimmungsgemäßem Gebrauch", „Missbrauch" oder auch in „erwartbarem Missbrauch" sowie
- daraus „Testfälle" abzuleiten.

Anwendungsfälle beschreiben die Anwendung des Systems aus der Sicht des Anwenders. Dies ist z.B. das Starten eines PKW: (1) Fahrer öffnet die Fahrertür, (2) Fahrer setzt sich auf den Fahrersitz, (3) Fahrer steckt den Zündschlüssel in das Zündschloss, (4) Fahrer betätigt mit dem linken Fuß das Bremspedal (Annahme: Automatikgetriebe, keine Kupplung vorhanden), (5) Fahrer dreht den Zündschlüssel im Uhrzeigersinn bis zum akustischen Startergeräusch sowie (6) Fahrer lässt den Zündschlüssel los. Derartige Anwendungsfälle können nicht nur mit Text sondern ebenfalls in Diagrammen – gegebenenfalls unabhängig voneinander – dargestellt werden. Ihren sachlogischen und sogar zeitlichen Zusammenhang präzisiert man später durch Ablaufdiagramme. Außerdem sollten sie durch Annahmen, Anfangs-, Rand- und Zwangsbedingungen weiter spezifiziert werden (z.B. Annahme: Auto steht still; Randbedingung: Fahrer hat eine bestimmte Grundausbildung, z.B. Führerschein). Derartige Darstellungen sind vor allem bei Systemen hilfreich, deren Erfolg stark von der Bewertung durch den Nutzer abhängt.

Aus den Anwendungsfällen können auch Testfälle abgeleitet werden. Dies hat den Vorteil, dass der Sinnzusammenhang zwischen Systemanforderung, Systemanwendung und Verifikation der Systemeignung besonders deutlich wird und gut verknüpft werden kann. Am Beispiel von „Auto anlassen" kann ein derartiger Anwendungsfall bei geschätzter Anzahl der Anlassvorgänge eines Autos auch gleich eine Zyklenzahl für Bremspedalbetätigungen bei nicht laufendem Motor ergeben.

4.5 Anforderungen spezifizieren

Im INCOSE Systems Engineering Handbuch wird eine „Spezifikation" als die schriftliche Zusammenstellung der Anforderungen an ein System oder einzelne Systembestandteile verstanden [79]. Der Detaillierungsgrad der Systemanforderungen, die die Grundlage für ein Realisierungsprojekt bilden, variiert naturgemäß mit dem Projektfortschritt. Die Anforderungen der Stakeholder sehen am Anfang eines Projektes anders aus als die notwendigerweise detaillierten Anforderungen, die zur Herstellung am Ende der Entwicklungsphase notwendig sind.

In der Praxis erfolgt die Spezifikation meist in Form von Lasten- und Pflichtenheften. Die Begriffe Lastenheft bzw. Pflichtenheft sind im englischsprachigen Raum natürlich unüblich und bedürfen dort einer Erklärung. Eine Entsprechung ist z.B. „User Requirements" oder "Stakeholder Requirements" für das Lastenheft und „System Requirements" für das Pflichtenheft.

Denn das Lastenheft (Anforderungsspezifikation) enthält Anforderungen, in dem der Auftraggeber seine Anforderungen bezüglich dem „was und wofür" beschreibt. Das Lastenheft grenzt also den Problemraum ein. Im Gegensatz zum Pflichtenheft (Umsetzungsspezifikation), in dem die Anforderungen und Vorgaben für die Entwicklung und Herstellung eines Systems stehen, über die ein Auftragnehmer (z.B. Hersteller) definiert „wie und womit" er das Lastenheft erfüllen wird. Das Pflichtenheft definiert damit den Lösungsraum. Beide Dokumente sollten so „hieb- und stichfest" formuliert sein, dass sie als Basis für einen juristischen Vertrag dienen können.

4.5.1 Das Lastenheft als Anforderungsspezifikation

Ein Lastenheft soll nach DIN 69901-5 die „vom Auftraggeber festgelegte Gesamtheit der Forderungen an die Lieferungen und Leistungen eines Auftragnehmers innerhalb eines Auftrages" enthalten [130]. Die Erstellung des Lastenheftes ist also Aufgabe des Auftraggebers. Es dient zur vollständigen Definition aller Projektanforderungen aus der Sicht des Auftraggebers und des Benutzers und ist Grundlage für Beschaffungsausschreibungen.

Das Lastenheft sollte nur in den Fällen Vorgaben für die technischen Lösungen von Anforderungen enthalten, in denen der Auftraggeber bewusst besonderen Wert auf die Verwendung und Realisierung bestimmter Lösungen legt. Dies sollte jedoch die Ausnahme und nicht die Regel sein, da man bei der Lösungssuche bzw. Realisierung ansonsten in der Handlungsfreiheit unnötig eingeschränkt wird. In Anlehnung an die Richtlinie VDI 2519 Blatt 1 „Vorgehensweise bei der Erstellung von Lasten-/Pflichtenheften" sollten mindestens folgende Hauptthemen im Lastenheft behandelt werden:

- Einführung in das Projekt,
- Beschreibung der Ausgangssituation (Ist-Zustand),
- Aufgabenstellung (Soll-Zustand),
- Schnittstellen,
- Anforderungen an die Systemtechnik (insbesondere funktionale Anforderungen),
- Anforderungen für die Inbetriebnahme und den Einsatz,
- Anforderungen an die Qualität sowie
- Anforderungen an die Projektabwicklung [131] [132] [133].

4.5.2 Das Pflichtenheft als Umsetzungsspezifikation

Ein Pflichtenheft soll nach DIN 69901-5 „alle vom Auftragnehmer erarbeiteten Realisierungsvorgaben auf der Basis des vom Auftraggeber vorgegebenen Lastenheftes" enthalten [134]. Das Pflichtenheft erstellt somit der Auftragnehmer zur Entwicklung, Herstellung und Lieferung des vom Auftraggeber benötigten Systems. Damit es diesen Zweck erfüllen kann, ist ein iterativer Erstellungs- und Genehmigungsprozess meist unabdingbar, indem Fachexperten des Auftraggebers, z. B. der Benutzer, und die Experten des Auftragnehmers bereits während der Angebotsphase zusammenarbeiten, um Unklarheiten und Missverständnisse auszuräumen. In diesem Prozess muss sichergestellt werden, dass die vom Auftragnehmer vorgesehenen Realisierungsmaßnahmen alle im Lastenheft definierten Anforderungen des Auftraggebers erfüllen. Eine abschließende formelle Überprüfung ist der erste Schritt im projektbezogenen Verifikations- und Validierungsprozess.

Es gibt zurzeit keine einheitliche Auffassung darüber, welches Dokument tatsächlich als Vertragsgrundlage verwendet werden soll. Da der Auftragnehmer eine Bestätigung seiner Lösungsansätze haben möchte und das Lastenheft dafür häufig nicht ausreichend präzise ist, ist es üblich, das Pflichtenheft zusätzlich zum Lastenheft als Bestandteil des Vertrages zu benutzen. Andererseits sollte der Auftragnehmer ebenfalls nur die Erfüllung der Kundenerwartungen und -anforderungen zum Ziel haben, d.h., das Lastenheft sollte als Vertragsgrundlage ausreichen. In diesem Sinne definiert zum Beispiel das „V-Modell XT®" das Lastenheft als Vertragsgrundlage. Damit wäre das Pflichtenheft nicht mehr das einzige Dokument von Bedeutung für die Entwicklung beim Auftragnehmer. Eine weitere Möglichkeit ist, dass Auftraggeber und Auftragnehmer gemeinsam ein einziges Dokument erstellen. Hierbei profitiert der Auftraggeber vom Wissen des Auftragnehmers. Andererseits ist dann die Gefahr gegeben, dass der Auftraggeber unnötigerweise Lösungen oder umgekehrt der Auftragnehmer die Erwartungen des Kunden vorgibt.

4.5.3 Aufgaben des Systems Engineers bei Lasten- und Pflichtenheften

Sowohl der Auftraggeber als auch der Auftragnehmer sollte erfahrene Systems Engineers in ihren eigenen Reihen haben, die in der Lage sind, das Lasten- bzw. das Pflichtenheft zu erstellen. In vielen Fällen besitzt der Auftraggeber jedoch nicht die notwendige Fachkompetenz, um ein Lastenheft korrekt auszuformulieren und es mit der erforderlichen Qualität zu erstellen. Er wird sich daher bereits zu einem frühen Projektzeitpunkt zwecks Unterstützung bei der Lastenhefterstellung an einen erfahrenen Systems Engineer – z.B. von einem externen Unternehmen – wenden. Abhängig von den eigenen Fähigkeiten des Auftraggebers kann die endgültige Fertigstellung des Lastenheftes also auch Bestandteil der Ausschreibung und damit Teil des Beschaffungsvertrages werden. Basierend auf den funktionalen Anforderungen des Benutzers komplettiert der Systems Engineer des Auftragnehmers zusammen mit dem Auftraggeber die Anforderungen des Lastenheftes.

Nach Erhalt des Lastenheftes ist eine der ersten Aufgaben des Systems Engineers auf der Seite des Auftragnehmers, die Initiierung einer detaillierten Anforderungsanalyse mit der Beteiligung aller benötigten Fachleute des Auftragnehmers. Darauf aufbauend wird ebenfalls unter der Federführung des Systems Engineers auf der Auftragnehmerseite die erste Systemarchitektur entwickelt, die als Grundlage für ein Angebot und die Erstellung des Pflichtenhefts dient. Der Systems Engineer ist von der technischen Seite her der Hauptakteur bei der Pflichtenhefterstellung, wobei er die wirtschaftliche und terminliche Umsetzung aller Aktivitäten berücksichtigen und mit dem Projektmanager koordinieren muss.

Eine weitere sehr wichtige Aufgabe des Systems Engineers ist es, parallel zu der Erarbeitung des Pflichtenheftes eine Risikoanalyse zur Identifikation und Bewertung der mit der Realisierung verbundenen technischen Risiken durchzuführen. Diese Risiken können einen Einfluss auf die wirtschaftliche Durchführung der Entwicklungs- und Herstellungsprozesse haben und müssen allen Beteiligten von Anfang an bewusst sein.

Das fertige, freigegebene Pflichtenheft ist eine der wesentlichen Grundlagen für die weitere Konzeptphase. Etwa in der Mitte dieser Konzeptphase sollten das Lasten- und das Pflichtenheft zusammen mit dem Auftraggeber einer weiteren Überprüfung unterworfen werden, um eventuelle Abweichungen des Konzeptes von den Anforderungen des Lasten- bzw. Pflichtenheftes festzustellen und diese gegebenenfalls zu korrigieren.

4.5.4 Vorlage für die Erstellung einer technischen Spezifikation

Der Detaillierungsgrad des Pflichtenheftes muss die Erfassung aller Realisierungskosten ermöglichen, von der Anforderungsanalyse bis zur Systemabnahme durch den Kunden und gegebenenfalls die Inbetriebnahme beim Kunden. Unter Umständen ist es sinnvoll, den Inhalt des Pflichten- wie des Lastenheftes in separate Dokumente aufzuteilen, z.B. einen Teil, der die funktionalen und technischen Anforderungen enthält (Technische Spezifikation) und anderen Teilen, die die wirtschaftlichen, kommerziellen und terminlichen Bedingungen definieren. In englischen und amerikanischen Projekten werden üblicherweise die Begriffe „Technical Specification" und „Statement of Work" benutzt, um die technischen Anforderungen von organisatorischen Festlegungen zu trennen.

Ein typisches Inhaltsverzeichnis einer technischen Spezifikation für ein System ist in Abbildung 28 dargestellt.

Die Anwendung dieses Inhaltsverzeichnisses für den technischen Teil eines Pflichtenheftes hat sich sowohl für den Ersteller als auch für den Anwender eines solchen Dokuments in der Praxis als vorteilhaft erwiesen. Nicht nur die Einhaltung der Reihenfolge der einzelnen Kapitel ist für die Erstellung und das Verständnis des Inhalts wichtig, sondern auch die Untergliederung der Anforderungen in eine sinnvolle Reihenfolge. Die einzelnen Kapitel bauen aufeinander auf und können – falls notwendig – mit Unterkapiteln erweitert werden. Nichtzutreffende Kapitel werden meist mit „nicht anwendbar" markiert, um sicherzustellen, dass diese nicht nur „vergessen" wurden.

- Liste der Abkürzungen
- Übersicht / Inhalt des Dokumentes
- Anzuwendende Dokumente
- Anforderungen
  - Systemdefinition
    - Beschreibung und Systemdiagramme
    - Schnittstellendefinition
    - Teilsysteme und Hauptkomponenten
    - Liste der vom AG beigestellten Komponenten
    - Liste der vom AG ausgeliehenen Komponenten
  - Systemcharakteristiken
    - Leistungsmerkmale
      - Funktionale Anforderungen
      - Leistungsanforderungen
    - Physikalische Merkmale
      - Dimensionen
      - Masse / Gewichte
    - Zuverlässigkeit / Verfügbarkeit
      - Lebensdauer
      - Zuverlässigkeit
      - Fehlerdefinitionen
      - Verfügbarkeit
    - Wartbarkeit
    - Umweltfaktoren
    - Transportierbarkeit
  - Design und Konstruktion
    - Materialien, Teile und Prozesse
    - Elektromagnetische Verträglichkeit (EMV)
    - Typenschilder und Kennzeichnungen
    - Herstellungsart und -qualität
    - Austauschbarkeit
    - Systemsicherheit
    - Ergonomie und Arbeitsbedingungen
  - Dokumentation
  - Wartung / Instandhaltung
  - Benutzung und Training
  - Charakteristiken von Teilsystemen und Hauptkomponenten
- Qualitätssicherung
  - Allgemeine Philosophie
  - Detailanforderungen / Nachweise
- Verpackung / Versandanforderungen
- Hinweise / Bemerkungen
- Anhänge

Abbildung 28: Inhaltsverzeichnis einer technischen Spezifikation

4.6 Systemfunktionen ermitteln

Das in Abbildung 28 beschriebene Inhaltsverzeichnis einer technischen Spezifikation enthält eine Reihe verschiedener Anforderungstypen. So werden neben „Leistungsanforderungen" und verschiedenen „Qualitätsanforderungen" auch „funktionale Anforderungen" aufgeführt. Funktionale Anforderungen sind das Ergebnis einer (oftmals textuellen) Beschreibung von Funktionen. Doch was sind Funktionen und wie stellt man sicher, keine zu vergessen? Funktionen sind Relationen zwischen Eingangsobjekten (Inputs) und Ausgangsobjekten (Outputs) von Systemelementen (vgl. z.B. [135] [136] [137]). Sie setzen Flüsse von Materie, Energie oder Information oder daraus zusammengesetzte Größen, wie zum Beispiel eine „Kraft", (vgl. z.B. [135] [138]) zueinander in Beziehung. Das hatten wir bereits im Rahmen der Systemtheorie im Kapitel „Orientierung" beschrieben. Systemfunktionen sind sehr nah mit Bedürfnissen der Systemanwender verbunden und erfordern noch keine konkrete Lösung für deren Umsetzung in einem System. Damit sind funktionsorientierte Beschreibungen eines Systems über verschiedene Technologien hinweg automatisch weniger starken Änderungen ausgesetzt als die Lösungen selbst.

Ein Beispiel soll dies verdeutlichen: Die Funktion, von einem Tonträger Musik abzuspielen, gab es schon zu Zeiten der rein mechanischen Grammophone. Später waren Schallplattenspieler der Stand der Technik. Das Medium wurde immer digitaler und der Schallplattenspieler wurde durch das CD-Abspielgerät und dieses später durch den MP3-Player abgelöst. Heute sind Musikquellen im Internet verteilt, und ein Musikstück wird als „Stream" in Echtzeit empfangen. Hier zeigt sich ein mittlerweile drastischer Technologiewandel mit immer kürzeren Technologiezyklen und zuletzt mit Streaming auch dem Potenzial für grundsätzlich neue Geschäftsmodelle. Aber die Funktion, die der Benutzer einfordert, ist immer noch dieselbe: die Wiedergabe von Musik. [139]

Funktionen eröffnen für die gestellten Anforderungen einen Lösungsraum. Dabei bleibt die konkrete Realisierung des Systems noch weitgehend offen. Funktionen umreißen also einen Raum, den Fachingenieure und Systemarchitekten zum Erreichen einer anforderungsgerechten Lösung unter Anwendung ihres jeweiligen fachlichen Könnens ausgestalten sollen. Der Schritt der Funktionsmodellierung wird leider gerne übersprungen oder abgekürzt, weil er zum Beispiel als unnötige Bremse und Zeitverschwendung empfunden wird oder auch nicht die erwartete „Anschaulichkeit" besitzt. Systems Engineers sollten die Vorteile dieses Schrittes kennen und begründen können. Das Modellieren von Funktionen ermöglicht:

- die Wiederverwendung von Erkenntnissen über das System über mehrere Technologiegenerationen hinweg und
- die Schaffung eines Bindegliedes zwischen Anwendernutzen (Beispiel: Musikgenuss) und technologischer Lösung (Beispiel: Digital-Analog-Wandlung eines auf Flash-Speichern abgelegten Datensatzes), die ein Ausbrechen der Lösung aus einem durch den Anwendernutzen vorgegebenen Rahmen verhindern kann.

Funktionen sind durch die bereits erwähnten Flüsse von Materie, Energie oder Information miteinander verbunden. Dadurch ergibt sich ein Netz aus miteinander verbundenen Elementen. Einen Ansatz solcher Funktionsnetze als Verfeinerung der Menge der Funktionen eines Systems findet sich zum Beispiel bei VON DER BEECK et al. im Kontext der Entwicklung eingebetteter Software für Automobile [140]. Funktionsnetze erlauben mit Hilfe zusätzlicher Verhaltens- oder Ablaufbeschreibungen auch die Simulation des Systems. In weniger softwarelastigen Anwendungsfällen gibt es andere Ansätze zur Modellierung von Funktionen und deren Zusammenhänge, zum Beispiel IDEF0 oder die FAS-Methode (vgl. Kapitel 5.4.). Einige davon werden im Kapitel „Hilfsmittel" noch näher beschrieben.

4.7 Systemarchitektur und -entwurf gestalten

Die „Architektur" eines Systems umfasst die Elemente des Systems, ihre Beziehungen bzw. Zusammenhänge sowie die Prinzipien nach denen sie organisiert sind und zusammenwirken. Architektur ist also zunächst, was im realen („anfassbaren") System vorgefunden wird und nicht notwendigerweise, was sich der Systems Engineer „vorgestellt" hat. Die Aufgabe des Systems Engineers wiederum besteht darin, dafür zu sorgen, dass die Architektur nach wohlüberlegten und aus den Anforderungen abgeleiteten Vorgaben entsteht und nicht nur als Zufallsprodukt der Implementierung wächst. Um das zu erreichen, sollten Systems Engineers in ihrer speziellen Aufgabe als „Systemarchitekten" eine Vorstellung von der angestrebten Architektur des Zielsystems erarbeiten und sie in einer Architekturbeschreibung dokumentieren. Die so beschriebenen Vorstellungen aus der Architekturbeschreibung nach der Fertigstellung des realen Systems auch tatsächlich im System wiederzufinden, ist ein Kriterium für den Erfolg der Systemarchitekten – natürlich immer vorausgesetzt, dass sinnvolle Elemente, Zusammenhänge und Prinzipien erdacht und beschrieben wurden.

Im nächsten Abschnitt geht es um die Tätigkeiten und Arbeitsergebnisse im Rahmen der Systemarchitektur, also die Beschreibung der Architektur des zu entwickelnden Systems. Es wird im Folgenden davon ausgegangen, dass die tatsächliche Architektur des Systems sich nach der Architekturbeschreibung richtet. Es sei aber ausdrücklich darauf hingewiesen, dass das nicht selbstverständlich ist und nur durch intensive und kontinuierliche Abstimmungs- und Kommunikationsarbeit mit Vertretern verschiedener Fachdisziplinen erreicht werden kann, was durch Prozesstreue aller Beteiligten eigentlich selbstverständlich sein sollte. Es wird nun zunächst auf die Elemente eines Systems sowie die verschiedenen Arten solcher Elemente eingegangen, um danach Zusammenhänge und Prinzipien zu diskutieren, denn alle diese nun zu behandelnden Aspekte des Systems können in der Architekturbeschreibung erfasst werden. Da hier zunächst nur von Architektur die Rede ist, werden schließlich noch die Begriffe „Architektur" und „Entwurf" einander gegenübergestellt.

4.7.1 Systemelemente und ihre Schnittstellen

Ein System kann in Elemente zerlegt werden, die einen Teilaspekt des Gesamtsystems repräsentieren. Das sind die Systemelemente. Durch die Zerlegung des Systems in Systemelemente ergeben sich Schnittstellen, an denen die Systemelemente miteinander verbunden sind. Schnittstellen zu beschreiben und die für das reibungslose Funktionieren des Systems an seinen Schnittstellen nötigen Definitionen zu verwalten, ist eine der wesentlichen Aufgaben von Systemarchitekten. Sie erfordert die Einbeziehung der Spezialisten, die auf den beiden Seiten der Schnittstelle dafür verantwortlich sind, dass die Schnittstelle implementiert wird. Insbesondere Schnittstellen zwischen Systemelementen im Verantwortungsbereich verschiedener Teams oder in Fremdfertigung verdienen dabei besondere Aufmerksamkeit.

Es ist darauf zu achten, dass solche Schnittstellen in der Architekturbeschreibung erfasst sind – oder anders ausgedrückt: dass aus der Zerlegung des Systems in Systemelemente tatsächlich solche Zerlegungsgrenzen hervorgehen, die den besonders zu beachtenden Schnittstellen des Systems entsprechen. So werden die relevanten Schnittstellen des Systems identifizierbar und beschreibbar.

Die Abbildung 29 zeigt zwei Beispiele für die Zerlegung eines Systems. Damit ist die Problematik der Granularität einer Zerlegung des Systems in seine Elemente angesprochen: Eine zu grobe Zerlegung führt dazu, dass relevante Informationen über das System und seine Schnittstellen in der Architekturbeschreibung fehlen (Beispiel: siehe Abbildung 29, Teil a). Eine zu feine Zerlegung allerdings führt dazu, dass im Kontext der Systemarchitektur einzelne Elemente auftauchen, die zwar von Ingenieuren, nicht aber unbedingt vom Systems Engineer bearbeitet werden sollten. Beispielsweise wäre das Herunterbrechen eines Mikrochips in seine einzelnen Transistoren in den meisten Fällen eine zu feine Zerlegung des Systems (Beispiel: siehe Abbildung 29, Teil b). Eine solch feine Zerlegung des Systems hat beispielsweise den Nachteil, dass starke Überlappungen zwischen der Architekturbeschreibung und den Beschreibungen in der Verantwortung bestimmter Spezialisten entstehen.

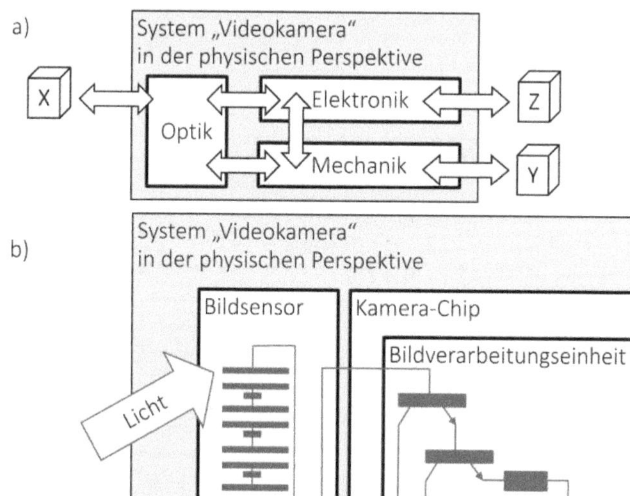

Abbildung 29: Granularität der Zerlegung: Ein fiktives System „Videokamera" ist zunächst zu grob (a) und dann zu fein (b) zerlegt

Die Zerlegung eines Systems kann hierarchisch stattfinden, das heißt, Elemente können in Unterelemente zerlegt werden, die wiederum in Unter-Unterelemente zerlegt werden usw. Trotz der dadurch gegebenen Möglichkeit einer schrittweisen Verfeinerung gilt die bereits besprochene Empfehlung, auf übermäßige Verfeinerung zu verzichten.

4.7.2 Funktionale, logische und physische Systemelemente

Ein System kann aus verschiedenen **Perspektiven** betrachtet werden. Als Synonym für die „Perspektive" wird oftmals auch der Begriff „Aspekt" verwendet („aspect" nach ISO/IEC 81346 – Teil 1:2009). Angemerkt sei: der hier verwendete Begriff „Perspektive" bzw. „Aspekt" unterscheidet sich im Allgemeinen vom Begriff „View" bzw. „Viewpoint" nach ISO/IEC/IEEE 42010:2011, weil ein solcher „View" bzw. „Viewpoint" an Stakeholder gekoppelt ist, die in diesem Abschnitt nicht thematisiert sind. Eine genauere Diskussion dieser Unterschiede findet sich in WEILKIENS et al. [141]

Typische Perspektiven sind:

- die funktionale,
- die logische und
- die physische Perspektive.

Entsprechend den Namen der Perspektiven wird das System aus funktionalen, logischen oder physischen Systemelementen aufgebaut. Diese verschiedenen Arten von Systemelementen werden im Folgenden erklärt. Weitere Perspektiven, wie beispielsweise der Ortsaspekt („location aspect" nach ISO/IEC 81346 - Teil 1:2009), werden hier nicht weiter betrachtet.

Die Abbildung 30 zeigt schematisch drei Perspektiven auf das System „Gartengrill".

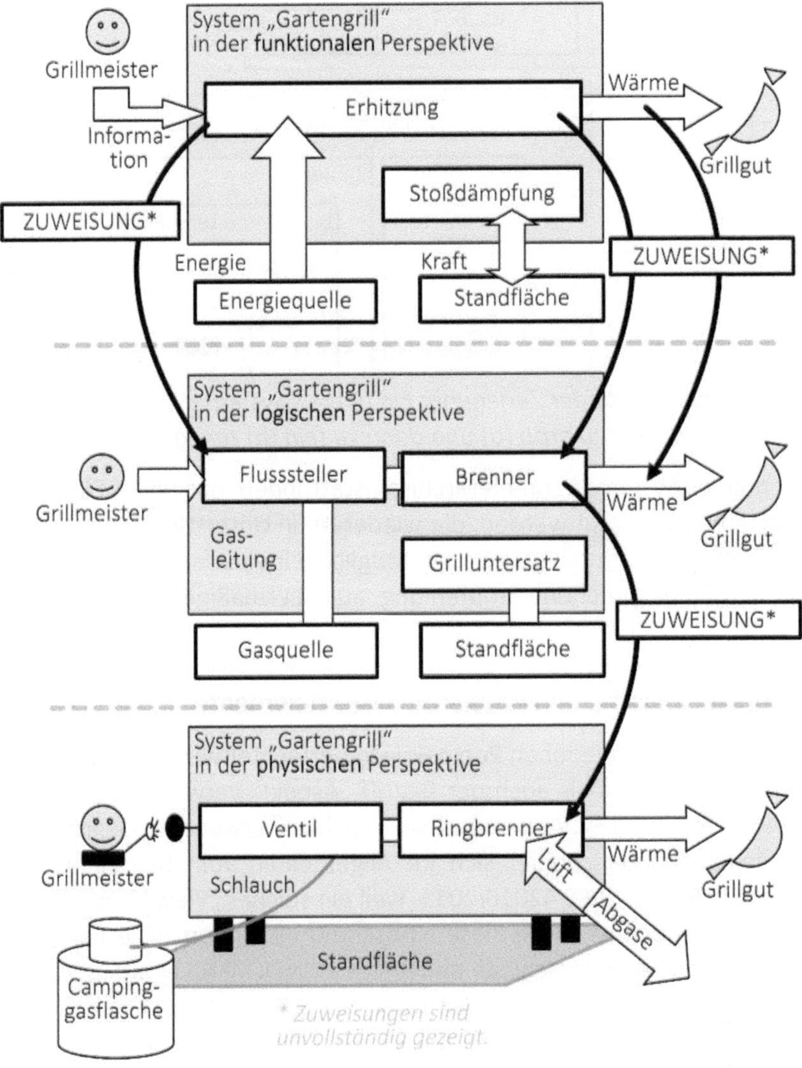

Abbildung 30: Architekturbeschreibung eines fiktiven Systems „Gartengrill"

Die **funktionalen Systemelemente** ergeben sich aus der Ermittlung der Systemfunktionen. Wird diese als separate Tätigkeit außerhalb der Architekturgestaltung verstanden, dann sollte die während dieser Tätigkeit erfolgende Zerlegung des Systems in funktionale Systemelemente im Kontext der Architekturbeschreibung nicht wiederholt werden. Die Darstellung als Systemelement im Kontext der Systemarchitektur ermöglicht es allerdings, Systemfunktionen im Systems Engineering genauso zu behandeln wie andere Systemelemente. Für Systemelemente im Kontext der Systemarchitektur sind nämlich oft bereits Beschreibungssprachen und Werkzeuge eingeführt, mit denen Systemelemente beschrieben bzw. modelliert und in einer Datenbank verwaltet werden können. Diese können genutzt werden, indem vernetzte Funktionen des Systems genauso beschrieben und verwaltet werden wie die noch zu besprechenden weiteren Systemelemente. So kann sich eine einheitliche Handhabung der Beschreibungen bzw. Modelle des Systems ergeben. Eine beispielhafte Methode für die Beschreibung des Systems mit funktionalen Systemelementen findet sich im Kapitel „Hilfsmittel".

Die **logischen Systemelemente** sind Elemente, die möglicherweise 1:1 in die Implementierung des Systems übertragen werden können. Sie sind also viel konkreter als die weitestgehend lösungsunabhängig formulierten funktionalen Systemelemente, und sie geben damit bereits erste Lösungsentscheidungen vor. Allerdings sind physische Details der Lösung weiterhin noch offen. Zum Beispiel kann die Funktion „Bewegungsenergie bereitstellen" durch das logische Element „Elektromotor" umgesetzt werden. Damit ist dann bereits die Entscheidung gegen Muskelkraft, Verbrennungsmotor oder Raketentriebwerk gefallen. Es ist aber nur von einem Elektromotor die Rede und noch nicht von den konkreten physikalischen Vorgängen, die die Art des Elektromotors bestimmen würden. Es wird also zum Beispiel offengelassen, ob die kontinuierliche Drehbewegung des Motors durch das Erzeugen rotierender Felder mittels mehrphasiger Ströme oder alternativ durch das Verwenden sogenannter Kommutatoren erreicht wird. Aus den logischen Systemelementen ergibt sich die logische Struktur des Systems. Die Beschreibung der logischen Struktur und der zugehörigen Schnittstellen wird oft als „Logische Architektur" bezeichnet. Die Schnittstellen zwischen den logischen Elementen sind die logischen Schnittstellen des Systems. Um beim Beispiel des Elektromotors zu bleiben, könnte eine „Stromleitung" die logische Schnittstelle zwischen dem „Elektromotor" und einem anderen, als Energiequelle vorgesehenen, logischen Systemelement sein.

Die **physischen Systemelemente** sind Elemente, wie sie tatsächlich realisiert werden können, also zum Beispiel der „Drehstrommotor mit 400 V / 8000 VA". Aus ihnen ergibt sich die physische Struktur des Systems. Die Beschreibung der physischen Struktur der zugehörigen Schnittstellen wird oft als „Physische Architektur" bezeichnet, teilweise auch als „Systemarchitektur". Bei softwareintensiven, eingebetteten Systemen findet man die „Technische Architektur" als ähnliches Konzept wie hier die physische Architektur (siehe z.B. BROY et al. [142]). Manchmal wird die physische Struktur als Synonym der Stückliste verwendet. Das „Elektromotor"-Beispiel müsste in diesem Fall abgewandelt werden, zum Beispiel wie folgt: „Drehstrommotor Artikelnummer 12345 der Marke Motormustermann". Die Schnittstellen zwischen den physischen Systemelementen sind die physischen Schnittstellen des Systems. Die Beschreibung dieser Schnittstellen ist besonders relevant für die Realisierung des Systems.

Das Beispiel für die Darstellung eines Systems aus den verschiedenen Perspektiven zeigt die obige Abbildung 30 eines fiktiven Systems „Gartengrill". Darin grenzen gestrichelte Linien die verschiedenen Perspektiven voneinander ab. Diese sind von oben nach unten entsprechend dem abnehmenden Abstraktionsgrad geordnet, das heißt: die sehr abstrakte funktionale Perspektive steht zuoberst und die sehr konkrete physische steht ganz unten. Die gezeigten Pfeile „Zuweisung" werden später noch besprochen.

Die Unterscheidung zwischen der funktionalen, logischen und physischen Perspektive ist angesichts verschiedener Meinungen in der Literatur und verschiedener Anwendungsbeispiele aus der Praxis leider nicht immer eindeutig. Daher sollten bedarfsgerechte Unterscheidungskriterien von Fall zu Fall festgelegt werden. Oft wird auf eine dieser Perspektiven verzichtet, und die verbleibenden Perspektiven rücken näher zusammen. Zum Beispiel werden logische Elemente festgelegt, die sehr nah an den Systemfunktionen sind – und es wird auf die funktionale Perspektive verzichtet. Oder es werden nur die funktionale und physische Perspektive verwendet und in einer Zuweisung funktional: physisch („functional-to-physical mapping", vgl. dazu [143]) einander zugeordnet. Im letzteren Fall entsteht die logische Architektur dann implizit im Kopf der Beteiligten oder wird über die noch zu beschreibende Tätigkeit des Systementwurfs sogar in einer Systembeschreibung erkennbar – wenn auch nicht notwendigerweise als strikte Komposition des Systems aus logischen Elementen.

Abschließend sei noch erwähnt, dass in der Literatur die Begriffe „funktional" und „logisch" auch teilweise als Synonyme oder nicht nach hier herrschendem Verständnis verwendet werden. Systems Engineers sollten beim Arbeiten mit verschiedenen Literaturquellen also zunächst betrachten, welche Perspektive in der jeweiligen Quelle gemeint ist, wenn von „funktionalen", „logischen", „physischen", „strukturellen", „technischen" oder anderen Systemelementen und Perspektiven die Rede ist.

4.7.3 Schnittstellen

Während in der Informationstechnologie bei Schnittstellen der Datenaustausch im Vordergrund steht, können Schnittstellen im Systems Engineering alle Arten von Verbindungen zwischen Systemelementen sein, über die die angesprochenen Flüsse von Materie, Energie oder Information oder daraus zusammengesetzten Größen realisiert werden. So ist zum Beispiel der Anschluss für den Schlauch zum Gasgrill an der Campinggasflasche eine Schnittstelle. Gemeinsam ist allen Schnittstellen, dass Erfolg sich nur dann einstellt, wenn bestimmte Merkmale auf beiden Seiten der Schnittstelle zusammenpassen. Deswegen sollten Systems Engineers viel Aufmerksamkeit auf die Abstimmung von Schnittstellendefinitionen mit Vertretern der Lösung auf beiden Seiten einer Schnittstelle und dem Sicherstellen eines gemeinsamen Verständnisses solcher Definitionen unter den Beteiligten lenken.

Die Merkmale, die es bei Schnittstellendefinitionen abzustimmen gibt, unterscheiden sich je nach Art der Schnittstelle. Zum Beispiel werden beim bereits erwähnten Gasanschluss an einer Campinggasflasche vor allem die geometrischen und mechanischen Eigenschaften der verwendeten Schraubelemente eine Rolle spielen, während bei einer Schnittstelle zum Übermitteln von Sensordaten an eine Steuereinheit auch Datenaustauschformate definiert werden müssen. Oft sind Schnittstellendefinitionen bereits in Normen niedergelegt, die es zu beachten und in den entsprechenden Beschreibungsdokumenten zu referenzieren gilt.

Schnittstellen sind bei verschiedenen Tätigkeiten von Interesse: Zunächst ergibt sich aus der Zerlegung des Systems in seine Systemelemente die Erkenntnis über bestehende Schnittstellen. Weiterhin werden Schnittstellendefinitionen die Abstimmung bestimmter Merkmale auf beiden Seiten der Schnittstelle regeln und natürlich wird die Schnittstelle in der Implementierung zu unterstützen sein, typischerweise jeweils im Kontext auf der einen und der anderen Seite der Schnittstelle. Wegen dieser zentralen Bedeutung der Schnittstellen sollte jede in der Architekturbeschreibung identifizierte Schnittstelle des Systems mit einer systemweit einheitlichen Bezeichnung oder gar einer eindeutigen Nummernkennung versehen werden. Als maßgebliche Informationsquelle für die Festlegung solch eindeutiger Kennungen eignet sich die Architekturbeschreibung.

4.7.4 Zusammenhänge

Es müssen immer zwei wesentliche Zusammenhänge betrachtet werden:

1. Zusammenhänge von Systemelementen und Schnittstellen sowie
2. Zusammenhänge zwischen Eigenschaften von Systemelementen und Flussgrößen.

Haben zwei Systemelemente eine Schnittstelle miteinander, dann besteht zwischen ihnen also immer ein gewisser Zusammenhang. Schnittstellen werden zwischen Systemelementen der gleichen Perspektive dargestellt, also zum Beispiel als Schnittstellen zwischen zwei logischen Elementen oder zwischen zwei physischen Elementen. Es gibt aber auch Zusammenhänge zwischen Systemelementen verschiedener Perspektiven, also zum Beispiel zwischen einem logischen und einem physischen Element. Diese entstehen durch die „Zuweisung" der Elemente aufeinander, und es gilt:

- Gibt es Beschreibungen funktionaler, logischer und physischer Systemelemente, so sollten die Zuweisung funktionaler Systemelemente zu logischen sowie logischer Systemelemente zu physischen beschrieben werden. Bei diesen Zuweisungen handelt es sich im Allgemeinen um N:M-Beziehungen, d. h., ein funktionales Element kann auf mehrere verschiedene logische Elemente verteilt werden und ein logisches Element kann an verschiedenen Systemfunktionen beteiligt sein usw.
- Gibt es nur Beschreibungen funktionaler und physischer Systemelemente, so ergibt sich die bereits früher erwähnte Zuweisung funktional zu physisch („functional-to-physical mapping", vgl. dazu [143]). Auch hier ergibt sich im Allgemeinen wieder eine N:M-Beziehung.

Auch Schnittstellen der Systemelemente verschiedener Perspektiven können einander zugewiesen werden. Beispielsweise kann ein Energiefluss hin zu einer Funktion „Erhitzung" in unserem Beispielsystem „Gartengrill" einer Schnittstelle zwischen Gasbrenner und Campinggasflasche der physischen Perspektive zugewiesen werden. Es ist allerdings zu beachten, dass je nach Wahl der Granularität in der Architekturbeschreibung nicht immer alle Entsprechungen einer Schnittstelle in einer Perspektive auch in einer anderen Perspektive wiederfinden lassen. Gelingt die Zuweisung einer Schnittstelle zwischen zwei Perspektiven nicht, dann muss das nicht notwendigerweise auf eine Unterspezifikation hindeuten. Zum Beispiel mag es für den Systems Engineer uninteressant sein, welche Transistor-Transistor-Verbindungen auf einen Videokamera-Chip es genau sind, die die logische Schnittstelle „Bildsensor-zu-Bildverarbeitungseinheit" realisieren – vorausgesetzt natürlich, ein entsprechender Fachspezialist verfügt über eine Quelle dieser Information.

Als Beispiel für die Zuweisungsbeziehung zeigt die oben aufgeführte Abbildung 30 exemplarisch einige Pfeile mit der Beschriftung „ZUWEISUNG". Auch die oben als Beispiel angeführte Zuweisung zwischen einem Energiefluss und der Schnittstelle zwischen Brenner und Campinggasflasche kann anhand der Abbildung nachvollzogen werden. Allerdings ist sie in der Abbildung nicht gezeigt, weil sie einen direkten Übergang von der funktionalen in die physische Perspektive voraussetzt und die Abbildung auch die logische Perspektive zeigt.

Neben den zuvor beschriebenen Zusammenhängen von Systemelementen und Schnittstellen gibt es darüber hinaus noch Zusammenhänge zwischen Eigenschaften von Systemelementen und Flussgrößen. Denn Systeme sind von Zusammenhängen geprägt, die entweder in den Naturgesetzen gegeben sind oder von der Wahl einer bestimmten Architektur herrühren. Beispiele dazu sind:

- Der Strombedarf eines Elektromotors ist von einer gewichteten Summe der bewegten Massen abhängig (Naturgesetz).
- Die Abwärme einer Bildverarbeitungseinheit ist von der Auflösung des verwendeten Bildsensors abhängig (Naturgesetz in Kombination mit der gewählten Architektur).
- Eine bestimmte Recheneinheit kommt an ihre Kapazitätsgrenze, wenn alle Sensoren im System gleichzeitig Daten senden (Folge der gewählten Architektur).

Dass solche Zusammenhänge erkannt werden, ist eine wichtige Aufgabe der Systemarchitektur, für deren erfolgreiche Bearbeitung in der Regel eine enge Zusammenarbeit mit verschiedenen Fachexperten erforderlich ist. Die Systemarchitekten sollten die Beschreibungen erkannter Zusammenhänge verwalten und dafür sorgen, dass sie bei der Arbeit an betroffenen Systemelementen wiedergefunden werden können, zum Beispiel bei Lösungs- und Änderungsentscheidungen. Solche Entscheidungen wohlfundiert treffen zu können, erfordert die Kenntnis von Auswirkungen verschiedener Alternativen und damit das Verständnis von Zusammenhängen rund um ein von der Entscheidung betroffenes Systemelement. Solche Zusammenhänge beim Auftreten eines Entscheidungsbedarfes bereits fertig beschrieben zu haben, kann besonders dann einen Mehrwert darstellen, wenn:

- eine Entscheidung unter Zeitdruck getroffen werden muss oder
- die möglichen Auswirkungen einer Entscheidungsoption keinen direkten Bezug zum Kernthema der Entscheidung haben.

Ein weiteres Beispiel soll dies verdeutlichen: Nachdem ein Systemhersteller durch einen großen Konzern übernommen wurde, muss der fremdproduzierte Bildsensor einer Kamera im Zielsystem mit starkem Zeitdruck durch einen Bildsensor aus dem Sortiment einer Tochterfirmen des Konzerns ersetzt werden. Es stehen zwei Bildsensoren,

„A" (günstig, hochauflösend, hoher Energiebedarf) und „B" (teurer, mit einstellbarer Auflösung), zur Auswahl. Systemarchitekten könnten nun durch systematische Analyse bekannter Zusammenhänge folgende Entscheidungshilfe geben: Der Bildsensor A hat eine höhere Auflösung als der bisher verwendete. Deswegen können mit Bildsensor A weiter entfernte Objekte betrachtet werden. Allerdings besteht die Gefahr der Überhitzung einer Bildverarbeitungseinheit, was einen hohen Wartungsbedarf erwarten lässt. Der Bildsensor A wäre daher möglicherweise nur zusammen mit zusätzlichen Maßnahmen zur Verringerung oder Abfuhr von Abwärme bei der Bildverarbeitungseinheit erfolgreich verwendbar. Damit wäre die Wahl des teureren Bildsensors B bei der Betrachtung des Gesamtsystems am Ende unter Umständen sogar günstiger, zumal die hochauflösende Fähigkeit von Sensor A keinen Mehrwert liefert.

4.7.5 Prinzipien

Es gibt verschiedene Prinzipien, die der Architektur eines Systems zu Grunde liegen können. Zum Beispiel kann bei sicherheitskritischen Systemen gefordert werden, Systemelemente mit hohen Sicherheitsanforderungen so abzugrenzen, dass sie keine für die Sicherheit irrelevanten Funktionen erbringen müssen.

Ein Architekturprinzip beruht auf Architektur- oder Entwurfsmustern (engl. pattern). Das sind vorgegebene Lösungsansätze für Probleme, die in unterschiedlicher Ausprägung mehrfach auftreten. Ein Beispiel für ein solches Entwurfsmuster ist: Wenn ein Element A und ein Element B miteinander verschiedene Arten von Materie, Energie oder Information austauschen, so sind die dazu erforderlichen Leitungen zunächst innerhalb der Elemente A und B zusammenzuführen, bzw. zu verteilen und zwischen den Elementen in einem gemeinsamen Leitungskanal zu bündeln.

Werden derartige Prinzipien bei der Festlegung der Systemarchitektur bewusst berücksichtigt, dann sollte die Architekturbeschreibung nicht nur das Ergebnis ihrer Anwendung sein, sondern auch die verwendeten Prinzipien selbst enthalten.

4.7.6 Systemarchitektur vs. Systementwurf

In Beschreibungen zum Systems Engineering tauchen meist sowohl die Begriffe Systemarchitektur als auch Systementwurf auf. Es gibt Meinungen, nach denen Architektur und Entwurf Synonyme sind. In der Norm ISO/IEC/IEEE 15288 werden die Prozesse „Architecture Definition" und „Design Definition" unterschieden, die man im ersteren Fall mit dem „Prozess der Gestaltung der Systemarchitektur" und im letzteren

Fall mit dem „Prozess des Systementwurfs" gleichsetzen kann. In der Systemarchitektur geht es um die Systemelemente und ihre Wechselbeziehungen und beim Systementwurf um ihre Ausgestaltung.

Unterscheidet man auf diese Art die Systemarchitektur und den Systementwurf, dann sollte neben der bisher diskutierten Architekturbeschreibung auch eine „Beschreibung des Systementwurfs" erstellt werden. Hier wären dann beispielsweise – als Grundlage für die Implementierung des Systems – die genaueren Einzelheiten zu den Systemelementen und ihren Schnittstellen sowie eine Präzisierung ihrer Zuweisung zueinander zu erwarten. So entsteht eine Beschreibung des Systems, die genauer ist als die Architekturbeschreibung. Bezüglich der Genauigkeit sei allerdings zu bedenken, dass ein zu starker Detaillierungsgrad im Systementwurf zu einer Doppelt-Beschreibung führen kann, wenn die Ergebnisse sich mit den Arbeitsinhalten einzelner Fachdisziplinen überlappen. Zu beachten ist auch, dass Dokumente mit Schnittstellenbeschreibung nun als Teil der Systemarchitektur- oder Systementwurfsbeschreibung verstanden werden. Werden diese in gängiger Praxis als separate Dokumente verfasst, so sollten ihre Inhalte in den weiteren Systemarchitektur- und Entwurfsbeschreibungsdokumenten nicht wiederholt, sondern allenfalls durch Querverweise referenziert werden.

4.8 Systemanalyse, Risikoanalyse und Betrachtung funktionaler Sicherheit

Was macht der Systems Engineer, nachdem er die Anforderungen formuliert und Architektur bzw. Entwurf entwickelt hat? Im Allgemeinen wäre es falsch, das System nun einfach zu realisieren und testen zu lassen. Die Gefahr, erst spät Fehler in den Anforderungen und in der Architektur zu bemerken, wäre dabei zu groß. Der Systems Engineer benötigt also bereits früher Methoden, um den Inhalt der eigenen Dokumente und die eigenen Entscheidungen zu überprüfen, zu testen, zu verifizieren bzw. zu validieren.

Eine Methode ist hierbei die Durchführung von Reviews, z.B. in Form sogenannter „Walk-Through-Reviews", bei denen ausgewählte Spezialisten die vorgelegten Dokumente prüfen. Eine weitere Methode ist die Durchführung von Simulationen, um das Verhalten des Systems zu überprüfen. Simulationen werden auch häufig eingesetzt, um die beste Lösung im Rahmen sogenannter Trade-off-Analysen zu identifizieren. Bei diesen Analysen werden verschiedene Leistungsmerkmale für verschiedene Entwurfsvorschläge ermittelt. Der Systems Engineer kann dann den geeignetsten Kompromiss identifizieren.

Ein weiteres wichtiges Hilfsmittel zur Überprüfung des Designs und zur Festlegung von Implementierungsanforderungen stellen FMEA (Failure Mode and Effect Analysis) und FMECA (Failure Mode, Effect and Criticality Analysis) dar. Weiterführende Information zur FMEA sind der Norm „Fehlzustandsart- und -auswirkungsanalyse (FMEA)" DIN EN 60812 zu entnehmen. In diesem Zusammenhang ebenfalls wichtig ist die Normenreihe EN 61508 „Funktionale Sicherheit sicherheitsbezogener elektrischer/elektronischer/programmierbarer elektronischer Systeme" [144] sowie der Richtlinie 2006/42/EG, besser bekannt als Maschinenrichtlinie. Schon bei der Konzepterstellung kommt der Analyse der Auswirkung und der Kritikalität von Fehlern im System große Bedeutung zu. Die Feststellung des Risikopotentials des Fehlverhaltens einer Funktion für den Anwender legt die erforderlichen Prozesse und Implementierungen fest. Je größer die Gefährdung durch das System ist, desto höher werden die Validierungs- und Verifikationsanforderungen. Der Systems Engineer sollte deshalb auf die Durchführung von FMEA, FMECA oder ähnlicher Verfahren bestehen. Mithilfe der strukturierten Analysemethoden wie der FMEA und FMECA sind die Auswirkungen von Fehlern in Bezug auf

- Funktionen,
- Prozesse,
- Design,
- Wartung und
- Fertigung

zu untersuchen und zu dokumentieren.

Gerade in Industrien, die den klassischen Maschinenbau durch elektronische Lösungen ersetzen bzw. erweitern, zeigt sich die Bedeutung dieser Methodik. So erlebt beispielsweise die Automobilindustrie eine rasante Veränderung und Erweiterung der Funktionalität durch die Anforderungen des autonomen Fahrens und den Ersatz des klassischen Antriebskonzeptes durch elektrische Antriebe. Der Systems Engineer unterstützt oder verantwortet sogar die Erstellung und Verfeinerung der FMEA bzw. FMECA während des gesamten Entwicklungsprozesses.

4.9 Umsetzung unterstützen

Ziel des Prozesses „Umsetzung" (engl. Implementation) ist gemäß der Norm ISO/IEC/IEEE 15288 die Realisierung der verschiedenen Elemente (Baugruppen, Module, Komponenten usw.), aus denen das System nach der vom Systems Engineer vorgegebenen Architektur besteht. Dieser Prozess ist vornehmlich in der Hand der jeweiligen Fachdisziplinen wie Software, Elektronik, Mechanik, d.h., jetzt programmieren die Programmierer, die Konstrukteure konstruieren usw. Am Ende führen die Fachspezialisten Tests ihrer (selbst) erstellten Komponenten, Baugruppen, Module usw. durch, um zu prüfen, ob die vom Systems Engineer vorgegebenen Anforderungen erfüllt sind. Hier geht es also noch NICHT um die Integration verschiedener Elemente oder um den Test (Verifikation, Validierung) integrierter Subsysteme. Diese Prozesse folgen später.

Nach den bisherigen Erläuterungen könnte man vermuten, dass der Systems Engineer sich nicht an diesem Prozess beteiligt, sondern den Fachspezialisten die Realisierung und Prüfung der Systemelemente überlässt. In einigen Unternehmen ist das tatsächlich so. Es ist aber nicht empfehlenswert. In der Tat wird es immer wieder Rückfragen von den Fachdisziplinen zur Anwendung ihrer Systemelemente oder den Schnittstellen zu anderen Elementen geben. Gegebenenfalls sind die Anforderungen, die Architektur oder die Schnittstellen zu korrigieren. Dabei wird es nicht nur um das eine Systemelement gehen, sondern auch um die mit diesem über die vereinbarten Schnittstellen wechselwirkenden Elemente. Das bedeutet, dass auch zu diesem Zeitpunkt eine integrative, ganzheitliche Systemsicht benötigt wird, d.h., es ist Aufgabe des Systems Engineers, die Umsetzung zu begleiten.

Der Systems Engineer kann diesen Prozess der Umsetzung (und auch den folgenden Prozess der Integration) sogar noch intensiver unterstützen. Da der Systems Engineer die Wechselwirkung der verschiedenen Systemelemente (Software mit Hardware, Baugruppe mit Baugruppe, Modul mit Modul usw.) verantwortet, ist es sinnvoll, dass der Systems Engineer die Aktivitäten der verschiedenen Fachspezialisten koordiniert. Es hat sich hierbei die Rolle des „Leiters integrierter Produkt- bzw. Projekt-Teams" (Lead-IPT) etabliert, die von einem Systems Engineer eingenommen werden kann.

4.10 Integration unterstützen

„Der Zweck des Integrationsprozesses ist das Zusammenwirken eines Systems, das der Architekturgestaltung entspricht. Durch diesen Prozess werden Systemelemente zu einer vollständigen oder teilweisen Konfiguration zusammengefügt, um das durch die Systemanforderungen beschriebene Produkt herzustellen." [145] Der Prozess der Integration geht den beiden im folgenden Abschnitt beschriebenen Prozessen Verifikation und Validierung vorweg, ist aber mit diesen beiden Prozessen eng verknüpft. Oberstes Ziel dieser drei Prozesse ist die Sicherstellung der Herstellbarkeit und der gewünschten Funktionalität des Systems. Integration, Verifikation und Validierung können auch als die Kunst betrachtet werden, alles in einer nachvollziehbaren Weise so einzuordnen, anzuordnen und zu koordinieren (Integration) , dass der geplante Zweck des Produkts erfüllt wird (Verifikation und Validierung). Der Systems Engineer übernimmt also auch die Verantwortung und Steuerung der Systemintegrität.

Die Anforderungsdefinition und Festlegung der Architektur gehen mit einer gedachten Zerlegung des Systems in Teilsysteme (z.B. „Baugruppen" je nach Sprache des Unternehmens) einher, einer Zerlegung der Teilsysteme in Teil-Teilsysteme („Module"), der Teil-Teilsysteme in Teil-Teil-Teilsysteme („Komponenten") usw. Bei den Prozessen Integration, Verifikation und Validierung werden umgekehrt die Komponenten zu Modulen, die Module zu Baugruppen und schließlich die Baugruppen zu Systemen integriert und jeweils verifiziert bzw. validiert. Dabei werden entsprechend der gewählten Architektur die Systemschnittstellen der zunehmend integrierten Systemstruktur überprüft und gegen die Anforderungen an die Teilsysteme getestet. Diese Vorgehensweise lässt sich anschaulich an der Entwicklung von „Embedded Systems" beschreiben. Als kleinste Einheiten in der Softwareentwicklung werden die einzelnen Software-Module bezüglich ihres Verhaltens an den Schnittstellen verifiziert, um im nächsten Schritt im Verbund an den äußeren Schnittstellen wieder verifiziert zu werden. Im nächsten Schritt werden die Hardware und die Software integriert, um nun das Übertragungsverhalten an den physikalischen Schnittstellen zu verifizieren. Im letzten Schritt werden die verifizierten Teilsysteme wiederum im Verbund auf ihr Verhalten an den Schnittstellen verifiziert.

Der Begriff Integration kann aber auch noch weiter gefasst werden, so dass die Integration mit der Konzepterstellung und Systemarchitektur beginnt. Die integrative Validierung der Systementscheidungen mittels definierter interner Schnittstellen stellt die Integrität der gewählten Lösungsansätze schon während der Designphase sicher. Besondere Bedeutung kommt den Integrationstätigkeiten in der Designphase zu, wenn es darum geht, neben den erforderlichen funktionalen Schnittstellen, ungeplante und störende Effekte der Teilsysteme zu erkennen und zu vermeiden. Hier wird das ausgeprägte Systemverständnis der Systems Engineers gebraucht. Während der Designvalidierung müssen alle Teilsysteme bezüglich ihrer Arbeitsweise verstanden werden, um unerwünschte Interaktion zu vermeiden. Diese Interaktionen sind nicht immer einfach zu erkennen, so dass der Systems Engineer hier Erfahrung und eine breite technische Ausbildung benötigt. Bei der Entwicklung eines Teilsystems gerät deren Einbausituation schnell in den Hintergrund. So kann es geschehen, dass zu kühlende Systeme neben Systemen mit hoher Temperaturentwicklung eingebaut werden. Dabei ist häufig die Entscheidung für jedes einzelne System richtig, kann sich jedoch als fatal auswirken, wenn die unerwünschten Interaktionen in der Konzeptphase vergessen werden.

Die Integration der Teilsysteme bedarf häufig zusätzlicher Integrations- und Testsysteme (z.B. in der Softwareentwicklung), die die Schnittstellen simulieren und messen können. Die Entwicklung der Integrationssysteme erfordert oft einen eigenen Entwicklungsprozess, der wiederum von Systems Engineers entworfen, gesteuert und kontrolliert werden muss. Die Entwicklung der Integrationssysteme hat ebenfalls Auswirkungen auf die Anforderungen des Zielsystems (z.B. einfügen spezieller Messpunkte oder Versuchsaufnahmen). Die Integrierbarkeit dieser zusätzlichen Elemente muss der Systems Engineer schon sehr früh in der Entwicklungsphase berücksichtigen.

4.11 Verifikation und Validierung unterstützen

Zunächst muss klargestellt werden: Die beiden Begriffe Verifikation und Validierung sind KEINE Synonyme, auch wenn sie manchmal – eher unbedarft – für ähnliche Zusammenhänge verwendet werden. Häufig werden sie mit den beiden folgenden einfachen Merksätzen erklärt:

- Verifikation: Entwickeln wir das System richtig?
- Validierung: Entwickeln wir das richtige System?

Eine etwas genauere Definition ergibt sich aus der ISO/IEC/IEEE 15288:

- „Die Verifikation umfasst den objektiven Nachweis, dass die festgelegten Anforderungen erfüllt sind." [146]
- „Die Validierung umfasst den objektiven Nachweis, dass die Anforderungen für eine vorgesehene Verwendung erfüllt sind." [147]

Es ist noch relativ einfach festzustellen, wo bzw. wie Anforderungen festgelegt sind (nämlich in den Spezifikationen). Aber wo stehen die Anforderungen für eine „vorgesehene Verwendung" und was ist das überhaupt? Hierfür ist ein strukturierter Prozess hilfreich, der keine Informationslücken zulässt.

In Abbildung 25 zum V-Modell sind die Aktivitäten der Integration und Prüfung im rechten Ast des V-Modells aufgeführt. Die nachfolgende Abbildung 31 gibt für jede Entwicklungsebene Verifikations - und Validierungsaktivitäten an.

In der Tat findet die Verifikation im rechten Ast des Diagramms statt, wenn die Entwicklungsergebnisse aus den einzelnen Produktionsstufen vorliegen und der Integration zugeführt werden. Im rechten Ast findet auch der Validierungsschritt für die Systemlösung statt. Der Abnehmer will schließlich wissen, ob seine Vorgaben, die er meist in einer informellen Weise abgegeben hat, erfüllt wurden (vgl. dazu die Definition von Validierung). Ein unverzichtbarer Schritt der Validierung wird aber auch im gesamten linken Ast des V-Diagramms durchgeführt, um die Ergebnisse der einzelnen Entwicklungsebenen (z.B. System – Baugruppe – Komponente) für die Arbeit im nächsten Niveau freizugeben.

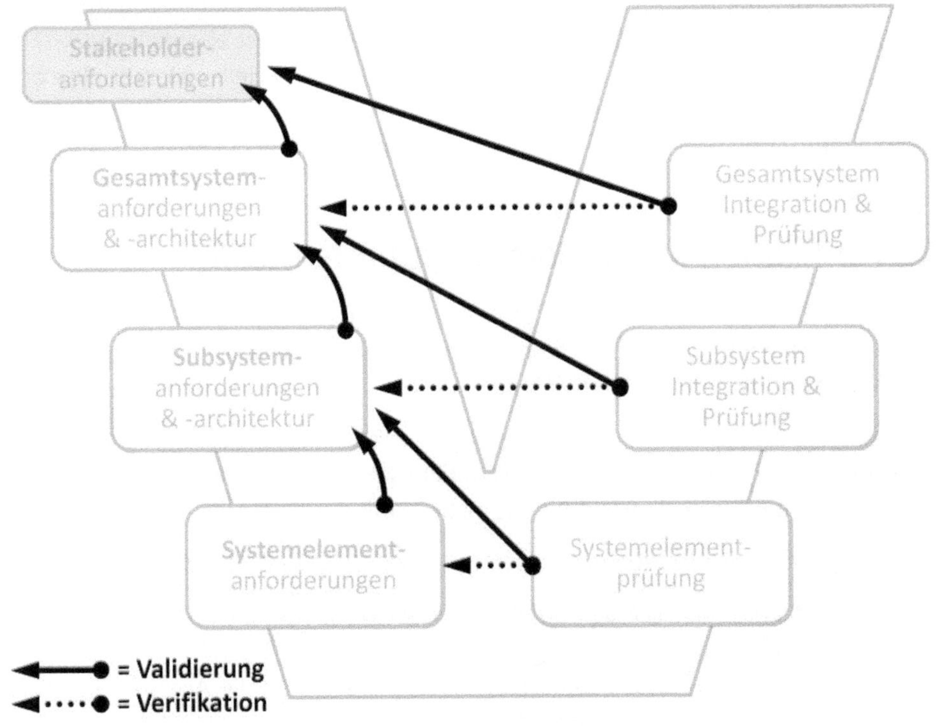

Abbildung 31: Verifikation und Validierung im V-Modell

Sowohl Verifikation als auch Validierung bestehen aus einer Reihe von Aktivitäten, die durchaus gleichartig sein können (Test, Analyse, Demonstration usw.).

Sie haben aber – wie bereits erwähnt – unterschiedliche Zielrichtungen:

- die **Verifikationsaktivitäten** vergleichen Entwicklungsergebnisse mit geforderten Eigenschaften, wohingegen
- die **Validierungsaktivitäten** darauf ausgerichtet sind, Vertrauen zu erzeugen und nachzuweisen, dass der beabsichtigte Nutzen (aus Kundensicht) erbracht wird. Das verlangt vom Systems Engineer Kundenkenntnis, Wissen und Einfühlungsvermögen in die spätere Verwendungsumgebung.

Verifikation beinhaltet ebenso wie Validierung die Interaktion des Systems bzw. des zukünftigen Systems mit der Umwelt, den Betreibern und anderen Systemen. Unter „Umwelt" sind dabei alle natürlichen und technischen Verknüpfungen, physikalischen

Gesetze und wirtschaftlichen Zusammenhänge im gesamten operativen Bereich des neuen Systems zu verstehen.

Es sollte aber allen Beteiligten an einer Validierung bzw. Verifikation klar sein, dass man meistens nicht

- alle Daten bzw. Werte,
- alle möglichen Fehlerpfade und
- eine vollständige Korrektheit

erhält bzw. erreichen kann. Viel mehr trifft es zu, dass eine vollständige Verifikation in der Regel unerreichbar ist. Um diese immer gegebene Unsicherheit abzudecken, ist ein Risikomanagement erforderlich.

Das Systems Engineering ist hier im Allgemeinen verantwortlich für:

- die Ausarbeitung der Pläne und der Nachweisstrategien,
- die Einleitung und Umsetzung der Pläne und der Nachweisstrategien,
- die Überwachung und Steuerung der Aktivitäten,
- die Problemanalyse während der Nachweisführung,
- das Erstellen der Fortschrittsberichte und deren Kommunikation,
- das Bewerten von Nachweisergebnissen,
- das Feststellen von Erfolg oder Misserfolg und ggf. Einleiten von Korrekturmaß-nahmen sowie
- die Anerkennung von Ergebnissen und das Prüfen auf Vollständigkeit einer Nach-weisaktivität

Eine Programmleitung ist darüber hinaus verantwortlich für:

- die Prüfung der Prozesse auf Wirksamkeit und Effektivität,
- die Prüfung der Projektgüte sowie
- die Prüfung der Projektmaßstäbe.

Es ist klar, dass bei einer Verifikation die Erfüllung von Anforderungen überprüft wird, die in projektinternen Unterlagen zusammengestellt sind. Bei einer Validierung sind nicht nur organisationsinterne Dokumente (z.B. Strategieplan der Organisation, Pro-duktlinienvorgaben) und Kundenvorgaben zu berücksichtigen, sondern sie hat auch sicherzustellen, dass Normen, Gesetze und übliche Praktiken und Konventionen ein-gehalten bzw. berücksichtigt werden.

Zur Validierung ebenso wie zur Verifikation stehen viele Methoden zur Verfügung. Nachfolgend beschreiben wir eine kleine Auswahl von möglichen Methoden, die in der Nachweisführung zum Einsatz kommen können.

Die bekannteste Methode dürfte der „Test" sein. Das Testen ist zwar meist die kostenträchtigste Methode, aber dafür auch die glaubwürdigste Art der Nachweisführung, weil sie das Testobjekt in einen realistischen Bezug zur späteren Anwendung setzt.

Die „Analyse" ist hingegen eine der kostensparendsten Methoden, mit der Möglichkeit auch Nachweise zu führen, die mit physikalischen Methoden vielleicht gar nicht erbracht werden können.

Eine „Demonstration" ist oft das letzte Mittel, um die Funktionalität bzw. Eigenschaft eines Systems oder auch von Teilsystemen nachzuweisen. Sie liefert aber meist nur eine „Ja/Nein-Aussage".

Eine „Inspektion" ist ein Vergleich von vorhandenen mit vorgegebenen Eigenschaften. In der Regel prüft ein Sachverständiger die Gebrauchstauglichkeit des Systems bzw. Teilsystems. Sofern es dann kein Protokoll mit detaillierten Prüfergebnissen gibt, liefert diese Methode ebenfalls nur eine Ja/Nein-Aussage.

Ein „Review" ist eine mächtige Methode der Nachweisführung, sofern ausreichend kundige Reviewer daran teilnehmen. Hier können geplante Eigenschaften bzw. Lösungen sehr umfassend geprüft werden. Als Ergebnis kann eine Bestandsaufnahme und eine Empfehlung bzw. Entscheidung erwartet werden. Diese Methode ist daher geeignet auch komplexe Themen zu entscheiden.

Die Verifikation von Hardware und Software unterscheidet sich meist nur hinsichtlich der gewählten Methoden und Mittel. Ähnliches gilt für die Verifikation von Komponenten, Subsystemen oder Systemen. Auf allen Ebenen werden vergleichbare Methoden angewandt. Allenfalls die Auswahl, welche Methoden wann angewandt werden, ist unterschiedlich. So wird der physikalische Test eher bei Komponenten als bei Systemen angewandt und die Demonstration eher bei fertigen Systemen.

Weitere Methoden, die wir hier lediglich aufzählen möchten, sind zu Beispiel: Algorithmusanalyse, analytische Modellierung, Grenzwertanalyse, Kontrollflussanalyse, Abdeckungsanalyse, kritisches Timing bzw. Flow, Datenbankanalyse, Datenflussanalyse, Entscheidungs- und Wahrheits-Tabellen, Schreibtischcheck, Ereignisbaumanalyse, Finite-State-Machine (FSM), Funktionsprüfung, Schnittstellenanalyse, Schnittstellenprüfung, Mutationsanalyse, Leistungstest, Petri-Netze Modell, Prototyping, Regressionsanalyse, Anforderungsanalyse, Bewertungen, Sensitivitätsanalyse, Simulation, größenmäßiges und zeitliches Ordnen, Effekte- und Kritikalitätsanalyse, Software-Fehlerbaum, Belastbarkeitstest, strukturelle Prüfung, symbolische Ausführung, Testzertifizierung, Durchsprache usw. Alle diese Methoden der Verifikation bzw. Validierung können auch mit einer Modellierung unterstützt bzw. kombiniert werden.

An der Durchführung sind sowohl bei Verifikation als auch bei der Validierung im wesentlich Anwender, Nutzer, Boards und Komitees, Entwickler, Fachingenieure, Systems Engineer, Qualitätsmanager, sowie Spezialisten beteiligt. Eine Limitierung auf ein reines Systems-Engineering-Team würde den Verzicht auf Fachkompetenz bedeuten und damit ein höheres Risiko für das Projekt darstellen. Alle Prüfungen sollten dabei immer von (organisatorisch, technisch, kommerziell) unabhängigem Personal durchgeführt werden. Technische Unabhängigkeit ergibt sich dann, wenn nicht die gleiche Person die Entwicklungstätigkeit und die Prüftätigkeit ausführt, also das „Vier-Augen-Prinzip" Verwendung findet. Der Prüfer sollte auch selbst das Problem und einen Lösungsvorschlag beschreiben, um zu prüfen, ob er die Funktion richtig verstanden hat. Eine gute Methode ist, Personen mit unvoreingenommenen Ansichtspunkten zum Auffinden von heiklen Problemen einzusetzen. In der Literatur wird manchmal darauf verwiesen, dass es für eine Systementwicklung ausreichend ist, funktionsübergreifende Teams einzurichten und dass eine Funktion wie das Systems Engineering nicht benötigt wird. Aus der Erfahrung kann berichtet werden, dass dies in der Regel zu steigenden Risiken und allenfalls mittelmäßigen Entwicklungsergebnissen führt. Funktionsübergreifende Teams bzw. prozessübergreifende Teams sind immer auf ihre Teile bzw. eingeschränkte Bereiche des Gesamtprojekts bzw. Gesamtsystems fokussiert. Für ein risikoarmes und vertragskonformes Entwicklungsergebnis sind aber eine Gesamtsystemsicht und die Verpflichtung auf das Gesamtergebnis unerlässlich, wie es vom Systems Engineering geleistet wird. Die Aktivitäten der Verifikation sollten daher von Systems Engineers begleitet oder sogar geleitet werden, falls dadurch dem Prinzip der Unabhängigkeit nicht widersprochen wird. Die einzelnen Nachweisaktivitäten erfolgen hingegen in den Fachabteilungen.

Jede Verifikation bzw. Validierung muss vorbereitet und dokumentiert werden. Die einfachste Struktur einer Verifikations- bzw. Validierungsdokumentation ist dabei ein Dreisatz aus den Dokumentarten:

1. Anforderung (Systemanforderungen und Nachweisanforderungen),
2. Plan (Nachweisplan und Nachweismethoden) und
3. Bericht (Nachweisergebnisse).

Die Nachweisanforderungen sollten Auskunft geben über:

- die gewählte Nachweismethode,
- die anzuwendenden Umweltbedingungen,
- besondere Bedingungen sowie
- das erwartete Resultat.

Unter Umständen ist zur Nachweisführung sogar die Unterstützung des Kunden notwendig oder es müssen Teilsysteme oder das gesamte System zu externen Prüfstellen transportiert werden. In solchen Fällen kann ein Transport evtl. unter Sonderbedingungen notwendig werden.

Nachweise können in den seltensten Fällen unabhängig voneinander durchgeführt werden. Insbesondere muss beachtet werden, dass auch Verbindungselemente wie Kabel oder gemeinsame Halterungen in die Nachweisführung einbezogen werden müssen. In der Regel reicht es nicht, einfach Nachweise aneinander zu reihen. Je komplexer ein System ist, desto mehr müssen Wechselwirkungen zwischen Teilsystemen berücksichtigt werden.

Da die Verifikation auf den Nachweis der Anforderungserfüllung abzielt, sind alle Anforderungsdokumente als Basis der Verifikation notwendig. Darüber hinaus sind die Pläne und evtl. auch Unterlagen über Nachweismittel erforderlich. Gegebenenfalls sind Unterlagen über die „Qualifizierung" von Nachweismitteln erforderlich (z.B. Qualifikation von Softwarewerkzeugen oder Eichung von Messmitteln). Auch die Verifikation beinhaltet also eine Planung. Daher sind Systems Engineers gut beraten, Verifikationsschritte und die dazu notwendigen Nachweismethoden und Nachweismittel bereits während der Designphase festzulegen. Ein erster Schritt dazu ist beispielsweise, eine RVTM (Requirements Verification Traceability Matrix) zu erstellen, in der jeder Anforderung eine Nachweismethode gegenübergestellt wird. Unter Umständen können mehrere Methoden angewandt werden, was dann Freiheiten bei Kostenansätzen und der Zeitplanung öffnet.

Eine „Verifikationsstrategie" ist sinnvoll, um effektiv und kostensparend ein aussagekräftiges Ergebnis zu erzielen. Zu Beginn von Verifikationsaktivitäten sollte klar sein, wie sich Teilaussagen ergänzen und wie die finale Feststellung erzeugt wird. Notwendige „Korrekturmaßnahmen" und deren Ergebnisse müssen dieser Strategie genügen können. Früh in der Entwicklungsarbeit muss daher festgelegt werden, welche Anforderung auf welcher Ebene des zu entwickelnden Systems nachgewiesen werden soll. Vielleicht muss ein Nachweis auch über mehrere Ebenen geführt werden. Die Qualität von Nachweisaussagen ist dabei stark von der gewählten Nachweisstrategie abhängig. Ein Sammelsurium von Einzelnachweisen ist in den meisten Fällen leider wertlos. Empfänger von einzelnen Verifikationsergebnissen ist das Systems Engineering, das wiederum verantwortlich für die finale Verifikationsaussage ist. Diese Aussage muss logisch begründet sein und sich auf den Einzelergebnissen abstützen. Verifizierte Teilsysteme und nur diese dürfen im weiteren „Integrationsprozess" verwandt werden, außer die Nachweisführung ist nur im Kontext mit anderen Teilsystemen möglich. Das sollte dann aber im Verifikationsplan so vorgesehen sein.

Die Validierung beginnt ebenso wie die Verifikation mit einer Planung. Daher sind Systems Engineers gut beraten, das Vorgehen für die Validierung und die dazu notwendigen Nachweismethoden und Nachweismittel schon sehr frühzeitig festzulegen. Das bedeutet, dass es parallel zu den ersten Konzeptüberlegungen für das System auch schon erste Schritte für ein „Validierungskonzept" und auch für einen „Validierungsplan" geben muss. Die Validierung von Anforderungen zu Beginn einer Systementwicklung kann als Teil des „Risikomanagements" verstanden werden. In der Tat werden die Anforderungen der obersten Systemebene an ein zukünftiges System in einer Angebots- oder auch Definitionsphase erstellt und fixiert. Werden in dieser Phase Verpflichtungen (z. B. in Form eines Vertrags) eingegangen, über deren Tragweite Unsicherheiten bestehen, dann geht eine Organisation Risiken ein, deren Konsequenzen unter Umständen existenzbedrohend sein können. Die Validierung beginnt mit der ersten Identifizierung von Systemanforderungen und beendet die erste Phase mit einem belastbaren vorläufigen Entwurf für alle Elemente eines zukünftigen Systems. Auch wenn für Softwaresysteme spezifische Methoden zum Einsatz kommen, gelten die allgemeinen Regeln der Nachweisführung. Die Validierung von Anforderungen soll prüfen, ob Anforderungen bestimmten formalen Kriterien (widerspruchsfrei, komplett, treffsicher, designunabhängig, verfolgbar, eigenständig, eindeutig) genügen, ob der Satz an Anforderungen die relevanten Forderungen für die Entwicklung des Systems enthält und ob alle relevanten Systemvorgaben in den Forderungskatalog eingeflossen sind. Als zweckmäßige Methode hat sich hier ein „Review" erwiesen. Die Begriffe Systemqualifikation, Vorproduktqualifikation, Produktakzeptanz, Vorentwicklungsqualifikation beschreiben Nachweisschritte in unterschiedlichen Phasen der Systementwicklung. Sie wenden die gleichen Methoden an, die allgemein in der Nachweisführung angewandt werden. Allerdings ist in Plänen festzulegen, welche Nachweisschritte jeweils enthalten sein sollen. Gegebenenfalls ist der Abnehmer einzubinden, was sich aus den vertraglichen Rahmenbedingungen ergibt. Hier sind dann auch die Kriterien mit denen die abnehmende Stelle das Produkt beziehungsweise das Teilprodukt bewertet zu klären. Kriterien für eine solche Abnahme werden in der Regel als Akzeptanzkriterien bezeichnet und bei Akzeptanztests angewandt (z.B. bei einem Final Acceptance Test (FAT)).

Die einzelnen Aktivitäten der Validierung werden meist von Fachbereichen bzw. Fachingenieuren vorgenommen. Eine Zusammenfassung bzw. eine endgültige Bewertung der Ergebnisse ist jedoch dem Systems Engineering vorbehalten, weil hierfür im Allgemeinen fachübergreifende Betrachtungen erforderlich sind. Denn hier fließen die strategische, kaufmännische und projektspezifische Betrachtung in der Regel ebenfalls mit ein. Sofern die Nachweisobjekte besondere Merkmale hinsichtlich der Größe,

Handhabbarkeit, Sicherheitsanforderungen o.ä. aufweisen, ist das bei der Nachweisplanung zu berücksichtigen. Manchmal sind daher auch besondere „logistische Anforderungen" zu erfüllen, die terminliche bzw. kostenträchtige Auswirkung haben können.

Die zeitlichen Anforderungen an die Validierungsschritte ergeben sich aus dem Validierungsplan. Unter den zeitlichen Anforderungen ist dabei nicht nur der zeitliche Aufwand für einzelne Nachweise zu verstehen, sondern auch deren zeitlogische Abfolge. Bei miteinander verbundenen Nachweisen ist dies essentiell. Eine Validierung von Anforderungen kann normalerweise nicht Schritt-für-Schritt erfolgen. Vielmehr ist ein Validierungskonzept erforderlich, das beschreibt, wie Aussagen gewonnen werden sollen. In der Regel sind das verschachtelte Vorgehensweisen, die sich der üblichen Nachweismethoden bedienen. Zu beachten ist, dass die oberste Ebene der Systemanforderungen im Allgemeinen als technischer Teil in einen Vertrag eingeht. Fehler haben also eine unmittelbare Auswirkung auf das Projektrisiko. Alle Aussagen müssen nachvollziehbar sein und konkrete Antworten geben, ansonsten steigt das Projektrisiko. Validierung ist sowohl in der Planung als auch in der Durchführung vorwiegend eine begleitende Aktivität. In manchen Fällen ist sie aber auch eine Aktivität, die Anforderungen an das Systemdesign generiert, wenn Nachweise auf andere Weise nicht erbracht werden können (vgl. z.B. „Selbsttests" bei Softwarekomponenten). Empfänger der „Validierungsergebnisse" ist das steuernde Systems Engineering, das auch die Nachweisschritte zu initiieren hat und die dafür notwendigen Unterlagen zur Verfügung stellt.

4.12 Projekte abschließen

Sind alle vorhergehenden beschriebenen Schritte erledigt und das System wurde erfolgreich entwickelt und validiert, dann ist der Job des Systems Engineers aber noch immer nicht zu Ende. Denn es gilt, noch das „Projekt abzuschließen". Das umfasst die folgenden Aktivitäten des Systems Engineerings:

- eine abschließende Informationsaufbereitung und -verteilung,
- den Rückbau der Projektumgebung,
- das Durchführen von „Lessons Learned" zum Projekt sowie
- das Auflösen des Projektteams.

Diese Punkte möchten wir in den folgenden Abschnitten noch detaillierter beschreiben.

4.12.1 Informationsaufbereitung und Informationsverteilung

Am besten schon parallel, aber spätestens nach Abschluss aller Entwicklungstätigkeiten, müssen die Entwicklungsergebnisse für die verschiedenen Beteiligten passend aufbereitet und verteilt werden. Ziel ist, alle Stakeholder mit den für ihre jeweiligen Zwecke notwendigen Informationen zu versorgen. Die entsprechenden Informationen müssen ausgewählt und in eine Form gebracht werden, die für die jeweilige Verwendung sinnvoll und angemessen ist. Die Anliegen der Informationsnutzer können zwei grundverschiedenen Kategorien zugeordnet werden. Alle Stakeholder sind mehr oder weniger an den Nachweisen interessiert, die belegen, dass die Entwicklungsziele erreicht sind und ein System die zugesagten Eigenschaften und Funktionen erfüllt. Stakeholder, die mit einem System im weiteren Systemlebenszyklus befasst sind, benötigen ihren Zwecken entsprechende Informationen aus der Entwicklung. Siehe hierzu auch im Kapitel „Tugenden" den Abschnitt „Dokumentationsdisziplin".

Insbesondere für zwei Stakeholdergruppen ist es angebracht, die Nachweise zur Erreichung der Entwicklungsziele besonders aufzubereiten:

- die Kunden bzw. Auftraggeber und
- alle Stakeholder mit Vetorechten.

Kunden sind die einzigen Stakeholder, die bereit sind, Geld für das System oder die Dienstleistung auszugeben. Deshalb verdienen sie besondere Beachtung und Aufmerksamkeit. In einer Auftragsentwicklung ist es üblich, erst vollständig zu bezahlen, wenn die Entwicklung abgeschlossen und alle Entwicklungsziele nachvollziehbar erreicht sind. Bei auf dem Markt angebotenen Systemen sind vollständige Bezahlung und Besitzübergang normalerweise miteinander verknüpft. Es können jedoch später Regressforderungen auflaufen, wenn strittig ist, ob ein System die zugesicherten oder angenommenen Eigenschaften besitzt und seine Funktionen erfüllt.

Es ist also äußerst sinnvoll, eine stringente und auch gerichtsverwertbare Begründung aufzubereiten, um die Erfüllung von Kundenanforderungen möglichst einfach und nachvollziehbar belegen zu können. Hierzu müssen Kundenanforderungen eindeutig erfasst und in Aufbruch und Zuordnung über die gesamte Systemarchitektur hinweg bis hin zu den erbrachten Nachweisen verfolgbar sein. Diese Informationen werden im Anforderungsmanagement sowie den Nachweisprozessen Validierung und Verifikation generiert. Hinzu kommen Nachweise, die die Einhaltung einer adäquaten Prozessqualität belegen.

Vetorechte ergeben sich zum Beispiel aus gesetzlichen Bestimmungen. Neben direkt in Gesetzen niedergelegten Anforderungen sind gegebenenfalls auch nachgeordnete, in einzelnen Anwendungsbereichen einzuhaltende Regularien zu beachten. In einem

Rechtsstaat schützen Vetorechte die Rechte Dritter. Personensicherheit, Vermeidung von Sachschäden und Schutz der Umwelt sind wesentliche Anliegen. Aber auch andere Maßnahmen zur Bewahrung der Rechtsordnung, wie zum Beispiel der Schutz von geistigem Eigentum, begründen Vetorechte.

Jedes Projekt ist gut beraten, von sich aus die Rechte Dritter zu achten, um hohe Risiken für Projekt- und Geschäftserfolg zu vermeiden. Vetorechte werden durch ihre Stakeholder auf sehr unterschiedliche Weise vertreten. Für die meisten Vetorechte bleiben die Stakeholder in einer passiven Rolle. Es liegt allein in der Verantwortung der Entwicklungsorganisation, zu beachtende Vetorechte zu identifizieren und in adäquaten Systemanforderungen zu übersetzen. Insbesondere in Fragen der Sicherheit kann die Mitwirkung einer von der Entwicklungsorganisation unabhängigen Stelle gefordert sein. In spezifischen Bereichen, zum Beispiel beim Thema Flugsicherheit, sind es staatliche Stellen, die über den gesamten Entwicklungsprozess hinweg eingebunden werden müssen und abschließend die Flugsicherheit autark bewerten und über die Zulassung entscheiden. Unabhängig von der Art der Mitwirkung der Stakeholder ist äquivalent zur Qualifikation eine Aufbereitung am Ende der Entwicklung empfehlenswert. Man spricht dabei auch von Zertifizierung. Zu einem späteren Zeitpunkt können etwaige Lücken in der Argumentation aufgrund verlorengegangener Informationszusammenhänge eventuell nicht mehr überzeugend geschlossen werden.

Stakeholder, die im weiteren Systemlebenszyklus mit dem System befasst sind, benötigen passend aufbereitete Informationen zu Produktion, Installation, Bedienung, Wartung und Verwertung. Nicht alle Informationen zu diesen Tätigkeiten stammen aus der Entwicklung. Aber Informationen aus der Entwicklung bilden eine wesentliche Quelle. Es ist ratsam das Wissen im Entwicklungsteam direkt zu nutzen und sich nicht nur auf die dokumentierten Entwicklungsergebnisse abzustützen. Letztlich bleibt es unerheblich und mag branchentypischen oder unternehmensspezifischen Gewohnheiten entsprechen, ob die Dokumentationserstellung für nachfolgende Lebenszyklusphasen als Teil der Entwicklung betrachtet wird oder nicht. Um die Entwicklung nicht mit sekundären Aufgaben zu überfrachten, kann es sinnvoll sein, diese Dokumentenerstellung von der eigentlichen Entwicklung zu trennen. Auf der anderen Seite sind Produzierbarkeit, Installierbarkeit, Bedienbarkeit, Wartbarkeit und Verwertbarkeit natürlich im Systementwurf von vornherein zu berücksichtigen. Viel spricht also auch für eine weitgehende Integration der entsprechenden Fachdisziplinen in die Entwicklungsteams.

4.12.2 Rückbau der Projektumgebung

Einer kompletten Stilllegung und einem vollständigen Rückbau der Projektumgebung am Ende der Entwicklung stehen zwei Anforderungen entgegen. Die Dokumentation der Entwicklung muss über die gesamte Nutzungsdauer eines Systems oder einer Dienstleistung archiviert werden. Aus Gründen der Produkthaftung ist es nicht ratsam auf eine entsprechende Langzeitarchivierung zu verzichten. In manchen Branchen ist eine Langzeitarchivierung über mehrere Jahre nach Ende der Nutzung gesetzlich vorgeschrieben. Sofern das System im Laufe der Nutzung verbessert oder geändert werden soll, steht zusätzlich die Frage im Raum, inwieweit Entwicklungsumgebungen erhalten bleiben müssen, um Weiter- und Anschlussentwicklungen nach den gleichen Prozessen mit den gleichen Entwicklungswerkzeugen durchführen zu können. Alternativ kann natürlich auch ein Umstieg auf zukünftige Entwicklungsmethoden in einer dann aktuellen Entwicklungsumgebung in Betracht gezogen werden. Für systemspezifische Teile der Projektumgebung, wie zum Beispiel aufwändige Installationen zur Systemintegration, ist dies weniger ratsam.

Grundsätzlich besteht die Option, auf spezifische Projektumgebungen zu verzichten und im Unternehmen einheitlich gestaltete Projektumgebungen zu nutzen. Auch wenn dies in bestimmten Fällen durchführbar sein mag, wird jedes Unternehmen im Rahmen technischer Fortschritte und kontinuierlicher Verbesserungen Anpassungen seiner standardisierten Projektumgebung vornehmen. Die im Folgenden skizzierten Handlungsoptionen sind dann nicht auf Einzelprojekte, sondern auf alle Projekte im Unternehmen gemeinsam anwendbar.

In den letzten Jahren haben sich vielfach unternehmensweite Anwendungen zum Produktdatenmanagement (PDM) bzw. Produktlebenszyklusmanagement (PLM) durchgesetzt, die eine gemeinsame Datenhaltung über den gesamten Systemlebenszyklus hinweg unterstützen. Diese Datenbanken sind auch für die Langzeitarchivierung aller Entwicklungsdaten zu empfehlen. Einerseits ergibt sich ein Mehrwert aus den Verknüpfungen zwischen Daten, die in unterschiedlichen Systemlebenszyklusphasen erzeugt werden. Zudem ist die Datenpflege Unternehmensaufgabe und liegt nicht mehr in der Verantwortung einzelner Projekte. Andererseits mögen die Datenstrukturen aktuell nur begrenzt in der Lage sein, neben den reinen Entwicklungsergebnissen auch alle Daten, die die Entwicklungsdynamik im Detail nachvollziehbar machen, in hinreichender Granularität abzubilden. Unternehmensweite Prozessstandards und entsprechend angepasste Datenstrukturen können helfen, Informationsverluste zu vermeiden und Migrationsaufwände in der Langzeitarchivierung zu minimieren.

Zusätzlich zu einer Datenarchivierung in Produktdatenmanagementrepositorien können natürlich auch Entwicklungsumgebungen betriebsfähig gehalten werden. Im Vergleich zu vielen Systemlebenszyklen sind Softwarewerkzeuge und Computertechnik eher kurzlebig. Hardware- und Softwareobsoleszenz kann zu hohen Migrationsaufwänden führen. Weder eine kontinuierliche Aktualisierung der Entwicklungsumgebung noch die Erhaltung der originalen Entwicklungsumgebung können Obsoleszenzrisiken (Ausfallrisiken aufgrund von Abnutzung oder Alterung) vollständig eliminieren. Gerade bei projektspezifischen Teilen einer Entwicklungsumgebung stellt sich die drängende Frage, aus welchen Budgets heraus etwaige Migrationsaufwände zukünftig finanziert werden sollen. Eine Datenarchivierung in Entwicklungsumgebungen ist heute noch am ehesten zu rechtfertigen, wenn für ein System im Rahmen von Verbesserungen jederzeit ein Wiedereinstieg in Entwicklungstätigkeiten möglich sein muss.

Zusätzliche Fragen stellen sich, wenn ein Projekt in einer spezifischen temporären Organisationseinheit abgewickelt wurde und die Projektorganisation am Ende der Entwicklung vollständig oder teilweise aufgelöst wird. Auch wenn die Entwicklungsfähigkeiten erhalten werden sollen, können in der Regel Kapazitäten, die in der Projektumgebung vorgehalten werden, wegen des geringeren zukünftigen Arbeitsaufwandes reduziert werden. Zu erhaltende Teile der Projektumgebung sind organisatorisch gegebenenfalls an die zukünftig verantwortlichen Organisationseinheiten zu transferieren.

4.12.3 Lessons Learned

Bevor ein Projektteam auseinandergeht und auch vor wichtigen Meilensteinen, sollten die Erfahrungen aus dem Projekt gemeinsam reflektiert und daraus Erkenntnisse gezogen werden. Besonders die Fragen, wie gut die Projektziele hinsichtlich Qualität, Zeit und Kosten erreicht wurden, sollten angesprochen werden. Im Einzelnen sind die Güte der technischen Lösungen sowie die Effizienz von Prozessen, Methoden und Entwicklungsorganisation zu hinterfragen. Die Zufriedenheit mit der Projektumgebung einschließlich Räumlichkeiten, technischer Infrastruktur und Entwicklungswerkzeugen sollte ebenfalls thematisiert werden. Es kann hilfreich sein, zu diesen Diskussionen Moderatoren hinzuzuziehen, die selbst nicht Mitglied des Projektteams sind. Immer wenn die persönliche Zusammenarbeit diskutiert wird, ist die Einschaltung eines psychologisch geschulten Moderators empfehlenswert.

Die gemeinsame Reflektion am Projektende hat zwei Ziele. Sachlich bzw. fachlich geht es darum, Stärken und Schwächen zu erkennen und daraus Verbesserungspotentiale für zukünftige Projekte abzuleiten. Auf einer persönlichen Ebene kann eine gelungene Reflektion innere Spannungen abbauen, die sich im Projektverlauf aufgebaut haben.

So können sich die Mitarbeiter unbeschwert auf neue Aufgaben einlassen. Ausgesprochen schädlich ist eine Praxis, Projektteams erfolgreicher Projekte mit einem abschließenden Teamereignis zur wechselseitigen Versicherung der eigenen Großartigkeit zu belohnen, während erfolglose Projekte einem möglichst schnellen Vergessen anheimgestellt werden. Die Projektteams erfolgloser Projekte werden dann möglichst still aufgelöst mit der schädlichen Folge, dass damit die Frustrationen bleiben und somit zukünftige Projekte von vornherein belasten.

Inzwischen wird in vielen Projektteams ein „Kontinuierlicher Verbesserungsprozess" während der ganzen Projektlaufzeit angewendet. In kürzeren, regelmäßigen Abständen werden Meetings abgehalten (im agilen Umfeld auch „Retrospektiven" genannt), um schnell und kurzfristig organisatorische Probleme aufzuspüren und den Prozess kontinuierlich zu verbessern. Das ermöglicht häufige Rückmeldungen und Verbesserungen in kleinen Schritten und vermeidet, dass die Ergebnisse eines einzigen, finalen „Lessons Learned" bei Folgeprojekten nicht oder nur teilweise verwendet werden.

4.12.4 Auflösung des Projektteams

Auf personeller Seite sind nach Projektende die Pflege projektspezifischen Wissens und der Erhalt der Entwicklungsfähigkeit von ebenso großer Bedeutung wie die Archivierung von Entwicklungsdaten für den Informationserhalt. Am Projektende ist die Übertragung der organisatorischen Verantwortung in der Regel mit dem Transfer ausgewählter Wissensträger in die entsprechenden Organisationseinheiten verbunden. Später können bei Ausscheiden einzelner Wissensträger gezielte Trainings- und Coaching-Maßnahmen erforderlich werden, um das Wissen möglichst umfassend auf andere Mitarbeiter zu übertragen.

Selbstverständlich muss am Ende eines Entwicklungsprojektes auch für die weitere Beschäftigung des freiwerdenden Personals gesorgt werden. Bei im Unternehmensmaßstab umfangreichen Projekten kann das zu einer gravierenden unternehmensweiten Herausforderung werden. Aus Sicht eines Projektes ist es wichtig, dass sich das Projektteam nicht vorzeitig auflöst und die Mitarbeitermotivation nicht aufgrund ungewisser Zukunftsaussichten sinkt. Je umfangreicher ein Projekt ist, desto früher sollte damit begonnen werden, für Mitarbeiter, die am Projektende frei werden, eine fördernde Verwendung zu finden. Sie sollte ihren jeweiligen Fähigkeiten und Interessen entsprechen und für die weitere berufliche Entwicklung hilfreich sein.

4.13 Systems Engineering in der Betriebsphase

Die bisherigen Abschnitte dieses Kapitels „Tätigkeiten" haben in etwa den Verlauf eines Entwicklungsprojektes widergespiegelt. Mit der Inbetriebnahme des entwickelten Systems durch den Kunden endet häufig ein Entwicklungsprojekt. Der Produktlebenszyklus ist aber natürlich nicht beendet, denn nun schließt sich die Betriebsphase an. Entsprechend wird der Produktlebenszyklus durch sich anschließende neue Projekte, z.B. Serviceprojekte, fortgesetzt.

In diesem letzten Abschnitt werden die Tätigkeiten des Systems Engineers behandelt, die die Betriebsphase betreffen. Viele dieser Tätigkeiten folgen zeitlich den bisher erläuterten. Systems Engineers müssen aber auch schon in der Systemgestaltungsphase an die spätere Betriebsphase denken und das System im Hinblick auf den späteren Betrieb entwickeln. Daher soll es den Leser nicht wundern, dass im Folgenden stellenweise erneut auf die Systemgestaltungsphase eingegangen wird.

Unter dem Begriff „Betriebsphase" kann man alle der Entwicklungsphase folgenden Phasen der Nutzung, Unterstützung, Instandhaltung sowie auch Stilllegung des Systems zusammenfassen (Abbildung 32). Während die Entwicklungsphase im gesamten Lebenszyklus die kürzere Zeit einnimmt und meistens nur einen Bruchteil des Aufwandes der gesamten Kosten eines Systems umfasst, ist die Betriebsphase die aus kommerzieller Sicht bedeutendere Phase. Während der Betriebsphase entstehen Kosten, die die Aufwände für die Systementwicklung häufig um ein Vielfaches übersteigen. Bei langlebigen Systemen fallen zum Beispiel Betriebskosten an, die sich im Wesentlichen aus den Kosten für Energie, Wartung, Infrastruktur und Entsorgung zusammensetzen.

Die Hauptfunktion der Unterstützungstätigkeiten in der Betriebsphase dient der Aufrechterhaltung der Systemverfügbarkeit im Betrieb. Es hat sich in der Praxis als vorteilhaft herausgestellt, die Dienstleistungserbringung für die Betriebsphase als eigenes System zu betrachten. Dies bedeutet nicht, die Überlegungen zur Betriebsphase von den Entwicklungstätigkeiten zu trennen, es erleichtert jedoch die Definition der unterschiedlichen Anforderungen an das System und der notwendigen Maßnahmen für die Betriebsphase. Aus der Sicht der Betriebsphase rücken die ursprünglichen funktionalen Forderungen an den Betrieb wieder in den Vordergrund und das zu erstellende System wird in diesem neuen „System der Unterstützung" ein Element des Systems zur Erfüllung der primären Funktionalität. Gegenwärtig ändern sich die Geschäftsmodelle bei Investitionsprojekten. Immer häufiger werden Investitionen vermieden und die geforderte Funktionalität als Dienstleistung mit definierter Verfügbarkeit eingekauft (z.B. erwerben kommerzielle Fluglinien mittlerweile den Service "garantierte Schubkraft" mit der entsprechenden Verfügbarkeit bei ihren Triebwerksherstellern und nicht mehr das Triebwerk an sich, Schienenfahrzeugbetreiber fordern garantierte

Lebenszykluskosten für 20-30 Betriebsjahre usw.). Für den Hersteller ändert sich der Vertragsgegenstand und für den Systems Engineer ändern sich die Stakeholder und die Systemgrenzen und somit das Verständnis für ein System im kompletten Lebenszyklus.

Im Zuge der Systementstehung werden während der Integration, Verifikation und Validierung bis zur Zulassung die implementierten Systemeigenschaften gegen die Anforderungen verifiziert. Somit kann für die Betriebsphase davon ausgegangen werden, dass das System gemäß der Verifikation entsprechend der Systemanforderungen für die Betriebsphase bereitgestellt wird. Die Systemanforderungen beruhen jedoch auf Annahmen, wie sich die Betriebsphase realisieren wird. Es ist deswegen erforderlich in der frühen Betriebsphase diese Annahmen (erneut) zu validieren.

Aktivitäten während der Betriebsphase werden durch Systemeigenschaften wesentlich beeinflusst. Deswegen müssen schon während der Systemkonzeption Anforderungen für die Betriebsphase berücksichtigt werden. In entsprechenden Normen sind „Best Practices" beschrieben, wie die Anforderungen aus der Betriebsphase im Systementstehungsprozess eingebracht werden können.

Die zwei wesentlichen Kostentreiber während der Betriebsphase bestehen aus den Energiekosten für den Betrieb und die Verbrauchsmaterialien einerseits sowie aus den Unterstützungsleistungen andererseits, die wiederum aus der Pflege und Wartung sowie der Ersatzteilversorgung bestehen. Von den zwei wesentlichen Kostentreibern werden in diesem Abschnitt die Unterstützungsleistungen für den Betrieb angesprochen. Der Aufwand für die Unterstützungsleistungen wird durch die Systemeigenschaften in Bezug auf Zuverlässigkeit (Reliability), Verfügbarkeit (Availability), Wartbarkeit (Maintainability) und Sicherheit (Safety) beeinflusst. Diese Begriffe (Reliability, Availability, Maintainability, Safety) werden im Englischen meist kurz mit „RAMS" zusammengefasst. Diese vier Grundeigenschaften eines Systems im Einsatz werden jedoch durch viele weitere Parameter beeinflusst.

Abbildung 32: Wichtige Aspekte der Betriebsphase

Es ist die Aufgabe des Systems Engineering, diese Einflussparameter zu identifizieren, zu strukturieren und über den gesamten Lebenszyklus bezüglich ihres Einflusses auf die Einsatzfähigkeit zu beobachten und die entsprechenden Maßnahmen abzuleiten. Der Systems Engineer kann hier mit seiner Sicht auf den kompletten Lebenszyklus des Systems durch seine Analyse der Betriebsphase während der Entwicklung Einfluss auf die Systemeigenschaften nehmen. Deshalb kommt der Steuerung der RAMS-Aktivitäten eine hohe Bedeutung zu. Mit steigender Integration von IT und Datenaustausch in den zu entwickelnden Systemen wird dieser Bereich auch um den Themenkreis Security (IT-Sicherheit) erweitert. Weitere wesentliche Komponenten, die die Unterstützungsleistung während der Betriebsphase beeinflussen, sind die Systemeigenschaften Testbarkeit und Fehlerdiagnostik. Daher wird in der neueren Literatur in diesem Zusammenhang von RAMSS-T gesprochen wird.

Während der Entwicklungsphase werden die Aufwände für die Systemunterstützung in der Betriebsphase zwar definiert und prognostiziert, jedoch kann dies nur unter angenommenen Einsatzparametern geschehen. Im Einsatz des Systems müssen diese Annahmen validiert werden. Diese Validierung der Annahmen wird zu Änderungen in der Durchführung der Unterstützungsleistung führen.

Aus der Sicht des Lebenszyklus lassen sich für den Systems Engineer zwei Hauptphasen ableiten. Diese zwei Hauptphasen sind die Entwicklungsphase und die Betriebsphase. Das INCOSE Handbuch unterscheidet weitere Phasen, die sich aber diesen Hauptphasen unterordnen lassen [79].

Weiterführende Spezifikationen und Beschreibungen der zu lösenden Fragestellungen für die Betriebsphase von Systemen sind zum Beispiel in der Normenreihe der DIN EN 60300 zu „Zuverlässigkeitsmanagement" zu finden.

4.13.1 Berücksichtigung der Betriebsphase in der Systemgestaltung

Beginnend mit der Analyse der betrieblichen Anforderungen an die Funktionalität erstellt der Systems Engineer das Betriebskonzept des Systems und das Einsatzkonzept (Abbildung 33). Ein weiteres wichtiges Dokument ist das Instandhaltungskonzept. Beispielsweise werden im öffentlichen Personenverkehr immer sehr ähnliche Systemkonzepte eingesetzt, sehr häufig unterscheiden sich aber das Einsatzprofil und die Wartungsinfrastruktur. Mit der Änderung des Einsatzprofiles und der Änderung der Wartungsinfrastruktur ergeben sich zwangsläufig auch Änderungen bei der Verfügbarkeit eines Systems. Änderungen der Verfügbarkeit wirken sich auf die Zuverlässigkeit aus. Der Systems Engineer steuert die notwendigen Designänderungen und achtet darauf, nur notwendige Änderungen umzusetzen, damit der Entwicklungsaufwand für die notwendigen Anpassungen begrenzt werden kann. Daraus ergibt sich für den Systems Engineer die Sicht auf die Entwicklungsphase als die Phase der Bereitstellung der Funktionalität für den Betrieb und die Instandhaltung.

In diesem Zusammenhang sei auf das INCOSE Systems Engineering Handbuch verwiesen, dass die Inhalte der Betriebsphase mit denen der Entwicklungsphase verknüpft. Darin wird der Begriff der „integrierten Logistikunterstützung" benutzt [148]. Der Begriff „logistisch" kommt in diesem Fall aus dem militärischen Umfeld und umfasst die Unterstützungsleistungen in ihrer Gesamtheit von Wartungstätigkeiten, technischer Dokumentation, Schulung und Ersatzteilversorgung, um für das System während der Betriebsphase die volle Funktionsfähigkeit bei maximaler Verfügbarkeit sicherzustellen. Der Systems Engineer koordiniert mit der Fachabteilung die Anforderungen an Wartbarkeit und Zuverlässigkeit, die aus den Anforderungen für Verfügbarkeit abgeleitet werden. Die Anforderungen müssen mit dem Wartungskonzept zusammenpassen. Instandhaltungsaufwände bestimmen einen Großteil der Lebenszykluskosten. Instandhaltungsaufwände werden im Wesentlichen durch die gewählten Lösungen bestimmt. Der Systems Engineer nimmt unter Anwendung geeigneter Analysemethoden Einfluss auf das Design. Geeignete Analysemethoden sind in weiterführender Literatur und Normen (z.B. in MSG-3 oder in der Normenreihe DIN EN 60300) beschrieben. Dem Systems Engineer kommt hier ebenso die Kontrolle und Beeinflussung der Entwicklungsprozesse zu, da die Analysemethoden zur Wartungsplanentwicklung auf der Einhaltung bestimmter Entwicklungsprozesse beruhen.

Ein weiterer Aspekt, der ebenfalls in die Systementwicklung einfließen muss, sind die Anforderungen an Schulungen oder Trainings zur Nutzung, Instandhaltung sowie Stilllegung des Systems. Häufig ist Schulungsmaterial zu erstellen, um die Nutzung und Wartung von Systemen in operativen und betriebsähnlichen Modi zu trainieren, zum Beispiel Verfahrenstrainer für Piloten oder Zugfahrer. Sehr häufig müssen auch Fehlersuche und Fehlerbehebung trainiert werden, so dass die Systeme Simulationsmöglichkeiten für Fehler bereitstellen müssen. Auch diese Anforderungen müssen frühzeitig in die Systementwicklung einfließen, so dass es die Aufgabe des Systems Engineerings ist, die Anforderungen der Stakeholder des Trainings zu evaluieren und als entsprechende Systemanforderungen zu formulieren.

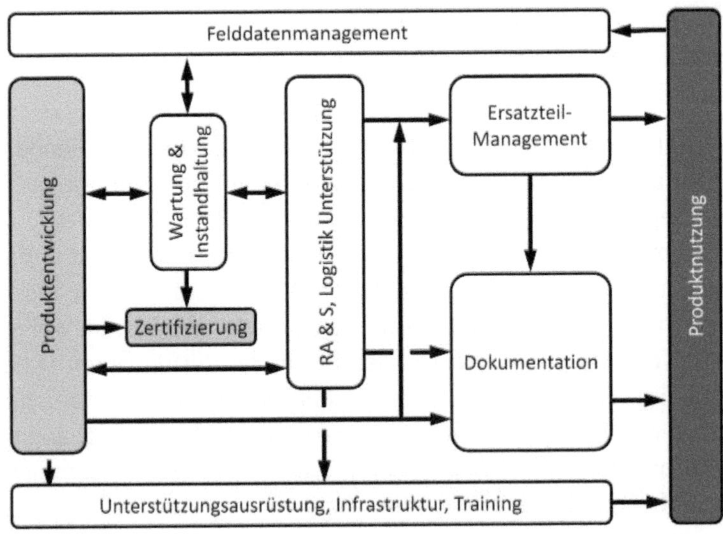

Abbildung 33: Engineering Aspekte der Betriebsphase

4.13.2 Nutzungsphase

„Die Nutzungsphase ist dadurch gekennzeichnet, dass das System in seiner vorgesehenen Umgebung betrieben wird, um seine vorgesehenen Leistungen zu erbringen. Oft sind Produktänderungen während des Betriebs des Systems vorgesehen. Solche Nachrüstungen (Upgrades) verbessern die Fähigkeiten des Systems." [149] Änderungen des Systems ergeben sich aus einem geänderten Nutzungsprofil des Systems. Diese Änderungen sind bei langlebigen Systemen (z.B. Züge, Kraftwerke usw.) sehr wahrscheinlich. Der Hauptgrund ist verändertes Nutzerverhalten oder die Obsoleszenz erforderlicher Ersatzteile oder Technologien. Die Pflegemaßnahmen für das System in der Unterstützungsphase und der Nutzungsphase haben in der Praxis einen fließenden Übergang. Der Systems Engineer entwirft hierfür die notwendigen Prozesse und führt diese ein.

Jedes Projekt unterliegt während der Konzepterstellung bestimmten Annahmen und Aussagen über den zukünftigen Einsatz unter angenommenen Rahmenbedingungen. Während der Entwicklungsphase werden diese Annahmen als unveränderlich und wahr angenommen, um ein System überhaupt fertigstellen zu können. Diese Annahmen werden in der Nutzungsphase validiert.

Der Systems Engineer wertet die Validierung aus, um das System eventuell den geänderten Rahmenbedingungen anzupassen. Gerade bei langlebigen Systemen muss von einer kontinuierlichen Veränderung der ursprünglichen Annahmen ausgegangen werden. Man denke zum Beispiel an die sich schnell ändernde Kommunikationstechnologien und die sich daraus ergebenden Änderungen der Nutzeranforderungen. Als zum Beispiel vor Jahren viele der heute noch genutzten Züge spezifiziert und gebaut wurden, waren Smartphones noch nicht vorhanden bzw. verbreitet. Heute sind sie jedoch aus dem täglichen Leben nicht mehr wegzudenken. Deswegen wird öffentlicher und privater Fernverkehr mit Internetzugang versehen, an den zum Zeitpunkt der Systemdefinition niemand dachte. Aus der kontinuierlichen Validierung der ursprünglichen Annahmen leitet der Systems Engineer somit Anforderungen an die Systemverbesserung ab.

4.13.3 Unterstützungsphase

Die Unterstützungsphase (Abbildung 34) zeichnet sich besonders durch eine Änderung der Zielrichtung aus. Während in der Entwicklungsphase die Bereitstellung geforderter Funktionalität durch das „eigentliche" System im Vordergrund steht, ändert sich dies in der Unterstützungsphase zur Bereitstellung der geforderten Funktionalität durch Dienstleistungen.

Während dieser Phase werden Systems Engineering Methoden genutzt, um die notwendige Unterstützung als ein System von verschiedenen Dienstleistungen zu verstehen und zu implementieren.

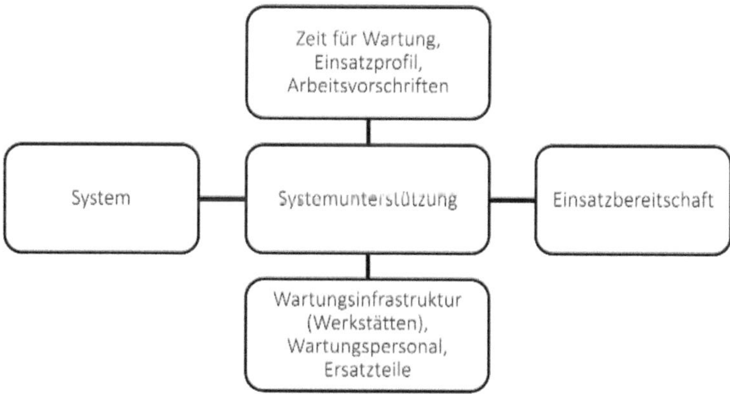

Abbildung 34: Kontextdiagramm der Unterstützungsphase

4.13.4 Instandhaltung

Während der Entwicklungsphase wird bereits der initiale „Wartungsplan" entwickelt. Aus den Systemeigenschaften werden die Wartungsintervalle für die vorbeugende Instandhaltung abgeleitet. Der Wartungsplan wird dabei unter der Annahme wahrscheinlicher Einsatz- und Umgebungsbedingungen entwickelt. Die Nutzung erfolgt jedoch unter realen Umgebungsbedingungen. Unter dem Gesichtspunkt der wirtschaftlichen Instandhaltung müssen die Umgebungsparameter validiert werden und das Systemverhalten bezüglich seines Fehlerverhaltens mit den Annahmen der Entwicklung abgeglichen werden. Der Systems Engineer legt die Grundlagen zur Validierung durch die Auswahl der notwendigen Felddaten. Der Systems Engineer validiert die Daten aus der Entwicklungsphase mit den Felddaten und leitet daraus die notwendigen Änderungen der Instandhaltung ab (z.B. die Änderung des Wartungsplanes oder auch Systemverbesserung), um systematische Fehlerursachen zu vermeiden.

Während der Entwicklung werden auch die „Wartungstätigkeiten" ermittelt. Im Rahmen der Wartungsanalysen werden die erforderlichen Werkzeuge und Infrastrukturanforderungen bestimmt. Häufig müssen zur Vorbereitung der Betriebsphase die Werkstätten und Werkzeuge entwickelt und erstellt werden. Die Erstellung der Wartungsinfrastruktur kann ein sehr interdisziplinäres Projekt im Projekt darstellen. Bei Systemen mit hohem Investitionsaufwand für die Systemeinführung, führt die Erstellung der Wartungsinfrastruktur häufig zu einem ebenfalls hohen Investitionsaufwand. Die Bandbreite der Infrastruktur spannt sich von mobilen Installationen bis zu festen Gebäuden. In militärischen Projekten erfordert das Wartungskonzept mobile und feste Installationen, während Off-Shore Windturbinen eine mobile Wartungsinfrastruktur auf Schiffen benötigen. Der Systems Engineer wird die Erstellung der Infrastruktur als eigenes Entwicklungsprojekt betrachten: beginnend mit der Stakeholderanalyse über Konzepterstellung mit Anforderungen und anschließender Implementierung. Dabei muss auch die Wartung der Infrastruktur mit den gleichen Methoden und Prozessen implementiert werden, wie die des Systems selbst. Ebenso gehen die Betriebskosten der Wartungsinfrastruktur in die Gesamtlebenskosten ein. Zur Ermittlung der Lebenskosten sei zum Beispiel auf die Normenreihe DIN EN 60300 verwiesen.

Die Instandhaltungsphase begleitet die gesamte Einsatzphase eines Systems und nimmt somit den längsten Teil des Systemlebenszyklus ein. Die Instandhaltung sollte durch Systems Engineering Tätigkeiten begleitet werden. Eine wirtschaftlich optimale Durchführung der Instandhaltung bedarf einer kontinuierlichen Überwachung des Verhaltens des Systems im Einsatz. Da die Instandhaltung neben den Energiekosten der wesentliche Kostenfaktor ist, werden in der Einsatzphase Daten gesammelt, die Aufschluss über das Fehlerverhalten und Verschleißverhalten des Systems geben. Der Systems Engineer wertet diese Daten aus, um Verbesserung der Instandhaltungs- und Pflegemaßnahmen zu evaluieren.

Eine hohe Systemverfügbarkeit hängt neben der Zuverlässigkeit, kurzen Instandhaltungszeiten in einer optimalen Wartungsumgebung auch von der Verfügbarkeit der Ersatzteile ab. Während die Beschaffung der Ersatzteile durch das Warenmanagement erfolgt, hat der Systems Engineer die Beschaffung mit den richtigen Informationen zu versorgen, damit die Ersatzteile rechtzeitig bereitgestellt werden. Hierzu gehört die Vorhersage der notwendigen Verfügbarkeit aus den erwarteten Fehlerraten und erwarteten Lebenszeit der Ersatzteile. Ebenso muss der Systems Engineer bei den Wartungsanalysen ermitteln, welche Wartungsinfrastruktur zur Instandhaltung der Systeme und Komponenten notwendig ist. Somit hilft der Systems Engineer bei der Steuerung der Warenströme.

Die Planung der Instandhaltungsmaßnahmen setzt sich aus zwei Schritten zusammen. Der erste planende Schritt erfordert technisches Verständnis, wie sich operative Einsatzparameter auf die Zuverlässigkeit des Systems auswirken. Die Einflussparameter, die sich aus klimatischen Eigenschaften und Veränderungen des Einsatzszenarios ergeben, kann der Systems Engineer mit Unterstützung eines Fachingenieurs beurteilen und begründen. Bevor dann mit dem zweiten Schritt der eigentlichen Instandhaltung begonnen wird, sollte der initiale Wartungsplan auf seine Gültigkeit validiert werden und gegebenenfalls angepasst werden. Als Beispiel aus der Bahnindustrie sei hier die europäische Verordnung zur Wartung von Güterwagen erwähnt, die als ersten Schritt die Anpassung des Herstellerinstandhaltungsplanes an die Einsatzbedingungen vorschreibt.

4.13.5 Stilllegungsphase

„Während der Stilllegungsphase wird das System außer Betrieb genommen und damit verbundene Dienstleistungen eingestellt. Die Systems Engineering Aktivitäten in dieser Phase konzentrieren sich darauf sicherzustellen, dass alle Anforderungen an die Entsorgung erfüllt werden." [149] Die Stilllegung kann zum Beispiel das Weiterverwenden, Lagern, Entsorgen des Systems bzw. seiner Bestandteile umfassen. Der Systems Engineer muss sich mit der „Planung der Stilllegung" schon bei der Systemdefinition während der Konzeptphase befassen. Wenn man zum Beispiel an die Stilllegung von Atomkraftwerken denkt, wird relativ rasch klar, welche Konsequenzen es hat, wenn die Entsorgung des Systems nicht von Beginn an berücksichtigt wird. Aber auch für weniger kritische Systeme existieren viele Normen und Gesetze, die stetig weiter detailliert werden und Rahmenbedingungen für eine ordnungsgemäße Stilllegung am Ende der Lebensdauer vorgeben.

4.14 Kapitelautoren und andere wichtige Quellen

In diesem Kapitel haben sich mehrere Personen eingebracht. Allen vorweg möchten wir **Claudio Zuccaro** für die fachliche Koordination der ursprünglichen Fassung danken sowie auch für die Überarbeitung für diese Ausgabe.

Die folgenden **Autoren** waren an diesem Kapitel beteiligt:

- Jesko Lamm,
- Dieter Scheithauer,
- Georg Hünnemeyer,
- Martin Geisreiter,
- Claudio Zuccaro,
- Wolfgang Ansorge,
- Christian von Holst,
- Jürgen Rambo,
- Hanno Weber,
- Marco Prillwitz,
- Johannes Fritz.

Wir greifen in der täglichen Arbeit auf das bereits niedergeschriebene Wissen von anderen zu. Beim Schreiben dieses Buchs haben wir das ebenfalls getan. Das haben wir in den Texten mit zahlreiche Quellenangaben gewürdigt.

Für weiterführende Informationen und als besonders lesenswerte Quellen empfehlen wir folgende Quellen:

- D. D. Walden, G. J. Roedler, K. J. Forsberg, R. D. Hamelin, T. M. Shortell: **Systems Engineering Handbuch: Ein Leitfaden für Systemlebenszyklus-Prozesse und -Aktivitäten. Titel des englischen Originals: INCOSE Systems Engineering Handbook: A Guide for System Life Cycle Processes and Activities (4th ed.).** GfSE - Verlag, München; Juni 2017.
- ISO/IEC/IEEE: **ISO/IEC/IEEE 15288:2015 Systems and software engineering -- System life cycle processes.** Beuth-Verlag, Berlin; 15 Mai 2015.
- VDI: **VDI 2206 - Entwicklungsmethodik für mechatronische Systeme.** Beuth - Verlag, Berlin; Juni 2004.

Kapitel 5
Hilfsmittel

In den vorhergehenden Kapiteln haben wir uns über die „Orientierung", „Positionierung" und „Tugenden" schrittweise dem Thema Systems Engineering genähert, um dann schließlich im Kapitel „Tätigkeiten" zu beschreiben, was ein Systems Engineer nun eigentlich alles tun und bedenken muss. Dabei konnten und wollten wir es natürlich nicht verhindern, dass das ein oder andere Arbeits- oder Hilfsmittel im Rahmen seiner Tätigkeiten bereits angesprochen wurde. Das folgende Kapitel „Hilfsmittel" soll nun aber noch detaillierter darauf eingehen. Es dient sozusagen als kleines Kompendium einiger Techniken, Vorgehensweisen, Methoden, Werkzeuge usw. im Systems Engineering. Insbesondere wird hier auch das „Wie" und „Womit" beschrieben, um auch den Weg aufzuzeigen, die jeweiligen Kompetenzen bei der Nutzung und Auswahl der Hilfsmittel zu gewinnen. Darüber hinaus finden sich auch Hinweise auf einschlägige Fachliteratur, die weitergehende Informationen zur Vertiefung der Themen bietet, denn nicht alle Aspekte können und wollen wir hier im Detail skizzieren, wenn es dazu schon gute Quellen gibt.

Die Reihenfolge der Themen verfolgt keine bestimmte Absicht. Die im Folgenden aufgeführten Themen bzw. Abschnitte müssen deshalb auch nicht in der hier gegebenen Reihenfolge gelesen werden. In den meisten Fällen sind die einzelnen Abschnitte auch unabhängig voneinander gut zu verstehen.

5.1 Der Systems Engineering Management Plan

Grundsätzlich ist es sehr empfehlenswert, dass das Vorgehen in einem Projekt oder im Unternehmen aus technischer Sicht geplant und dann auch beschrieben wird. Nachdem denken vor handeln gilt, beschreibt man die geplante Vorgehensweise in einem

Projekt vor Beginn der Aktivitäten für ein Projekt und pflegt das Dokument fortschreitend bis Projektende. Auf diese Weise werden alle Beteiligten über die vereinbarten Vorgänge, Prozesse, Techniken usw. transparent informiert. Ein Dokument für diesen Zweck wird in der Regel als Systems Engineering Management Plan bezeichnet und ist das zentrale Dokument des Systems Engineerings.

Der „Systems Engineering Management Plan" (SEMP) – auch vereinfacht Systems Engineering Plan SEP genannt – ist das Planungs-, Kontroll- und Kommunikationswerkzeug des System Engineers für die technischen Management-Aspekte eines Projektes. Mit ihm werden die durchzuführenden produktbezogenen technischen Maßnahmen in den einzelnen Phasen eines Projekts geplant, koordiniert und kontrolliert. Die Festlegung dieser Maßnahmen bezieht sich auf alle Teilsysteme, Projektphasen und technisch orientierten Maßnahmen, um in jedem Moment des Projektablaufs sicherzustellen, dass das Endprodukt die spezifizierten Systemanforderungen vollständig erfüllt. Der SEMP ist dabei ein lebendes Dokument. Ein guter SEMP ist die Roadmap für die technische Abwicklung eines Projektes. Er sollte so früh wie möglich während der Projektplanung erstellt werden, um von Anfang an konkrete Antworten auf die Fragen bezüglich der technischen Projektplanung „was, wann, warum, wer und wie" zu bekommen. Ein SEMP muss nicht, sollte aber als singuläres Dokument existieren um seine Zugänglichkeit für jeden Projektbeteiligten jederzeit zu gewährleisten. Der SEMP ist eng mit dem Projekt Management Plan (PMP) und dessen Entwicklung und Fortschreiten verbunden, ergänzt ihn und sollte das komplette technische Management beschreiben.

Der SEMP sollte als technisches Planungsinstrument dienen und nur bei besonderen technischen Ereignissen aktualisiert werden, wenn z.B. technische Änderungen ein geändertes Vorgehen oder zusätzlich technische Maßnahmen erforderlich machen. Häufige Änderungen führen zu Unsicherheiten im Projektteam, weil dann möglicherweise nicht mehr gewährleistet ist, dass alle Projektbeteiligten über den aktuellen Stand informiert sind. Die Praxis lehrt, dass selbst wenn eine Informationspflicht im Projekt besteht und eine planmäßige Verteilung von Dokumenten existiert, nicht jedes Teammitglied zu jeder Zeit auch Aktualisierungen liest bzw. erneuerte Teile auch findet. Mit der damit entstehenden Informationslücke würde der SEMP aber seine koordinierende Funktion in einem Team verlieren.

5.1.1 Ziel und Zweck des SEMP

Die ESA Norm ECSS-E-ST-10C Rev.1, 15 February 2017, definiert das Ziel und den Zweck des SEMP u.a. folgendermaßen:

> "Das Ziel eines SEMP ist das Vorgehen, die Methoden, die Verfahren, die Ressourcen und die Organisation zu definieren, um alle notwendigen technischen Aktivitäten für das Spezifizieren, Entwickeln, Verifizieren, Bedienen und Warten / Instandhalten eines Systems oder Produktes in Übereinstimmung mit den Anforderungen des Auftraggebers / Kunden zu definieren. Insbesondere wird ein SEMP erstellt, um die wesentlichsten technischen Projektziele unter Berücksichtigung der definierten Projektphasen und Meilensteine zu erreichen. Der SEMP umfasst den gesamten Projektzyklus gemäß den Vertragsvereinbarungen und beinhaltet jedes Element der Produktstruktur. Der SEMP verdeutlicht die bestehenden Risiken, die kritischen Elemente, die vorgegebenen Technologien genauso wie eventuelle Gemeinsamkeiten, die Möglichkeiten der Wiederverwendung und Standardisierung und stellt die Mittel zur Handhabung dieser Themen bereit." [150]

Diese Definition ist nicht nur sehr treffend für Raumfahrtprojekte, sondern ist eine grundlegende SEMP Charakteristik die auf alle Tätigkeitsbereiche zutrifft.

Die Definition im INCOSE Systems Engineering Handbuch lautet somit ähnlich:

> „Der Systems Engineering Management Plan (SEMP) ist der übergeordnete Plan zum Management des Aufwandes im Systems Engineering. Er definiert, wie das Projekt organisiert, strukturiert und durchgeführt wird und wie der gesamte Entwicklungsprozess gesteuert wird, um ein Produkt zu liefern, dass die Stakeholderanforderungen erfüllt. Der SEMP enthält auch die Festlegung der erforderlichen technischen Überprüfungen sowie deren Abnahmekriterien, der Methoden zur Steuerung von Änderungen und zur Bewertung von Risiken und Chancen sowie die Festlegung von anderen technischen Plänen und Unterlagen, die für das Projekt erstellt werden. Obwohl der SEMP normalerweise ein separates Dokument ist, sollte er auch als ein Bestandteil des Projektmanagementplans (PMP) angesehen werden." [151]

Um Leser und Anwender der Dokumente zu unterstützen, sollten Inhalte auch dort platziert werden wo sie erwartet werden. Inhalte technischer Natur sowie für das technische Management gehören in einen SEMP, nicht in einen PMP.

5.1.2 Inhalt des SEMP

Der Inhalt eines SEMP orientiert sich natürlich an seinem Zweck. Das Inhaltsverzeichnis sollte so strukturiert sein, dass es eine logische Reihenfolge des Erstellens aber auch des Lesens, des Verstehens und der Anwendung der einzelnen Kapitel ermöglicht. Der SEMP muss alle die Systementstehung beeinflussenden Faktoren beinhalten, angefangen von der Definition und Validierung der Systemanforderungen über die Ableitung der Teilsystemanforderungen, der Festlegung der System-Nachweisverfahren usw. bis zur Berücksichtigung der Wartungs- und Instandhaltungsaktivitäten in der Anwendungsphase und der Entsorgung am Ende dieser Phase. Zu den standardmäßigen Nachweisverfahren gehört auch der Nachweis der CE-Konformität. Der SEMP definiert die Entstehung des betrachteten Systems und beinhaltet neben den technischen Aspekten auch die organisatorischen und wirtschaftlichen Belange des gesamten Lebenszyklus des Systems. Hierunter fallen insbesondere die Festlegung der Systems Engineering Organisation und deren Verantwortungsbereiche, die Schnittstellen zum Projektmanagement und dem Auftraggeber und den beteiligten Fachabteilungen, das Risikomanagement und die technikbezogene terminliche und kostenmäßige Entwicklung des Produktes.

Die folgenden internationalen Normen sind für eine normgerechte Entwicklung eines SEMP maßgebend:

- ISO/IEC/IEEE 24748-4:2016 Systems and Software Engineering Life Cycle Management - Part 4: Systems Engineering Planning
- ISO/IEC TS 24748-1:2016-05 Systems and Software Engineering – Life Cycle Management - Part 1: Guidelines for life cycle management
- ISO/IEC/IEEE 15288:2015 Systems and Software Engineering - System Life Cycle Processes
- ISO/IEC TR 24748-2:2011-09 (Deutsch): System- und Software-Engineering - Life-Cycle-Management - Teil 2: Leitfaden für die Anwendung von ISO/IEC 15288 (System-Lifecycle Process)
- ISO/IEC/IEEE 16326:2009 Systems and Software Engineering - Life Cycle Processes - Project Management

Es empfiehlt sich, die Anwendung dieser Normen von den Projektanforderungen abhängig zu machen. In jedem Fall ist ein SEMP projektspezifisch und an die realen Situationen, z. B. den aktuellen Projektphasen, angepasst zu erstellen.

5.1.3 Vereinfachtes Inhaltsverzeichnis eines SEMP

Im Folgenden ist ein Beispiel für ein Inhaltsverzeichnis eines vereinfachten SEMP (der in vielen Fällen seinen Zweck erfüllt) dargestellt, ergänzt um ein paar Hinweise zum Inhalt:

1. Titelblatt (generelle Projektinformation und Freigaben)

2. Änderungsliste, Verteilerlisten

3. Zweck und Ziel des Projekts (Projektname, Projektumfang, Einordnung in Firmenstrategie, Projektbeschreibung (Beschreibung des Projekts und seiner Hauptbestandteile, Besonderheiten, beeinflussende Faktoren))

4. Anzuwendende Dokumente (interne & externe Referenzdokumente wie Projekt Management Plan, Produktsicherungsplan, Konfigurationsmanagementplan, Qualitätsmanagementplan, Betriebsplanung, Normen, Kundendokumente, Verträge, Risikomanagement, usw.)

5. Technische Projektplanung und Steuerung

    o Projektdefinition (Systemgrenzen)

        - Hauptelemente der Systemarchitektur bei Produktaktualisierungen, Produktfamilien oder bei SoS deren Charakteristika, bekannte Anforderungen

        - Verfügbare Hilfsmittel zur Entwicklung und Fertigung

        - Kritische Elemente (identifizieren zu Projektbeginn oder am Beginn neuer Projektphasen (technisch, kommerziell, beschaffungsmäßig))

        - Anzuwendende Vorschriften (gesetzliche und sonstige Normen, z.B. Produktsicherheitsgesetz ProdSG)

    o Projektorganisation, Verantwortlichkeiten und Autorisierungen

        - Projektorganisation (Darstellung des Gesamtprojekts mit allen beteiligten Arbeitseinheiten und deren Projektanteil)

        - Projektmanagement-Organisation (Darstellung der Organisation des Projektmanagements und kurze Beschreibung der Verantwortlichkeiten)

    o Projektphasen und Meilensteine

- Projektphasen (Erläuterung der vorgesehenen Projektphasen in Verbindung mit dem Produktlebenszyklus, kurze Beschreibung der Hauptmeilensteine, Design Reviews und Entscheidungsmeilensteine, Entscheidungslinien)

        - Technische Überprüfungen (Reviews, Gutachten usw. auch zur Risikominimierung)

        - Entscheidungsmeilensteine (Entscheidungslinien zur Freigabe der nächsten Projektphase oder eines besonderen Ereignisses im Projektablauf)

    o Infrastruktur und Verfahren

        - Notwendige Infrastruktur (Gebäude, Maschinen, Werkzeuge, Labors, Messeinrichtungen usw. notwendig im Projektentstehungszyklus)

        - Anzuwendende Verfahren und Prozesse (projektweit anzuwendende Systems Engineering Verfahren und -Prozesse, Requirements Management Plan, Zuverlässigkeitsberechnungen inklusive Ausfallratenquellen, Verfahren zur Qualitätssicherung, Entwicklungsverfahren, Analyse- und Messverfahren, Verfahren zum Nachweis der Erfüllung der Leistungsanforderungen, CE Konformitätsnachweisverfahren usw.)

    o Managementprozesse

        - Schnittstelle zu: Projektmanagement, Auftraggeber, Fachabteilungen, Unterauftragnehmer, Qualitätsmanagement, Konfigurationsmanagement und Änderungswesen

        - Berichterstattung (an den Systems Engineering Manager, den Projektmanager) und Informationsmanagement

        - Störmeldeprozess

        - Risikomanagement

6. Fachspezifisches Engineering

    o Fachdisziplinen (Zuverlässigkeit, Sicherheit, Ergonomie, EMV, Materialauswahl, Herstellungsprozesse)

    o Integrationsentwurf (Standardisierung Entwurfsrichtlinien, Nachweisführung, Computer HW & SW)

- o Umweltprüfung,

- o Sicherheit & Gewährleistung

- o Logistik

7. Prozesse in der Systementwicklung (System Design)

   - o System-Entstehungsprozess (Evolution Logic)

     - SE Ablauf und Logik (Beschreibung der Systems Engineering Logik und des Ablaufs im gesamten System-Entstehungsprozess während aller Projektphasen)

     - SE Aktivitäten (Definition aller projektphasenbezogenen Systems Engineering Aktivitäten mit Zuordnung der Inputdaten und der zu erwartenden Ergebnisse, der durchführenden Stelle und der anzuwendenden Verfahren. Eine tabellarische Auflistung aller Aktivitäten, z.B. als Excel Tabelle, ist empfehlenswert)

   - o SE Organisation (Festlegung des Systems Engineering Managers, des Systems Engineering Teams, der internen und externen Verantwortlichen, Definition der Verantwortlichkeiten der Teammitglieder)

   - o SE Koordination (Definition der Koordination der Systems Engineering Aktivitäten innerhalb des Systems Engineering Teams, der Schnittstellen zu anderen Ingenieurdisziplinen und zum Projektmanagement)

   - o SE Verfahren, Methoden und Hilfsmittel (Definition und Beschaffung der projektübergreifend anzuwendenden Systems Engineering Verfahren, Methoden, Modelle und Hilfsmittel)

   - o Verifikation und Validierung (Erarbeitung eines separaten, dem SEMP untergeordneten, Verifikations- und Validierungsplans für alle Projektphasen, beginnend mit der Validierung der Anwenderanforderungen und endend mit dem Nachweis der gefahrlosen Stillsetzung, Außerbetriebnahme und Entsorgung. Der Verifikations- und Validierungsplan für die Systemleistungen muss mindestens für die oberste Entwicklungsebene (Level 1, Hauptelemente) erstellt werden und gegebenenfalls auch für weitere nachgeordnete Ebenen.

8. Freigabe, Änderung und Verteilung des SEMP

o   Freigabe des SEMP (Beschreibung des Überprüfungs- und Freigabe-verfahrens des SEMP und Anwendung des Konfigurationsmanage-ments)

o   Verteilung des SEMP(Erarbeitung einer SEMP Verteilerliste, Systems Engineering Team und andere, Verteilverfahren, Verteilverfahren für Änderungen, Einschaltung des Konfigurationsmanagements)

9. Zusätzliche Elemente des Systems Engineerings

o   Abkürzungsliste und Projektwörterbuch

o   Technische Projektorganisation (abgeleitet aus dem PMP)

o   WBS, CBS

o   Projektzeitplan

o   Dokumentenbaum

o   Allg. Hinweise

Das vorstehende Inhaltsverzeichnis ist ein Beispiel, das an das eigentliche Projekt angepasst werden muss. Dadurch können zusätzliche Inhaltspunkte notwendig werden. In vielen Bereichen kann sich der SEMP mit dem Projekt Management Plan überschneiden. Eine gute Abstimmung auch mit anderen Plänen (Requirements Management Plan, Quality Management Plan usw.) ist sinnvoll. Die Arbeit des Systems Engineers und der Umfang eines SEMP verringert sich erheblich, wenn bereits ein gut funktionierendes Projektmanagement installiert und ein Projekt Management Plan vorhanden sind, auf den der SEMP in vielen der oben genannten Punkte des Inhaltsverzeichnisses verweisen kann. So kann der SEMP z.B. auf eine existierende Projektbeschreibung verweisen, wenn diese dem für das Systems Engineering notwendigen Detaillierungsgrad entspricht. Auch Qualitätssicherungs- und Konfigurationsmanagementverfahren sollten in einer guten Firma standardmäßig vorhanden sein und ein Verweis im SEMP auf diese existierenden Verfahren sollte ausreichen. Auch andere Teile des SEMPs können in andere Pläne ausgelagert werden, falls diese zu umfangreich werden. Die Erstellung eines SEMP und dessen Ausführung muss auf jeden Fall in enger Zusammenarbeit mit dem Projektmanager und seinem Team erfolgen. Nur so kann eine erfolgreiche Systems Engineering Tätigkeit zum Wohl des gesamten Projekts realisiert werden.

5.1.4 Projektstrukturplan

Manchmal wird ein Projektstrukturplan (PSP) als „Work Breakdown Structure" (WBS) bezeichnet. Der PSP ist ein Steuerungsinstrument der Projektleitung und orientiert sich daher am Bedarf einer Projektleitung. Er enthält auch Aktivitäten die nicht der Produkterzeugung zuzuordnen sind z.B. Umzugsaktionen.

Eine WBS (dt. Aktivitätenstruktur) ist ein Instrument des technischen Managements und ausschließlich produktorientiert. Sie benennt alle Produktkomponenten sowie alle Aktivitäten, um ein Produkt zu erzeugen und deren Komponenten zu integrieren. Sie benennt auch alle Aktivitäten, wie z.B. Dokumente erstellen, die zur Steuerung der technischen Aktivitäten notwendig sind (z.B. SEMP erstellen) und ebenso Aktivitäten wie z.B. Reviews. Der Zweck einer WBS ist es eine vollständige Übersicht aller Aktivitäten zu bekommen, die dann einer Planung zugeführt werden können, um Zeit, Kosten und Arbeitsergebnisse eines Projekts zu überwachen.

In einem weiteren Schritt kann eine WBS zu einer CBS (Cost Breakdown Structure) entwickelt werden, die eine eindeutige Zuweisung von Kosten zur Aktivitäten erlaubt und zuverlässige Aussagen liefern kann welche Kosten welchen Produktelement zuzuordnen sind.

5.2 Modellbasiertes Systems Engineering (MBSE)

Im Kapitel „Orientierung" hatten wir bereits umfangreich beschrieben, was ein Modell ist und warum Modelle für das Systems Engineering so wichtig sind. Ein Systems Engineering, das sich in einer signifikanten Weise der Modellierung von Systemen und Systemelementen bedient wird daher als „Modellbasiertes Systems Engineering" – kurz MBSE bezeichnet. In der INCOSE Vision 2020 wird „vorhergesagt": „In many respects, the future of systems engineering can be said to be "model-based". A key driver will be the continued evolution of complex, intelligent, global systems that exceed the ability of the humans who design them to comprehend and control all aspects of the systems they are creating. "[152]

Und nur 5 Jahre später heißt es in der INCOSE Vision 2025: „Model-based systems engineering will become the 'norm' for systems engineering."[153]

Es geht schon länger nicht mehr darum, zu überlegen, ob MBSE eingesetzt werden soll, sondern wie man es macht. Die Frage nach dem „Warum" wurde bereits treffend in der INCOSE Vision 2020 beantwortet: Die Komplexität heutiger Systeme hat ein Ausmaß erreicht, für das wir geeignete Werkzeuge benötigen, um mit ihr umgehen zu können. Gängige Praxis ist bisher, dass wertvolle Artefakte (Ergebnisse) im Systems

Engineering in gängigem Text oder Tabellenkalkulationsdokumenten beschrieben werden. Die Möglichkeiten, verschiedene Sichten auf die Informationen zu erzeugen oder analytisch auf die Daten zuzugreifen, sind dabei natürlich sehr beschränkt. TIM WEILKINS sagt dazu knapp und treffend: „Doing systems engineering with Word is like doing mechanical engineering with Paint!" [154]

Aber was ist eigentlich MBSE? Und was ist der Unterschied zum „normalen" Systems Engineering? Eine wichtige Antwort darauf ist: MBSE ist Systems Engineering, das sich in einem erheblichen Ausmaß der Modellierung bedient, um Systeme und deren Elemente zu beschreiben. Es ist keine neue Disziplin, und es sind auch keine neuen Prozesse. Sondern MBSE ist Systems Engineering, bei dem Modelle als Werkzeuge eingesetzt werden, um Artefakte zu erstellen und zu speichern. Auf der Ebene der Werkzeuge bringt MBSE natürlich eigene Methoden mit sich, ebenso wie ein dokumentenbasiertes Systems Engineering eigene Methoden, wie „Good Practices" für die Dokumentenstrukturen, mit sich bringt. INCOSE beschreibt MBSE deshalb als: „the formalized application of modeling to support system requirements, design, analysis, verification and validation activities beginning in the conceptual design phase and continuing throughout development and later life cycle phases." [78]

Diese Definition beschreibt sehr gut, wie MBSE heute vielfach eingesetzt wird: die Modelle unterstützen die Aktivitäten im Systems Engineering. An dieser Stelle ist die Definition von INCOSE allerdings noch etwas schwach. Sie beschreibt eher ein „MSSE", d.h. ein „Model Supported Systems Engineering". Die Idee von MBSE ist aber, dass die Modelle nicht nur die Aktivitäten unterstützen, sondern dass die Modelle die primäre Quelle der Artefakte im Systems Engineering sind. Dokumente werden dadurch nicht überflüssig. Dokumente sind wertvolle Sichten auf die Modelle, d.h., aus den Modellen heraus werden Dokumente generiert, um einen bestimmten Aspekt zu beschreiben. Sie eignen sich besonders gut zum Lesen der Information in Modellen. Denn ein Modell ist typischerweise ein Netzwerk an Informationen ohne definierten Anfang und Ende und ohne Reihenfolge. Ein Dokument bringt die Informationen in eine Ordnung für einen bestimmten Zweck, z.B. für Zulassungszwecke.

Nimmt man die klassischen Eigenschaften eines Modells, wie wir sie im Kapitel „Orientierung" beschrieben haben, so muss man davon ausgehen, dass klassische Textdokumente eigentlich auch Modelle sind. Denn jedes Dokument ist letztlich die „verkürzte Abbildung der Realität für einen bestimmten Zweck". Man findet zunächst kein Merkmal, das Modelle und Dokumente voneinander unterscheidet. Aber Dokumente sind im Sinne des MBSE keine Modelle. Warum, das wollen wir im Folgenden erklären: Eine essenzielle Eigenschaft eines Modells ist die Abstraktion der Realität. Gerne werden als Beispiel Landkarten herangezogen, die zum Glück genau dafür da sind: Abstraktionen. Wären sie 1:1-Abbildungen der Realität, wäre es bei uns ziemlich dunkel, da unser Land überlagert wäre von den vielen Landkarten. Je nach Zweck werden Landschaftsmerkmale in Landkarten herausabstrahiert, und man fokussiert auf die wesentlichen zweckorientierten Eigenschaften. Das gilt allerdings nicht nur für Modelle, sondern auch für Dokumente. Eine textuelle Beschreibung eines Systembausteins ist auch eine Abstraktion. Darin besteht also noch keine Unterscheidung in Modell und Dokument.

Eine weitere häufig erwähnte Eigenschaft eines Modells aus Sicht der Softwaretechnik ist die Trennung von Darstellung (View) und den eigentlichen Daten (Repository). Auch das ist in Dokumenten der Fall und somit wieder kein passendes Unterscheidungsmerkmal. Besonders deutlich ist das am Lieblingswerkzeug der Ingenieure erkennbar: dem Tabellenkalkulationsprogramm. Die Daten liegen dort in den Arbeitsblättern und können in unterschiedlichen Balken-, Linien- und Tortendiagrammen visualisiert werden.

Leicht wird „Modellierung" mit „Visualisierung" verwechselt. Modelle werden meist von grafischen Visualisierungen begleitet, es ist aber keine zwingende Eigenschaft eines Modells. Modelle könnten auch rein textuell sein.

Wir führen eine weitere Eigenschaft hinzu, die Modelle als MBSE-Modelle klassifiziert. Die abstrakte Syntax des Modells muss Konzepte des Systems Engineering explizit unterstützen. Oder in anderen Worten: Die Sprache zur Modellierung muss Vokabeln anbieten, die Konzepte des Systems Engineerings beschreiben lassen. Das ist beispielsweise bei der Systems Modeling Language (SysML) der Standardisierungsorganisation „Object Management Group (OMG)" der Fall. Die SysML „bietet" Vokabeln für Anforderungen oder Schnittstellen. Die Sprache, in der ein Textdokument abgelegt wird, kennt Strukturen wie zum Beispiel „Überschrift", „Fettdruck" und „Aufzählungsliste". Insofern ist ein Textdokument auch ein Modell und zwar ein Modell für Texte, aber eben kein MBSE-Modell.

Insgesamt ist ein Systemmodell nach WEILKINS folgendermaßen definiert: „Das Systemmodell im Kontext des MBSE ist das Abbild eines realen oder noch zu entwickelnden Systems, wobei mittels Abstraktion nur die für einen definierten Zweck relevanten Attribute berücksichtigt werden. Das Systemmodell ist gekennzeichnet durch die folgenden Eigenschaften:

- Das Systemmodell darf sich aus mehreren Repositorien zusammensetzen, muss aber in sich konsistent sein und sich nach außen wie ein einzelnes Modell verhalten.
- Das Systemmodell erlaubt unterschiedliche Sichten auf die Informationen.
- Das Systemmodell ist maschinell auswertbar und liegt in einer abstrakten Syntax vor, die explizit Systems Engineering Vorgehensweisen für Anforderungen oder Systemarchitekturen unterstützt." [155]

Bei der Modellierung – also der Erstellung des Modells – müssen dabei drei unterschiedliche Aspekte betrachtet werden:

- die Methode,
- die Modellierungssprache und
- das Modellierungswerkzeug.

Gemeinsam bilden sie den „Dreiklang der Modellierung", wie in der folgenden Abbildung 35 dargestellt. Deshalb müssen diese auch unbedingt zueinander passen, damit es insgesamt auch harmonisch „klingt".

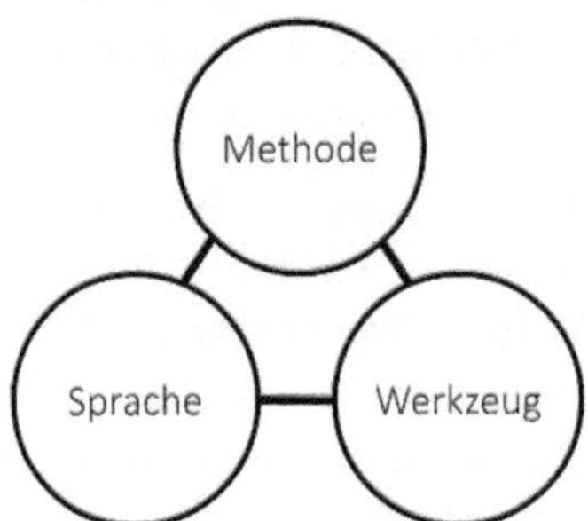

Abbildung 35: Dreiklang der Modellierung [156]

Die Modellierungsmethode kann beispielsweise SYSMOD sein, die Modellierungssprache SysML und das Modellierungswerkzeug ein Tool, dass die Sprache SysML unterstützt [157].

Die **Modellierungsmethoden** beschreiben, wie einzelne Artefakte, wie beispielsweise ein Systemkontext, erarbeitet und modelliert werden kann. Die Methoden bzw. die Methodik der Modellierung ist im MBSE in der Regel nicht genormt. Einzige Ausnahme ist die „Object Process Methodology", die als ISO 19450 veröffentlich wurde [158]. Weit verbreitet sind darüber hinaus auch Modellierungsmethoden der Hersteller von Modellierungswerkzeugen, wie beispielsweise die Methode Harmony-SE® von IBM. Ebenfalls bekannt sind werkzeugunabhängige Modellierungsmethoden wie die „Object-Oriented Systems Engineering Method" OOSEM® von INCOSE und die Systemmodellierung SYSMOD® nach TIM WEILKIENS.

Auf die **Modellierungssprache** werden wir nun im folgenden Abschnitt noch etwas detaillierter eingehen.

5.2.1 Modellierungssprachen

Es gibt verschiedene Modellierungssprachen für MBSE und andere Disziplinen der technischen Entwicklung. Beispielsweise die „Unified Modeling Language" (UML) aus dem Bereich des Software Engineerings oder die „Business Process Model and Notation" (BPMN) aus dem Bereich der Geschäftsprozessmodellierung.

Im Systems Engineering üblich sind Modellierungssprachen, wie die Modellierungsfamilie „Integration Definition" (IDEF) oder „Object Process Methodology" (OPM). Wobei OPM sowohl eine Modellierungssprache als auch eine Methodik ist. Sehr gebräuchlich ist im MBSE die Modellierungssprache „Systems Modeling Language" (SysML), die als internationale Norm von der „Object Management Group" (OMG) gepflegt wird. Im Folgenden geben wir einen Überblick über die SysML.

5.2.2 OMG Systems Modeling Language (SysML)

Es gibt bereits viele Publikationen zur SysML (z.B. [157]). Daher wird an dieser Stelle nur ein sehr allgemeiner Überblick über die SysML gegeben. Die SysML-Spezifikation ist 2007 in der Version 1.0 von der OMG veröffentlicht worden. Seitdem wurde die Sprache kontinuierlich weiterentwickelt, so dass in 2017 die „SysML v1.5" veröffentlicht wurde. Die Arbeit an der Spezifikation „SysML v1.6" ist abgeschlossen und wird vermutlich in 2019 veröffentlicht. Die "SysML v1.7" ist gerade in Arbeit und parallel wird auch an einer größeren Überarbeitung gearbeitet, die dann als „SysML v2" veröffentlicht werden soll, denn mit der zunehmenden Verwendung der SysML hat man in den vergangenen Jahren viel dazu gelernt, was noch alles an der Sprache zu verbessern ist.

Die SysML ist eine allgemeine, branchenunabhängige Modellierungssprache, die insbesondere für Systemanforderungen, Systemarchitekturen und für Verifikation und Validierung geeignet ist. Sie basiert auf der Unified Modeling Language (UML), einer international genormten Modellierungssprache für das „Software Engineering". Die SysML verwendet eine Teilmenge der UML. Einige Elemente der UML wurden unverändert übernommen (z.B. der Anwendungsfall) und einige Elemente wurden an die Bedürfnisse des Systems Engineerings angepasst und erweitert (z.B. die „Klasse", die in „Block" umbenannt wurde oder als Grundlage für das Modellelement Requirement verwendet wird). Kurz zusammengefasst ist: SysML = UML++ - -, wie auch in der folgenden Abbildung 36 angedeutet:

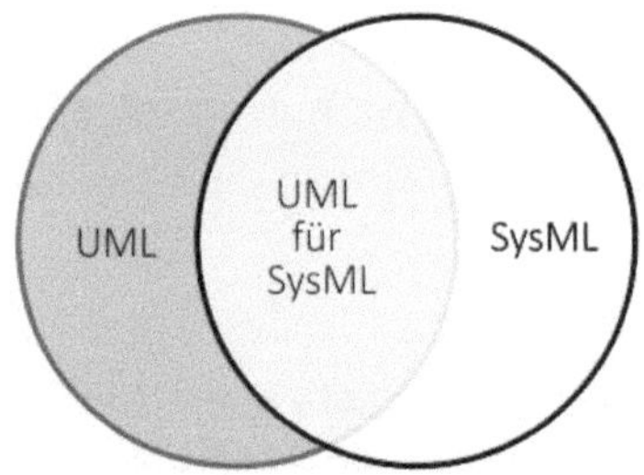

Abbildung 36: SysML = UML++ - -

Insgesamt ist die SysML weniger umfangreich als die UML. Während beispielsweise die UML insgesamt 15 verschiedene Diagrammtypen hat, bietet die SysML nur 9 Diagrammtypen an. Es wurden aber nicht nur Diagrammtypen weggelassen, sondern es kamen auch neue hinzu: Das Anforderungs- und das Zusicherungsdiagramm sind neu. Alle anderen Diagrammtypen der SysML gibt es in gleicher oder ähnlicher Form auch in der UML. Die folgende Abbildung 37 zeigt die SysML-Diagrammtypen und den Bezug zu den Diagrammtypen der UML.

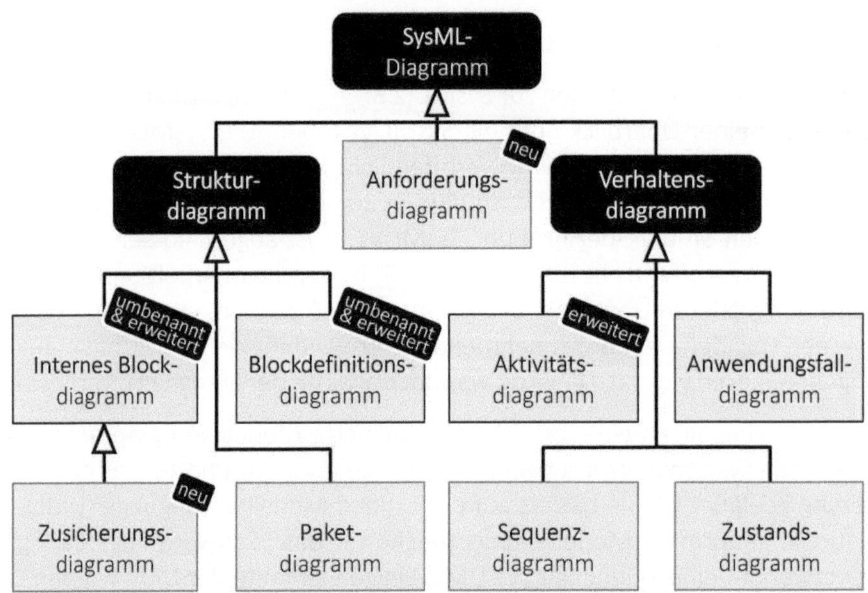

Abbildung 37: Diagrammtypen der SysML

Im Folgenden gehen wir noch auf einige Details zu den einzelnen Diagrammtypen ein:

Das **Anforderungsdiagramm** zeigt die Anforderungen, ihre Beziehungen untereinander und Beziehungen zu anderen Modellelementen wie Architekturelemente oder Testfälle. In der Praxis wird das Anforderungsdiagramm nur selten verwendet. Häufiger werden Anforderungen in Tabellen oder Matrizen dargestellt, was jedoch auch von der SysML unterstützt wird.

Strukturdiagramme:

Das **Blockdefinitionsdiagramm** stellt die Definition der Blöcke und ihrer Beziehungen untereinander und zu anderen Modellelementen dar. Methodisch werden sie beispielsweise verwendet um Konzeptmodelle oder sogenannte Produktbäume darzustellen.

Das **interne Blockdiagramm** zeigt die Vernetzung der Teile eines Blocks. Diese Diagrammart wird häufig für die unterschiedlichen Formen von Architekturdiagrammen verwendet.

Das **Zusicherungsdiagramm** stellt Eigenschaften des Systems in Beziehung zueinander und sichert zu, dass dieser Zusammenhang gültig ist: beispielsweise, dass die Aufsummierung der Gewichte der Bausteine des Systems ein vorgegebenes Gesamtgewicht nicht überschreitet.

Das **Paketdiagramm** zeigt die Struktur der Pakete des Modells. Die Pakete bilden einen Namensraum und dienen der Organisation der Modellelemente. Da die Modellierungswerkzeuge in der Regel eine nicht standardisierte Baum-Ansicht auf die Paketstruktur des Modells anbieten, spielen Paketdiagramme meist nur eine untergeordnete Rolle.

Verhaltensdiagramme:

Das **Anwendungsfalldiagramm** zeigt Anwendungsfälle und ihre Akteure sowie ihre Beziehungen untereinander und zu anderen Modellelementen. Die Anwendungsfälle repräsentieren den funktionalen Zweck des Systems.

Das **Aktivitätsdiagramm** zeigt ablauforientiertes Verhalten. Aktivitäten werden häufig verwendet, um die Funktionen eines Anwendungsfalls und ihre Ausführungsreihenfolge zu beschreiben.

Das **Zustandsdiagramm** zeigt ereignisorientiertes Verhalten. Zustandsautomaten werden häufig eingesetzt, um die Modi des Systems bzw. die Zustände einzelner Bausteine zu beschreiben.

Das **Sequenzdiagramm** zeigt die Abfolge von Nachrichten, die zwischen ausgewählten Teilen des Systems ausgetauscht werden. Es kann beispielsweise eingesetzt werden,

um Protokolle zu spezifizieren, Testabläufe zu spezifizieren oder einen beispielhaften
Ablauf im System zu beschreiben.

5.3 Anforderungen

Vereinfacht könnte man als Einleitung zu diesem Abschnitt voranstellen:

> „Ein System ist nur so gut wie seine Anforderungen!"

Wie wichtig Anforderungen im Systems Engineering sind, klang sicherlich in allen vorhergehenden Kapiteln schon durch: Anforderungen (engl.: „Requirements") sind das
„Alpha und Omega" in der Systementwicklung, denn sie stehen nicht nur am Anfang
einer Entwicklung, sondern sie sollen ein Produkt mit allen Einzelheiten vollständig definieren. Anfangs beschreiben sie nur die Idee, dann bestimmen sie den Entwurf und
die Entstehung eines Systems komplett. Sie werden in der Entwicklungsphase für die
Validierung und Verifikation und die Herstellung eines Produkts benötigt und sind für
ein erfolgreiches Änderungsmanagement sowie auch für einen erfolgreichen Service
unabdingbar. Anforderungen entstehen nicht „in einem Guss" bei Projektbeginn, sondern leiten sich jeweils von einer übergeordneten Entwicklungsebene ab. Insofern
nehmen mit jeder Detailierungsebene die Freiheitsgrade für den Entwurf ab. Im Ge-
genzug nimmt der Einfluss fachspezifischer Gesichtspunkte zu. Systems Engineers erstellen daher die „top level" Anforderungen, sollten aber die fachspezifische Ausprägung von Produktelementen den Fachingenieuren überlassen und sich auf die korrekte Umsetzung der jeweiligen übergeordneten Anforderungen beschränken.

Auch hier gilt: viel Gutes zu Anforderungen wurde bereits aufgeschrieben. Als weiterführende Literatur zum Anforderungsmanagement können wir zum Beispiel folgende
Quellen empfehlen:

- IT-Wissen für Anwender [159],
- Requirements-Engineering und -Management: Aus der Praxis von klassisch bis
  agil [160],
- Maschinen- und Anlagenbau im digitalen Zeitalter: Requirements Engineering als
  systematische Gestaltungskompetenz für die Fertigungsindustrie Industrie 4.0.
  [161],
- Systemanalyse kompakt [162],
- Agile Software Requirements [163],
- User Story Mapping [164],
- Clean Code [165] sowie
- Optimieren von Requirements Management & Engineering [166].

Der folgende Abschnitt detailliert noch einige wichtige Schlüsselfunktionen von Anforderungen und schafft ein Bewusstsein sowohl für eine gültige und klare Formulierung von Anforderungen, als auch für einen effizienten und nutzbringenden Umgang mit Anforderungen. Wir beginnen deshalb noch einmal damit, den Zweck bzw. die Ziele von Anforderungen zusammenzufassen.

5.3.1 Ziele von Anforderungen

Allgemeinsprachlich gesehen hat das Wort „Anforderung" bereits eine recht umfassende Bedeutung und viele Synonyme: Bedarf, Bedürfnis, Anspruch, Forderung, Voraussetzung, Bedingung, Vorgabe usw. Im Rahmen einer technischen Entwicklung ist eine Anforderung grob gesagt: eine Beschreibung einer Eigenschaft, die ein System besitzen muss, um eine bestimmte Aufgabe zu erfüllen. Um wirklich eine Anforderung zu formulieren ist ein klares und eindeutiges Verständnis von Begriffen notwendig. Ein Projektwörterbuch (= project dictionary) ist dazu ein sehr hilfreiches Instrument das über die gesamte Projektlaufzeit für Klarheit bei den Projektbeteiligten sorgt.

Nach ISO/IEC/IEEE 15288:2015 ist eine Anforderung (requirement) ein „statement that translates or expresses a need and its associated constraints and conditions" oder übersetzt: eine Anweisung, die einen Bedarf und die damit verbundenen Einschränkungen und Bedingungen übersetzt oder ausdrückt.

Eine andere Begriffsbestimmung lässt sich aus den Definitionen des International Requirements Engineering Boards (IREB) und der Norm IEEE 610.12-1990 ableiten: Demnach ist eine Anforderung

- eine Bedingung oder Fähigkeit, die von einem System oder einer Person zur Lösung eines Problems oder zur Erreichung eines Zieles benötigt wird,
- eine Bedingung oder Fähigkeit, die ein System erfüllen oder besitzen muss [167].

In der Praxis lässt sich eine Anforderung an eine Anforderung relativ einfach beschreiben, indem man sich die Frage stellt, wie man denn eine Anforderung formulieren muss: Eine Anforderung muss

- umgesetzt bzw. realisiert werden können sowie
- ihre Umsetzung muss nachweisbar sein.

Aus vielen Gründen ist die systematische Anwendung von Anforderungen im Systems Engineering unabdingbar. Denn Anforderungen helfen dem Systems Engineer in vielen Bereichen und auf unterschiedlichen Ebenen. Die wichtigsten Ziele von Anforderungen sind in Abbildung 38 dargestellt.

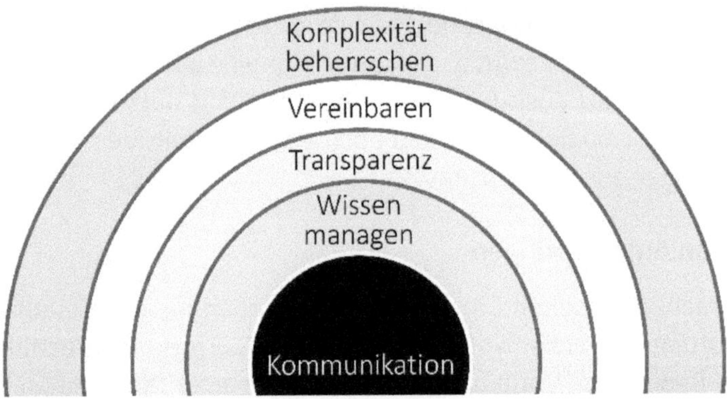

Abbildung 38: wichtige Ziele von Anforderungen

Eine der elementarsten Tätigkeiten in einem Team ist die **Kommunikation** der Teammitglieder untereinander über die Projekt- und Entwicklungsthemen. Anforderungen sind dabei das Mittel um ein gemeinsames Verständnis für das System bzw. den Entwicklungsgegenstand zu bekommen. Auf dieser Basis kann diskutiert und ein gemeinsames Verständnis der Anforderung erzielt werden. Sie können also zwischen den Projektbeteiligten Klarheit über das zu entwickelnde Produkt schaffen.

Anforderungen haben aber noch einen weiteren Aspekt. Sie beschreiben eine **Vereinbarung** zwischen den beteiligten Personen und zwischen den beteiligten Parteien (Stakeholder). Diese Vereinbarung erhält Vertragscharakter als technischer Teil eines Vertrags zwischen Auftragnehmer und Auftraggeber und dient in seiner innerbetrieblichen Umsetzung als Vereinbarung zwischen Organisationseinheiten. Damit stimmen alle Projektbeteiligten zu, die Anforderungen so wie vereinbart umzusetzen.

Anforderungen müssen dokumentiert und aktuell sein. Die **Dokumentation** von Anforderungen ist daher kein Selbstzweck, sondern dient der Steuerung von Aufgaben in einer Systementwicklung. Personen, die neu in ein Projekt hinzukommen, können auf das Wissen zugreifen, das in dokumentierten Anforderung festgehalten ist und sich so relativ rasch einarbeiten. In manchen Fällen ist es für den Projektfortschritt neu zu entwickelnder Systeme günstig, wenn auf die Dokumentation von Altsystemen zugegriffen werden kann. Wissen kann man natürlich auf Papier speichern. Bei umfangreicheren oder langlaufenden Projekten sind aber andere Maßnahmen wie z.B. elektronische Speicherung empfehlenswert. Damit unterstützt man auch einen innerbetrieblichen Wissenstransfer.

Die Dokumentation von Wissen dient auch der **Transparenz** in Projekten. Die Nachverfolgbarkeit von Entscheidungen und die Prozessverläufe bei der Ableitung bzw. Generierung von Anforderungen sind wichtige Informationsquellen bei Änderungsentscheidungen. Für manche Produkte die von externen Stellen zertifiziert werden, wird oft eine Nachweisbarkeit des Entwicklungsvorgangs gefordert. Kunden und Beteiligte wollen in der Regel auch wissen, ob – und ggf. auch wie – die gestellten Anforderungen erfüllt wurden.

Die **Komplexität** der Entwicklung kann mit Anforderungen besser begreifbar und verständlich gemacht werden. Um eine Systemspezifikation mit ihren abgeleiteten Detailspezifikationen handhabbar zu machen, ist ein systematischer Umgang unverzichtbar. Hilfreich ist dabei die Verwendung von Werkzeugen zum Anforderungsmanagement oder auch eine modellhafte Beschreibung des Entwicklungsgegenstands.

Diese Aufgaben und Ziele im Hinterkopf ermöglichen es dem Systems Engineer, stets Argumente für eine systematische Anforderungsentwicklung und ein systematisches Anforderungsmanagement gegenüber allen an der Systementwicklung beteiligten Personen zu haben.

Genauso umfassend, wie sich die Relevanz und Präsenz von Anforderungen für den Systems Engineer darstellen, genauso differenziert können auch verschiedene Arten von Anforderungen unterschieden werden. Im Systems Engineering spricht man dabei von unterschiedlichen

- Anforderungsebenen und
- Anforderungsklassen.

Die Gesamtheit der Anforderungen an ein System wird in „Spezifikationen" zusammengefasst. Sie beschreiben das System umfassend und vollständig bezüglich einer gegebenen Abstraktionsebene bzw. Anforderungsebene. Im deutschen Sprachgebrauch sind die wichtigsten Spezifikationen das Pflichtenheft und das Lastenheft.

5.3.2 Anforderungsebenen

Anforderungen existieren auf verschiedenen Abstraktionsebenen:

Die oberste Ebene für „Anforderungen" sind die Informationen des Kunden bzw. des Auftraggebers. Sie sind in der Regel aber keine Anforderungen im Sinn einer Spezifikation, sondern sind unter Umständen frei formulierte Wünsche, Intentionen, Anwendungsbeschreibungen usw. (engl. Voice of the Customer). Ein Auftraggeber formuliert damit seine Intention des „Warum" und „Was" und u.U. auch das „Wie". Die Informationen des Kunden können dann z.B. in einem Lastenheft zusammengefasst werden. Die Kundeninformationen können aber sehr unscharf, emotional oder auch sehr lösungsorientiert sein. Das dabei entstehende Dokument dient dann als Grundlage für ein Vertragsdokument in Form eines technischen und kommerziellen Vertrags.

Dem gegenüber muss das „Wie" formuliert werden: Was ist die Lösung, wie im Detail soll etwas umgesetzt sein: Systemarchitektur, Systemanforderung, Schnittstellenbeschreibungen, Subsystemanforderung, Nachweisführung, Umweltanforderungen, Detaillösungen z.B. Programmcode usw. In der Regel werden die Informationen der obersten Abstraktionsebene in einem Pflichtenheft zusammengefasst.

Die Umsetzung von unscharfen Kundenforderungen in eine entsprechend messbare Anforderung (im Allgemeinen immer noch lösungsneutral) obliegt dem Systems Engineering. Es werden Lösungskonzepte und Architekturvorschläge entwickelt und letztlich auch die Systemanforderungen auf oberster Ebene definiert, die schließlich dann der Systementwicklung zugrunde liegen. Den Unterschied der Formulierungen kann man am folgenden einfachen Beispiel sehen:

- Der Kunde möchte ein „möglichst wendiges Fahrzeug",
- das Systems Engineering formuliert „einen Wendekreis von 8,15 Metern Durchmesser" und
- die Fachdisziplin definiert dann „bei einem Radstand von 3,0 Metern, einer Spurweite von 1,8 Metern und Reifen der Größe R17 bei einem Tempo von 10 km/h auf trockenem Asphalt ein Wendekreis von 8,15 Metern Durchmesser".

Diese Systemanforderungen können dann soweit wie nötig auf die tieferen Systemebenen (zum Teil bis auf die Komponentenebene) herunter propagiert werden.

Die Beziehung „Warum - Was – Wie" lässt sich dabei rekursiv zwischen verschiedenen Ebenen immer wieder anwenden. Das bedeutet:

- Die aktuelle Betrachtungsebene (sei es Systemspezifikation oder eine detaillierte Komponentenspezifikation) beschreibt: „Was" soll umgesetzt werden?
- Die Abstraktionsebene unter dem „Was" beschreibt: „Wie" wird die Anforderung umgesetzt.

Dieser Zusammenhang ist noch einmal etwas übersichtlicher in der folgenden Abbildung 39 dargestellt.

Diese Unterscheidung findet sich zum Beispiel auch in sogenannten „Lasten-/Pflichtenheften", die wir vor allem im deutschsprachigen Raum kennen. Das Thema hatten wir bereits im Kapitel „Tätigkeiten" im Abschnitt „Anforderungsspezifikation".

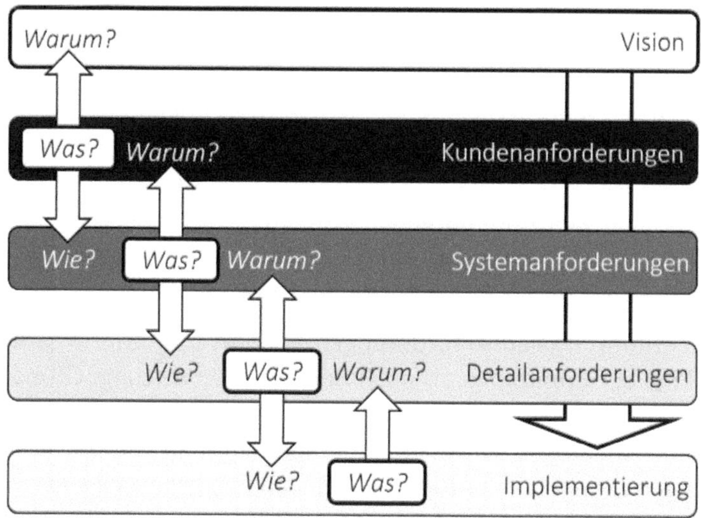

Abbildung 39: Ebenen von Anforderungen und ihre relativen Beziehungen zueinander

5.3.3 Anforderungsklassen

Auf jeder der Anforderungsebenen lassen sich Anforderungen in verschiedenste Klassen unterteilen, individuell und unabhängig vom Kontext. Eine Anforderungsklasse beschreibt eine bestimmte Sichtweise auf das System, z.B. „Sicherheitsanforderungen", „Performance Anforderungen" oder „Funktionen". Zur Klassifikation von Anforderungen gibt es unterschiedlichste Vorlagen in der Literatur und Vorgaben in Unternehmen, die projektspezifisch angepasst werden müssen. Ziel ist es, verschiedene Sichten auf den Entwicklungsgegenstand einzunehmen. Aber jede Klasse von Anforderungen betrachtet unterschiedliche, d.h. sichtweisenspezifische Elemente des Systems, und beschreibt so das System nur unvollständig. Eine frühzeitige erste Definition der Sichten und Klassen im Vorfeld ist daher wichtig, um die Gesamtsicht nicht zu verlieren. Die Ausrichtung an den Bedürfnissen der verschiedenen Stakeholder kann hilfreich sein, wenn die Klassen zur Diskussion genutzt werden sollen, ansonsten ist eine Ausrichtung der Klassen an der Arbeitsstruktur des Projekts sinnvoller.

In der Systementwicklung werden oft die folgenden beiden Klassen unterschieden:

- funktionale Anforderungen und
- nicht-funktionale Anforderungen.

Eine Unterteilung in diese zwei Klassen ist möglich, aber meist nicht ausreichend. Weitere Untergliederungen sind sinnvoll.

Die Unterscheidung zwischen „Funktionalen und nicht-funktionalen Anforderungen"
ist sehr gebräuchlich, so dass wir darauf im Folgenden noch näher eingehen:

- Die **funktionalen Anforderungen** beschreiben die Funktionen eines Systems, mit
  Input, Prozess und Output. Funktionale Anforderungen sind daher meist per se
  gut nachweisbar.
- Die **nicht-funktionalen Anforderungen** beinhalten „Qualitätsanforderungen", welche die Eigenschaften eines Systems beschreiben, und „Randbedingungen", die
  nicht von der Systementwicklung beeinflussbare Anforderungen beschreiben.

Hinter den nicht-funktionalen Anforderungen verbirgt sich oft ein sehr hoher Aufwand: sowohl bei der Ermittlung, als auch bei deren Umsetzung. Oftmals sind diese
Anforderungen zudem „unterspezifiziert" – also nicht präzise oder eindeutig genug
formuliert. Nicht-funktionale Anforderungen können ebenso meist in viele weitere
Teilanforderungen zerlegt bzw. heruntergebrochen und eventuell auch durch weitere
– ggf. wiederum funktionale Anforderungen – ergänzt werden. Das soll das folgende
Beispiel verdeutlichen:

- Der Kundenwunsch „Das System muss sicher sein!"

kann durch Anforderungen präziser beschrieben werden:

- Das System soll den Zugang mit Benutzername und Kennwort sichern. (funktional)
- Das Kennwort des Systems muss mindestens aus 8 Zeichen bestehen.
- Das Kennwort des Systems muss Klein-, Großbuchstaben und Ziffern enthalten.
- usw.

Nicht-funktionale Anforderungen lassen sich in weitere Klassen unterteilen. Dazu zählen unter anderem alle sogenannten „-heits/-keits-Anforderungen" (engl. „-ility Requirements"), wie zum Beispiel Anforderungen zur Zuverlässig**keit** (Reliability), Benutz-
bar**keit** (Usability), Änderbar**keit** (Changeability), Übertragbar**keit** (Portability), Be-
triebs- und Datensicher**heit** (Safety, Security). Man sollte aber beachten, dass sich aus
einer z.B. Zuverlässigkeitsanforderung ganz konkrete funktionale Anforderungen ergeben können.

Im Zuge einer Produktentwicklung sind natürlich auch **Randbedingungen** zu beachten.
Oftmals sind Randbedingungen als nicht-funktionale Anforderungen formuliert. Diese
Anforderungen tauchen dann in technischen Spezifikationen auf, sind aber eigentlich
nicht an das zu entwickelnde System selbst gerichtet, sondern an dessen Entwicklungsprozess: z.B. „Der Stand der Entwicklung des Systems muss monatlich dokumentiert
werden.", „Das System muss nach Norm ISO 26262 entwickelt werden." oder „Das

System muss in der Testumgebung HIL-123 getestet werden.". Diese „Prozessanforderungen" sind in den entsprechenden Plänen, z.B. Nachweisplan, die den Entwicklungsprozess steuern, zu berücksichtigen.

Fast immer muss ein System auch gesetzliche Anforderungen (legal requirements) und allgemeine Standards (z.B. EU Richtlinien, Normen von DIN, EN, ISO) erfüllen. Hier stellt sich oft die Frage, wie diese im Anforderungssystem behandelt werden. Sie sind von hoher Relevanz und daher meist in unternehmensinternen Vorgaben geregelt. Idealerweise werden die einzelnen, für das System relevanten Anforderungen aus den Normen und Gesetzen in die eigene Spezifikation übernommen, „übersetzt" oder ggf. weiter heruntergebrochen. Tut man das nicht, sind u.U. strafrechtliche oder zivilrechtliche Konsequenzen zu erwarten.

5.3.4 Anforderungs-Informationsmodell

Die Zusammenhänge der einzelnen Anforderungsebenen und -klassen können in einem „Anforderungs-Informationsmodell" (engl. requirements information model) dargestellt werden. Das Anforderungs-Informationsmodell beschreibt die Abstraktionsebenen der einzelnen Spezifikationen sowie die Beziehungen zwischen den Spezifikationen. Die folgende Abbildung 40 soll dies verdeutlichen.

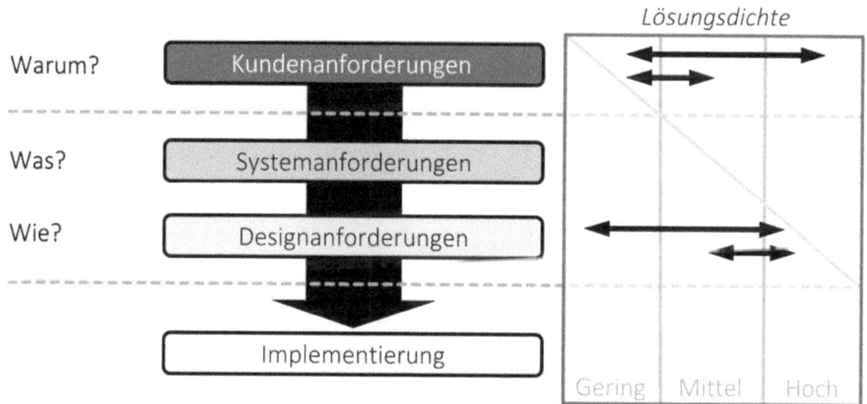

Abbildung 40: Abstraktionsebenen von Anforderungen – Beispiel

Im Speziellen sollte jeder Systems Engineer ein detailliertes Anforderungs-Informationsmodell am Anfang des Projektes (z.B. im SEMP) erstellen, um die Zusammenhänge der Anforderungen und Spezifikationen frühzeitig festzulegen und zu kommunizieren.

Hier sollte auch der Dokumentenbaum erwähnt werden, der Teil eines SEMP sein kann und die Beziehungen der einzelnen Spezifikationen festlegt.

5.3.5 Anforderungen erheben

Anforderungen fallen – im Gegensatz zu Wünschen – in der Regel nicht einfach vom Himmel, oder werden „mal eben so" aufgeschrieben. Nein, in der Regel werden sie von erfahrenen Experten ermittelt oder erhoben (engl. requirements elicitation). Das Erheben von Anforderungen wird manchmal irrtümlich nur mit der Tätigkeit „gute Anforderungen schreiben" gleichgesetzt. Dass dies nur ein sehr kleiner, wenn auch sehr wichtiger Teil des Requirements Engineering ist, zeigt dieser Abschnitt. Bevor man Anforderungen aber überhaupt ermitteln, erheben oder analysieren kann, sind als Voraussetzung zwei wichtige Schritte notwendig: Die Systemabgrenzung und die Ermittlung der Stakeholder, wie es bereits im Kapitel „Tätigkeiten" in den Abschnitten „Stakeholder" und „Betriebskonzept" beschrieben wurde.

In jedem Entwicklungsprozess ist eine Vielzahl von Menschen beteiligt, die unterschiedliche Aspekte zum Projekterfolg beitragen. Doch nicht nur innerhalb einer Organisation müssen Personen oder Organisationen berücksichtigt werden. Bei sicherheitskritischen Systemen müssen Normen und Gesetze berücksichtigt und eingehalten werden. Werden diese Aspekte nicht beachtet, droht dem Produkt das Scheitern bei Markteintritt und den beteiligten Personen u.U. eine Strafverfolgung. Stakeholder stellen wichtige Informationen bereit, die entscheidend für das Ergebnis eines Projektes sein können. Stakeholder können das Management, die Käufer eines Systems oder aber auch Gegner eines Systems sein. Werden wichtige Stakeholder zu Beginn der Analysephase vergessen oder nicht berücksichtigt, so können im laufenden Entwicklungsprozess kostenintensive Änderungsanträge entstehen, die meist viele Ressourcen binden oder das Produkt erreicht nicht den gewünschten Markterfolg.

Zu Beginn eines jeden Projekts muss anfangs geklärt werden, welchen „Umfang" das System haben bzw. nicht haben soll. Die folgende Abbildung 41 verdeutlicht die „Abgrenzungen", die dabei gemacht werden müssen.

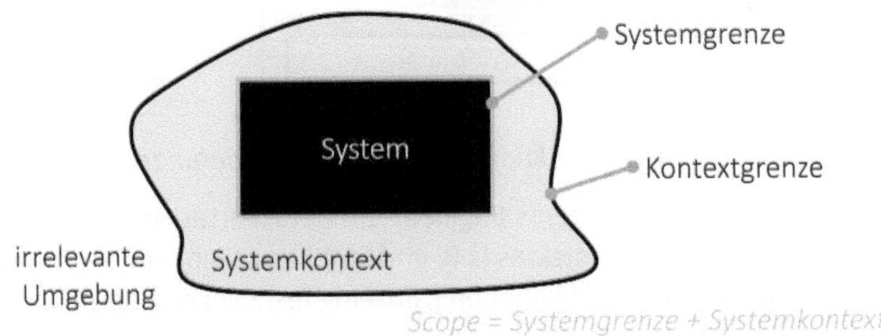

Abbildung 41: Scope, System, Systemkontext und irrelevante Umgebung

Der sogenannte „Scope" besteht aus der genauen Abgrenzung von System, Systemkontext und irrelevanter Umgebung. Auf Basis dieser Erkenntnis werden Abschätzungen gemacht, die in die Ressourcenplanung eingehen. Als „Systemumfang" wird der Lieferbestandteil betrachtet, der den „Entwicklungsgegenstand" umfasst, bzw. der Teil, der auf dem Markt positioniert wird. Die Systemgrenze trennt das geplante System von seiner Umgebung – dem Systemkontext. Innerhalb dieses Systemkontexts befinden sich Objekte, die direkt oder indirekt Einfluss auf das zu entwickelnde System haben bzw. während des Betriebs zu berücksichtigen sind. Dies beinhaltet beispielsweise Personen, andere Systeme im Betrieb, Prozesse (z.B. Geschäftsprozesse) oder Dokumente (z.B. Gesetze). Im Laufe der Systementwicklung wird das System sukzessiv an den Systemkontext angepasst. Die Kontextgrenze trennt den Systemkontext von der Umgebung, die keinerlei Relevanz mehr auf das System hat. In der modernen Systemanalyse spricht man hier von der irrelevanten Umgebung.

Um nun Anforderungen zu erheben, existieren verschiedene Wege. Im Fokus steht dabei, mit den Anforderungen eine Systembeschreibung zu erhalten, die für den jeweiligen Entwicklungsschritt ausreichend ist. In einem stark phasenorientierten Entwicklungsvorgehen müssen die Anforderungen in einer sehr frühen Phase vollständig und widerspruchsfrei vorliegen, damit die nachfolgende Entwicklungsphase starten kann. Um all die unterschiedlichen Anforderungstypen bei der Erhebung abzudecken, gibt es unterschiedliche Erhebungsmethoden. Dazu zählen zum Beispiel:

- **Kreativitätstechniken** sind Techniken, die auf Kreativität setzen um Anforderungen zu ermitteln, z.B. Brainstorming, Szenarienerstellung, Innovation-Workshops. Sie eignen sich, um Begeisterungsfaktoren[4] zu erheben.
- **Beobachtungstechniken** setzen auf die Beobachtung von existierenden Systemen, um auf neue Anforderungen zu kommen, z.B. Feldbeobachtung, Videoaufzeichnung von der Benutzung des Systems. Sie eignen sich besonders für die Erhebung von Basisfaktoren[4].
- **Befragungstechniken** basieren auf der Befragung von Stakeholdern zur Anforderungsermittlung, z.B. Interview, Fragebogen. Sie eignen sich besonders, um Leistungsfaktoren[4] zu ermitteln.
- Mit **dokumentenzentrierten Techniken** analysiert man Dokumente, z.B. von Vorgänger- oder Konkurrenzprodukten, um an Anforderungen zu gelangen. Diese Techniken sind gut geeignet, um Basis- und Leistungsfaktoren[4] zu erheben.

Darüber hinaus gibt es unterstützende Techniken wie Prototyping, Checklisten, Workshops oder Video- und Audioaufzeichnungen.

---

[4] vgl. folgende Seiten

Zur Erhebung von Kundenanforderungen eignet sich darüber hinaus ein Blick in das – in folgender Abbildung 42 dargestellte – sogenannte „Kano-Modell".

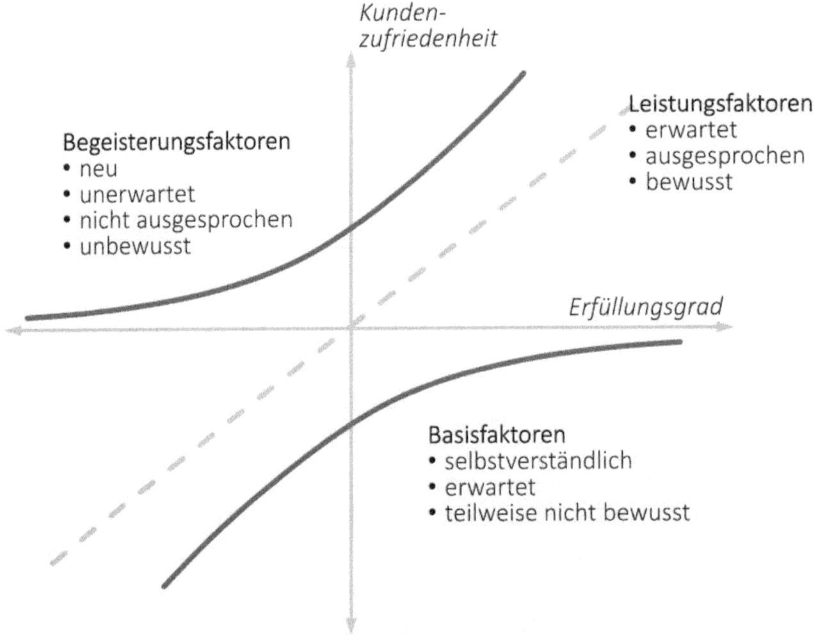

Abbildung 42: Kano-Klassifikation

Das Kano-Modell identifiziert Faktoren für die Kundenzufriedenheit, die wir soeben bei den Kreativitätstechniken schon verwendet haben. Aus diesen Faktoren lassen sich sehr gut unterschiedliche Anforderungen aus Kundensicht ableiten:

Basisfaktoren führen zu Anforderungen, die als selbstverständlich anzusehen und dem Kunden nicht bewusst sind. Ihre Erfüllung und Berücksichtigung wird vorausgesetzt, sie werden oft nicht (mehr) explizit genannt. Die Erfüllung der Basisfaktoren trägt nicht zu einer gestiegenen Kundenzufriedenheit bei, die Nichterfüllung hat allerdings stark negative Auswirkungen auf die Kundenzufriedenheit. Die Erfüllung von Basisfaktoren reicht nicht aus, um die Kunden zufrieden zu stellen. Bei der Erfüllung aller Basisfaktoren ist der Kunde im besten Falle „nicht unzufrieden", während ein komplettes Fehlen der Basisfaktoren als sehr negativ empfunden wird. Beispiel: Fehlende Telefonierfunktion beim einem Mobiltelefon.

Leistungsfaktoren führen zu Anforderungen, die dem Kunden sehr bewusst sind und die seine Zufriedenheit „linear" beeinflussen. Beispiel: Umso mehr Speicher das Handy hat, umso höher ist die Kundenzufriedenheit. Leistungsfaktoren werden in der Regel explizit genannt. Sie dienen den Stakeholdern oft zum Vergleich mit anderen Produkten. Je besser die Leistungsfaktoren erfüllt sind, desto größer ist die Kundenzufriedenheit. Dabei besteht ein annähernd linearer Zusammenhang.

Begeisterungsfaktoren führen zu Anforderungen, die unerwartet sind und beim Kunden Begeisterung hervorrufen. Begeisterungsfaktoren sind neue, visionäre Anforderungen, die das Produkt von anderen Produkten differenzieren. Begeisterungsfaktoren erzeugen überproportionale Kundenzufriedenheit. Das sind meist innovative Eigenschaften eines Produkts, mit denen man sich von der Konkurrenz unterscheiden kann, die jedoch bei Fehlen keine Unzufriedenheit beim Kunden hervorrufen. Begeisterungsfaktoren sind oftmals dem Kunden selbst nicht bewusst. Innovation bedeutet Erfüllung der Begeisterungsfaktoren. Produktvisionen enthalten normalerweise Begeisterungsfaktoren.

Rückweisungsfaktoren (nicht in Abbildung 42 enthalten) führen zu Anforderungen, die eine Kundenunzufriedenheit vermeiden. Das sind zum Beispiel Sicherheitsanforderungen.

5.3.6 Anforderungen formulieren

Egal, welche Anforderungsebene oder Anforderungsklasse betrachtet wird: Anforderungen sind natürlich per Definition nicht nur als rein textuelle Beschreibungen zu sehen. Sie können durchaus verschiedene Formen besitzen, die sich auch überschneiden und ergänzen und auch unterschiedlich formuliert werden. Formen von Anforderungen sind zum Beispiel:

- textuell: Prosa, Satzschablonen, Use Cases usw.,
- grafisch: Bilder, Zeichnungen, Pläne usw.,
- formale Beschreibungen: Modelle, Testabläufe usw.

Anforderungen in den verschiedenen Formen dienen dazu, das Verständnis zwischen den Menschen herzustellen, die mit diesen Anforderungen arbeiten sollen. Die Information zugleich so präzise wie erforderlich und möglich darzustellen, ist ziemlich schwierig. Jeder Beteiligte hat eine persönliche Interpretation der Anforderungen die im Wesentlichen durch persönliche Erfahrung und den persönlichen Werdegang bestimmt ist. Zum Beispiel hat ein Vorstand eine andere Intention für ein Produkt als der Programmierer oder der Kunde, der Tester, der Qualitätsingenieur usw. Das Verständnis des Entwicklungsgegenstands wird umso realistischer, konkreter und vollständiger je einfacher die gewählte Sprache zur Beschreibung einer Anforderung ist. Je einfacher der Satzbau und die gewählten Begriffe sind desto unmissverständlicher wird eine Anforderung für eine große Leserschaft. Es ist ziemlich gefährlich, Anforderungen speziell für einen bestimmten Leserkreis zu schreiben, da alle technischen Unterlagen auch von allen Projektbeteiligten verstanden werden müssen, um ein gemeinsames Vorgehen zu gewährleisten (vgl. dazu Kap. 3.10. – Kommunikationsfähigkeit). Es ist natürlich, dass Anforderungsdokumente auf fachspezifischen Ebenen einen hohen Anteil von Fachbegriffen aufweisen. Es gehört aber zu den Aufgaben eines Verfassers ein Dokument „lesbar" zu halten, auch für Nichtfachleute. Um spezielle Sachverhalte – meist auf Expertenebene – eindeutig auszudrücken, können auch semi-formale Sprachen oder Modelle verwendet werden.

Es ist wichtig, dass es sich bei Anforderungen nicht um „Prosa" handelt. Anforderungen müssen nicht „unterhaltsam", wie ein Roman, geschrieben sein. Anforderungen sollten aber

- in einfachen Sätzen,
- als Aktiv-Satz und
- in klarer Sprache mit eindeutigen Begriffen formuliert werden.

Im Gegensatz zu sonst üblichen Schriftstücken ist hier ein einfacher Aufbau und die Wiederholung von Begriffen und Formulierungen also wünschenswert. Derart aufgebaute Anforderungen können dann auch gut automatisiert oder teil-automatisiert überprüft und weiterverwertet werden. Das ist vor allem bei großen Anforderungsumfängen ein wichtiger Vorteil. Im Folgenden führen wir einige Punkte auf, wie man „qualitativ gute Anforderungen formulieren" kann. Das ist nicht zu verwechseln mit: wie man „Anforderungen qualitativ gut formulieren" kann. Aber Letzteres unterstützt Ersteres!

5.3.7 Qualitätskriterien für Anforderungen

Gute Anforderungen sollten die folgenden Eigenschaften aufweisen. Sie sind:

- **notwendig**: Anforderungen sollen nur notwendige Forderungen formulieren, die zur Erfüllung der Stakeholderbedarfe erforderlich sind.
- **vollständig**: Eine einzelne Anforderung ist vollständig, wenn alle relevanten Informationen innerhalb der Anforderung aufgeführt sind.
- **widerspruchsfrei**: Jede Anforderung soll nur eine Forderung enthalten, die nicht im Widerspruch zu einer anderen Anforderung steht.
- **eindeutig**: Eine Anforderung ist eindeutig formuliert, wenn sie genau eine Interpretation von den zu erwartenden Lesern zulässt.
- **realisierbar**: Eine Anforderung ist dann realisierbar, wenn sie mit dem gegebenen Stand der Technik und den Randbedingungen des Projekts, z.B. bezüglich der Ressourcen und Zeitpläne, umsetzbar ist.
- **verständlich**: Eine Anforderung ist verständlich formuliert, wenn der zu erwartende Leserkreis die Aussage der Anforderung verstehen kann, und zwar in einer

der Komplexität der Anforderung angemessenen Zeit und mit Hilfe der referenzierten Inhalte.

- **nachweisbar**: Eine Anforderung ist nachweisbar, wenn es im Rahmen des Projekts mindestens eine angemessene Möglichkeit gibt, die vollständige Umsetzung zu überprüfen.

Darüber hinaus existieren weitere wichtige Qualitätskriterien. Anforderungen sind:

- **identifizierbar**: Eine Anforderung ist dann identifizierbar, wenn sie innerhalb des Projekts eindeutig gekennzeichnet wird (z.B. mittels einer eindeutigen Nummer mit vorangestelltem Präfix: z.B. „SysSpec-713").
- **atomar**: Eine Anforderung ist dann atomar, wenn sie nur eine Forderung enthält und in ihrer Ebene nicht sinnvoll aufgespaltet werden kann.
- **redundanzfrei**: Eine Anforderung ist redundanzfrei, wenn keine identischen Aussagen in der Anforderung enthalten sind.
- **korrekt abgeleitet**: Eine Anforderung ist korrekt abgeleitet, wenn die beschriebene Forderung eindeutig von einer oder mehreren übergeordneten Anforderungen abgeleitet wird.
- **korrekte Abstraktionsebene**: Eine Anforderung ist auf der korrekten Abstraktionsebene definiert, wenn sie auf ihrer Ebene zur vollständigen Beschreibung des Entwicklungsziels notwendig ist.
- **rückverfolgbar zur Quelle**: Eine Anforderung muss rückverfolgbar zur Quelle sein, damit zur Bewertung von Änderungswünschen die ursprünglichen Intentionen einbezogen werden können. Quellen können Stakeholderbedarfe oder Anforderungen übergeordneter Entwicklungsebenen sein.

Eine gute Anleitung zum Schreiben guter Anforderungen bietet auch der „Guide for Writing Requirements" der INCOSE (www.incose.org) [168].

Ebenso, wie es Qualitätskriterien für Anforderungen gibt, existieren auch Qualitätskriterien für Anforderungsdokumente. Denn eine Anforderung tritt ja eigentlich nie allein, sondern immer in „Scharen" oder „Rudeln" auf, die meist gemeinsam in einer sog. „Spezifikation" zusammengefasst werden.

Für eine solche Spezifikation gilt es dann, die folgenden Qualitätskriterien zu beachten:

- **Vollständigkeit**: Nichts vergessen. Alle relevanten Anforderungen für das zu beschreibende System sollen vollständig definiert und erfasst sein.
- **Widerspruchsfreiheit**: Die erfassten Anforderungen in dem Dokument sollen innerhalb des Projekts widerspruchsfrei sein.

- **Notwendigkeit**: Ein Dokument ist notwendig, wenn es innerhalb des Projekts einen Beitrag zur Erfüllung eines Kundenbedürfnisses leistet, eine Vorgabe erfüllt oder aufgrund von internen oder externen Schnittstellen erforderlich ist.
- **Redundanzfreiheit**: Nichts mehrfach anfordern. Redundanzfreiheit für eine Anforderungsspezifikation ist gegeben, wenn sich Aussagen einer Anforderung nicht in anderen Dokumenten wiederholen.

Ein grundsätzliches Qualitätsmerkmal einer Anforderung ist die Änderungsrate. Anforderungen sollen mit dem Ziel formuliert werden, sie während der Projektlaufzeit nicht zu ändern. Das führt zu einem stabilen und kosteneffektiven Entwicklungsverlauf. In der Realität wird dieses ideelle Ziel meist nicht erreichbar sein.

5.3.8 Anforderungen entwickeln und ableiten

Anforderungen zu entwickeln ist stets ein iterativer Prozess. Von der Problembeschreibung aus Sicht des Kunden geht es zur Lösungsbeschreibung im Detail. Um von einer Abstraktionsebene in die nächste zu kommen (vom „Was" ins „Wie", siehe oben), sind die Zusammenarbeit mit Fachexperten und auch die Modellierung sehr wichtig. Hier kann man das „V-Modell" und das „Twin-Peaks Modell" (auch Zig-Zag-Modell genannt) zugrunde legen, wie es in der folgenden Abbildung 43 dargestellt ist:

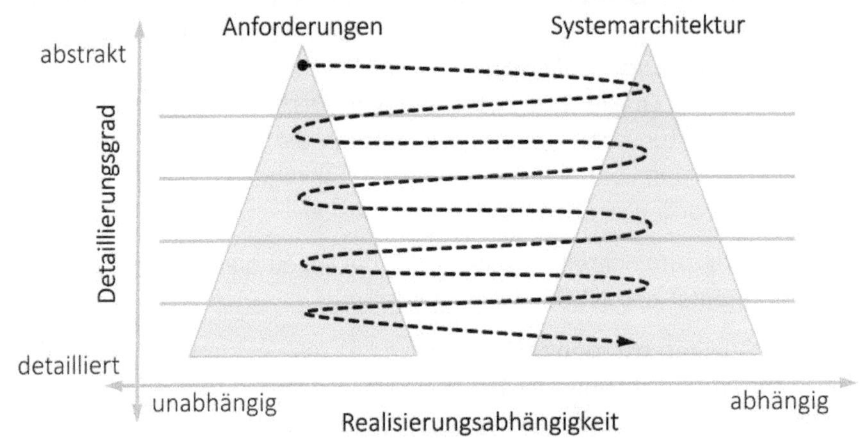

Abbildung 43: Twin-Peaks Modell

Das **Twin-Peaks Modell** beschreibt einen Top-Down Ansatz, um Anforderungen iterativ in zwei Schritten zu verfeinern und zu detaillieren. Auf jeder Ebene finden zwei Schritte statt:

1. Architektur: ausgehend von den bestehenden Anforderungen für das System wird eine Systemarchitektur entwickelt, die das System in mehrere Subsysteme gliedert.
2. Anforderungen: aus der entwickelten Architektur und den Systemanforderungen werden nun Anforderungen für die Subsysteme abgeleitet und detailliert.

Wechselseitig werden so Anforderungen und Architekturen abgeleitet und detailliert. Parallel kann das System in Subsysteme aufgebrochen werden. So entstehen sowohl die Spezifikationen als auch das Design und die Architektur für das System, die Subsystem, Subsubsystem, Komponenten usw.

5.3.9 Anforderungen strukturieren

Anforderungen zu definieren erfordert Disziplin um nicht am Ende in einem Wust von Anforderungen die Orientierung zu verlieren. Auch für Systeme von mittlerer Komplexität empfiehlt sich die Verwendung von adäquaten Werkzeugen. Schon bei mehreren hundert Anforderungen gilt es „Ordnung zu halten" und die Anforderungen geschickt zu strukturieren:

Wichtige Kriterien für die Strukturierung von Anforderungen sind:

- Die Unterscheidung der **Abstraktionsebene**, d.h. die Detailebene und wie weit die Anforderung den Lösungsraum einschränkt. Eine Strukturierung kann man gut an einem Informationsmodell ausrichten.
- Das Bilden unterschiedlicher **Sichten**, zum Beispiel: Nutzeraspekte, Sicherheitsaspekte, Schnittstellen des Systems, Systemfunktionen usw. Alle Sichten zusammen sollten alle notwendigen Aspekte des Systems abdecken.

Oft werden Spezifikationen „der Einfachheit halber" und den Zuständigkeiten entsprechend nach Abteilung oder Firmenstruktur gegliedert. Besser ist es jedoch, die Anforderungen nach der Systemstruktur zu gliedern. Denn Organigramme können sich ändern, ohne dass sich die Systemstruktur verändert.

Es gibt verschiedene technischen Möglichkeiten, Anforderungen zu strukturieren:

- in **Kapitelstruktur** (z.B. „Kapitel Sicherheitsanforderungen");
- in **Dokumente** und Dokumentenstruktur : Geeignet für Anforderungssets die in ihren Lebenszyklen, Detaillierungsgraden oder Teilsystemen (s.o.) unterschiedlich sind (z.B. „Systemspezifikation", „Spezifikation der Systemsicherheit", „Software-Spezifikation", „Hardwarespezifikation");
- durch **Attribute**: RE-Tools bieten die Möglichkeit Attribute zu Anforderungen zu definieren. Mittels dieser Attribute können Anforderungen an unterschiedlichen Stellen erfasst und zu Gruppen zusammengefasst werden. Wobei es dem Projekt-

bzw. Entwicklungsteam überlassen bleibt, welche Kriterien angewandt werden. Es können damit langfristige Ziele verfolgt werden (z.B. Testunterstützung oder Subteam relevante Anforderungen zusammenfassen) oder nur momentan interessante Auswertungen unterstützt werden, da die eigentlichen Anforderungen nicht verändert werden.

* durch **Verlinken**: Eine weitere Möglichkeit von RE- Tools ist die Verlinkung bzw. Verknüpfung von Anforderungen. Damit kann die Herleitung von Anforderungen dokumentiert werden und bei Änderungen an Anforderungen lassen sich relativ einfach die Konsequenzen von Änderungen aufzeigen.

5.3.10 Anforderungen prüfen und abstimmen

Anforderungen stammen immer aus unterschiedlichen Quellen und sind daher zunächst weder korreliert noch abgestimmt oder widerspruchsfrei. Es ist Aufgabe des Systems Engineers, mit Hilfe von Fachingenieuren, aus den zusammengestellten Bedarfen Anforderungen zu formulieren und dann auch mit den realisierenden Stellen abzustimmen.

Da es schwierig ist, mehrere hundert Anforderungen auf Konsistenz und Widerspruchsfreiheit zu prüfen und sie gleichzeitig mit Fachbereichen abzustimmen, empfiehlt sich eine strukturierte Vorgehensweise.

Üblicherweise gliedert man Anforderungen in Top-Level Anforderungen und abgeleitete Anforderungen. Die Zahl der Top-Level Anforderungen lässt sich auch bei Großprojekten in überschaubaren Größen halten. Wichtig ist dabei eine wirklich saubere Formulierung. Eine Freigabe dieser Anforderungen sollte erst erfolgen, wenn vermutet werden kann, dass sie sich über die Projektlaufzeit nicht mehr ändern (z.B. keine Mehrdeutigkeiten, keine Lücken, vollständig).

Es sollen alle Einflüsse aus Gesetzen, Normen, Firmenstrategie, Marketingwünsche, Kundenerwartungen und Stakeholderanalysen geprüft worden sein und in die Top-Level Anforderungen eingeflossen sein.

Anforderungen der nachgeordneten Designebenen dürfen nur aus diesen Top-Level Anforderungen abgeleitet werden bzw. es muss nachvollziehbar sein, warum von diesem Prinzip abgewichen wurde. Eine unsaubere Arbeitsweise führt sonst zu vermehrten Risiken. Steuert man nichtabgeleitete Anforderungen auf untergeordneten Ebenen ein, so geht man das Risiko ein, dass Entwicklungsergebnisse nicht mehr konsistent mit höherwertigen Anforderungen sind. Dass Fachnormen zur Anwendung kommen, sollte auch auf Top-Level Betrachtungen bekannt sein und entsprechend gewürdigt werden, z.B. wenn der Entwicklungsgang mit Fachingenieuren abgesprochen wird.

Zur Prüfung und Abstimmung empfehlen sich z.B. Peer-Reviews und Quality-Gates. Ergebnisse sollten z.B. in Baselines festgeschrieben werden. Für jede nachfolgende Designebene empfiehlt sich ein gleichartiges Vorgehen.

5.3.11 Anforderungen verwalten

Das Vorgehen im Rahmen des Anforderungsmanagements muss im Projekt transparent gemacht werden. Wir empfehlen, es im Systems Engineering Management Plan (SEMP) festzuschreiben. Dabei sollten folgende Themen des Anforderungsmanagements mit aufgenommen werden:

- Anforderungs-Informationsmodell, Abstraktionsebenen, Strukturierung der Anforderungen und Anforderungsartefakte,
- Verlinkungs-Philosophie, notwendige Nachverfolgbarkeit,
- verwendete Anforderungsarten und -klassen, Regeln der Anforderungsformulierung,
- Attributierungsschema, notwendige Attribute, Beschreibung der Attribute,
- Versions-, Konfigurationsmanagement von Anforderungen,
- Workflows, wie entstehen Anforderungen, wie werden sie abgeleitet, verlinkt und geprüft, sowie
- Informationen zu Anforderungs-Werkzeugen (inklusive Darstellung einer Anforderung im Werkzeug und ggf. von Attributen): was soll damit unterstützt werden und wie.

Der Aufwand, das geplante Vorgehen anfangs kurz an zentraler Stelle zu dokumentieren, ist aus praktischer Sicht eher gering. Es ist jedoch extrem hilfreich, wenn alle Beteiligten die individuell festgelegten Vorgehensweisen beim Umgang mit Anforderungen kennen und nachlesen können. Je prägnanter und kürzer die Beschreibung im SEMP ausfällt, umso höher ist die Wahrscheinlichkeit, dass die Beteiligten es lesen wollen und auch als Unterstützung empfinden. Eine kontinuierliche Pflege des SEMP als „lebendes Dokument" erhält den Nutzen, besonders wenn die Anwender den Inhalt mitgestalten können.

Beim Systems Engineering Management muss vor allem darauf geachtet werden, dass die Anforderungen rechtzeitig und ausreichend komplett zu den einzelnen Projektphasen verfügbar sind. Unvollständige, qualitativ unzureichende oder unvollständige Anforderungen sind ein gewaltiges Projektrisiko. Auch Anforderungsänderungen stellen ein Projektrisiko dar. So kann die Häufigkeit von Anforderungsänderungen ein sehr gutes Qualitätsmaß für ein Entwicklungsprojekt sein (requirements volatility tracking).

Für die Systementwicklung ist es zwingend erforderlich, einen klar strukturierten Anforderungs-Verwaltungsprozess (engl.: Requirements Management Process) zu haben. Die Aktivitäten des „Requirements Managements" sind Teil des eigentlichen „Requirements Engineerings". Es lässt sich in folgende drei Teilaktivitäten unterteilen:

- das Erstellen von Anforderungen,
- das Verwalten von Anforderungen und
- das Pflegen von Anforderungen.

Das **Erstellen der Anforderungen** ist notwendig, um eine feste Vereinbarung zwischen allen verantwortlich Beteiligten zu haben, auf welcher Basis eine Systementwicklung (Neu- und oder Weiterentwicklung) mit welchen Zielen stattfinden soll. Die Top-Level Anforderungen haben Vertragscharakter. Sobald erste Anforderungen formuliert sind, kann mit der Konzeptentwicklung begonnen werden. Der iterative Prozess von Anforderungsformulierung, Konzeptentwicklung und Architekturentwicklung ist abgeschlossen, wenn eine ausreichende Stabilität der Phasenprodukte (z.B. Spezifikation, Konzeptbeschreibung) erzielt wurde. Nach einer Fixierung der Ergebnisse können sie zur weiteren Aufgliederung den nachgeordneten Systemebenen weitergereicht werden. Dieser Prozess setzt sich bis zur Komponenten bzw. Bauteileebene fort. Die Erstellung von Anforderungen schließt die oben schon genannten Aktivitäten des Prüfens, Abstimmens und der Konfliktlösung ein. Die Anforderungen zu prüfen und abstimmen beinhaltet:

- Konfliktlösung und Kommunikation,
- Unterstützen der Vertragsverhandlungen,
- Planen der Meilensteine für Anforderungsspezifikationen, auch im Zusammenhang mit anderen Entwicklungsartefakten wie Architekturdokumenten, Testdokumenten, Lieferantenverträgen und Vereinbarungen sowie
- Planen des Workflows, wann müssen welche Komponenten welchen Zustand erreicht haben.

Das **Verwalten der Anforderungen** ist notwendig, um allen Beteiligten die Anforderungen in geeigneter Form zugänglich zu machen und um die Korrektheit der genutzten Anforderungen zu gewährleisten. So sollten hier Methoden zur Verfügung stehen nur bestimmte Anforderungen sichtbar zu machen, damit z.B. einem Entwickler ermöglicht wird, die für seine Aufgabe relevanten Anforderungen zu finden. Weiterhin muss sichergestellt sein, dass einmal vereinbarte Anforderungen nicht beliebig verändert werden können. Zum Schritt Verwalten zählen:

- Gestaltung eines Anforderungs-Informationsmodells,
- Strukturierung der Anforderungen: Ablagestrukturen, Definition von zusammengehörenden Anforderungssets, Dokumente, Kapitel, Abstraktionsebenen usw.,

- Definition der Attribute, mit denen Informationen zu den Anforderungen hinzugefügt werden können. Typische Attribute für eine Anforderung sind Autor, Datum der Erstellung/Änderung, Identifikationsnummer, Arbeitsfortschritt (wie Bearbeitungsstatus, Prüfstatus, inhaltliche Reife usw.), Zuordnungen (zu Verantwortlichen, Prüfern, Fachgruppen usw.) usw.
- Definition von Sichten auf Anforderungen, die bestimmte Arbeitsschritte unterstützen (z.B. eine Abstimmungssicht, die nur die relevanten Anforderungen und Attribute enthält),
- Definition der notwendigen Nachverfolgbarkeit (Traceability) sowie
- Auswahl der Werkzeuge und Definition der (zugehörigen) Anforderungsprozesse (denn ein Werkzeug kann nur unterstützen)

Anforderungen sollten immer bei Beginn einer Produkt- oder Systementwicklung festgelegt werden, das bedeutet aber nicht, dass Anforderungen nicht verändert werden können. **Anforderungen müssen gepflegt** werden. Das muss aber in einem klar vereinbarten und strukturierten Änderungsprozess geschehen. Vor allem bei längeren Entwicklungszyklen kann es erforderlich sein, die Anforderungen auf Grund neuer Erkenntnisse oder z.B. auf Grund von Kundenforderungen anzupassen. Zu viele Änderungen und Änderungen in zu schneller Folge sind jedoch in aller Regel schädlich für den System- und für den Projekterfolg. Hier gilt es mit großer Sorgfalt zu entscheiden, wann und in welchem Masse eine Anforderung geändert werden muss. Zum Schritt Pflegen gehören unter anderem

- Anwenden von Metriken über die Anforderungen
- Durchführen und Leiten des Änderungsmanagements
- Freigabe- bzw. Releasemanagement
- Gestalten des Versions- und Konfigurationsmanagements für die Anforderungen und Anforderungsdokumente
- Gestalten des Variantenmanagements (u.a. auch durch Verwenden von geeigneten Attributen)
- Werkzeugpflege und Nutzerunterstützung

5.3.12 Anforderungen im agilen Umfeld

Dem Thema Agilität haben auch wir mehrere Abschnitte gewidmet. Die Hintergründe von Agilität und ihre Rolle im Systems Engineering sind in diesem Kapitel im Abschnitt „Agilität im Systems Engineering" näher beschrieben. Systems Engineers mit praktischer Erfahrung wissen, dass die Etablierung von agilen und gleichzeitig leichtgewichtigen (lean) Ansätzen, Praktiken und Prinzipien rund um Anforderungen in einem Projektteam eine nicht zu unterschätzende Aufgabe darstellt. Geschweige denn, wenn ein ganzes Unternehmen beginnen soll „umzudenken". Dies fängt mit der verwendeten Sprache (Neo-Anglizismen wie User Stories, Sprints, Backlog, Story Points usw.) an und setzt sich in Veränderungsmaßnahmen z.B. in Arbeitsprozessen fort. Klassische Anforderungsspezifikationen verschwinden oder werden stark in ihren Umfängen reduziert, genau wie die Erhebung, Analyse, Bewertung und schließlich Abnahme der Anforderungen andere Methoden und Zugänge erfordern. Auch wenn in den agilen Vorgehensweisen Anforderungen als solche praktisch nicht erwähnt werden, lassen sich viele der oben beschriebenen, „klassischen" Anforderungstechniken anwenden. Im Folgenden möchten wir deshalb wesentliche Punkte zum Umgang mit Anforderungen im agilen Umfeld darstellen.

Im „klassischen Vorgehen" sind die Anforderungen fixiert, Ressourcen und Zeit für die Umsetzung dagegen variabel oder verschiebbar. Agile Vorgehensmodelle fixieren hingegen die verfügbaren Ressourcen und den Termin, jedoch variiert der Umfang der Anforderungen. Dieser kleine Unterschied ist in der folgenden Abbildung 44 nach LEFFINGWELL dargestellt. [163]

Grundsätzlich bauen agile Vorgehensweisen eher auf Prinzipien (wie das Agile Manifest) statt auf umfangreiche Prozesse. Es gibt aber heterogene Ausprägungen wie Scrum oder Kanban. Der Mensch, Kommunikation und Transparenz steht hierbei besonders im Fokus. Der Umgang mit Anforderungen wird in agilen Vorgehensweisen praktisch nicht bzw. nicht explizit adressiert. Es ist eher eine „proaktive Interaktion" mit Stakeholdern gefordert. Es lohnt sich aber (gerade bei größeren Entwicklungsvorhaben) auch bei agilen Vorgehensweisen die Techniken und Methoden des „klassischen" Umgangs mit Anforderungen mitzuverwenden.

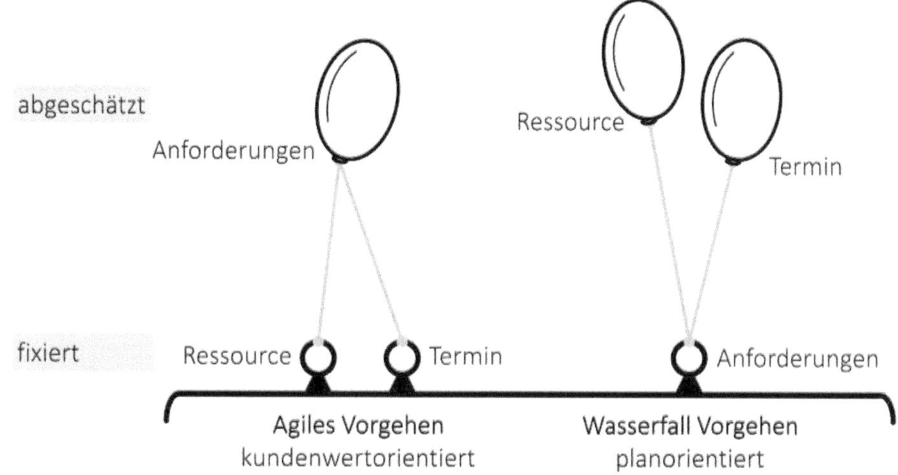

Abbildung 44: Agile Vorgehensmodelle fixieren die verfügbaren Ressourcen und den Termin variieren jedoch den Scope (nach LEFFINGWELL)

Den agilen Umgang mit Anforderungen zeichnen generell zwei Vorgehen aus:

- Das **iterative Vorgehen**: Hier wird der Zyklus der Anforderungsprozesse häufig und regelmäßig durchgeführt (z.B. bei Scrum im Rhythmus von einer oder zwei Wochen oder einem Monat):
  - Erheben,
  - Bewerten,
  - Modellieren
  - Spezifizieren (Formulieren, Strukturieren) und
  - Analysieren.
- Das **inkrementelle Vorgehen**: Das „System" wird häufig und regelmäßig erweitert oder ergänzt:
  - Abgrenzen,
  - Umsetzen,
  - Verifizieren und
  - Validieren.

In Scrum – der derzeit in der Praxis bekanntesten Ausprägung eines agilen Vorgehens – werden Anforderungen als „User Story" formuliert. Die Kunst ist es dabei, die Menge der relevanten Anforderungen in User Stories abzubilden und so zu schneiden, dass sie „am Stück" im Rahmen eines kurzen Entwicklungszyklus – dem „Sprint" – umgesetzt werden können.

Eine typische User Story lautet zum Beispiel: „Als User möchte ich Nutzer des Portals sperren können, um Missbrauch zu verhindern". Die User Story folgt meist einem bestimmten Satzbau und enthält eine **Rolle** („Als Nutzer möchte ich ..."), den **Zweck** („... Nutzer des Portals sperren können, ...") und den **Nutzen** („... um Missbrauch zu verhindern"). Zusätzlich werden noch „Akzeptanzkriterien" oder Entwurfsbeschränkungen (Design Constraint) zu den einzelnen User Stories und Tasks definiert. Zum Beispiel die Vorgabe: „Die bereits vorhandene Eingabemaske soll erweitert werden."

User Stories existieren dabei nicht nur einzeln, sondern in einer Vielzahl mit teilweise sehr unterschiedlichen Abstraktionsebenen. Diese Vielfalt zu strukturieren hilft dabei die enthaltenen Anforderungen zu identifizieren. Übergeordnet existieren zum Beispiel „Epics". Das sind User Stories auf einer höheren Abstraktionsebene, die zugleich User Stories bündeln. Aus der Analyse der User Stories können einzelne „Tasks" (engl. Aufgaben) mit den entsprechenden Anforderungen an ein Produkt für ein Entwicklungsteam abgeleitet werden.

Für die Verwaltung von User Stories kommen in Scrum sogenannte „Backlogs" zum Einsatz. Ein **Backlog** entspricht also in etwa einem Anforderungsdokument bzw. der Spezifikation. Es enthält ausdetailliert und priorisiert die wichtigsten User Stories für die nächstens „Sprints".

Wie also zu erkennen ist, können zahlreiche Parallelen zwischen einem agilen Vorgehen mit User Stories und dem klassischen Anforderungsmanagement gezogen werden.

5.4 Funktionale Architekturen für Systeme

Es ist vorteilhaft, vor der Ermittlung einer Systemlösung die zu erbringenden Funktionen zu identifizieren. Die Vorteile dieses Ansatzes wurden bereits im Kapitel "Tätigkeiten" im Abschnitt „Systemfunktionen" geschildert: nämlich die Möglichkeit zum Erstellen einer technologieunabhängigen und damit wiederverwendbaren Beschreibung des Systems und der Fokussierung auf den Anwendernutzen. Auch wurden im Abschnitt „Funktionale, logische und physische Systemelemente" bereits die funktionalen Systemelemente angesprochen, aus denen sich ein mögliches Konzept zur Repräsentation von Systemfunktionen ergibt.

Eine strukturierte Beschreibung der funktionalen Systemelemente und ihrer Zusammenhänge wird hier als die „Funktionale Architektur" des Systems bezeichnet. Funktionale Architekturen (Funktionsentwurf) ermöglichen es Systemarchitekten, ihr System rein funktional zu beschreiben, ohne gleichzeitig alle Detaillösungen für die Realisierung des Systems im Auge zu haben. Die funktionale Sicht verbessert nach HITCHINS das Verständnis des Systems [143], weil zum Beispiel viele Zusammenhänge innerhalb des Systems bereits durch die Zusammenhänge seiner Funktionen beschrieben werden können. Gleichzeitig kann die technologieunabhängige Beschreibung eines Systems über mehrere Technologiewechsel hinweg gültig bleiben und wird so zum langlebigen Wissensspeicher.

Funktionale Architekturen machen den Zusammenhang zwischen den **Funktionen** eines Systems erfassbar. In einer Funktionalen Architektur werden durch **funktionale Blöcke** bestimmte Einheiten innerhalb des Systems dargestellt, die einer oder mehreren Funktionen des Systems entsprechen. Zwischen den funktionalen Blöcken existieren Flüsse von Kraft, Energie, Materie und Informationen. Eingaben können auch von der Systemgrenze aus erfolgen. Entsprechendes gilt für die Ausgaben der funktionalen Blöcke.

In diesem Abschnitt soll eine konkrete Vorgehensweise zur Ermittlung funktionaler Architekturen vorgestellt werden, basierend auf dem Artikel „Method for Deriving Functional Architectures from Use Cases" von LAMM und WEILKIENS erschienen im Systems-Engineering-Journal [169] sowie in dem Buch „Model-Based System Architecture" von WEILKIENS, LAMM, ROTH und WALKER [170]. Die Funktionalen Architekturen werden mit einem Systemmodell aus den Arbeiten der GfSE-Arbeitsgruppe „FAS" (Funktionale Architekturen für Systeme) demonstriert, nämlich mit dem Modell einer Jukebox von LAMM, LOHBERG und WEILKIENS [171], wie in Abbildung 45 dargestellt.

Die Abbildung 45 zeigt die funktionale Architektur dieses „Jukebox"-Beispiels als SysML-Diagramm. Keine Angst, man muss kein SysML Experte sein, um das Bild zu verstehen, und viele Anwendungen der FAS-Methode können darüber hinaus auch nur mit Papier und Stift erfolgen, wie wir an den nachfolgenden Beschreibungen sehen werden. In der Abbildung 45 sind funktionale Blöcke wie „Musikstückverwaltung" oder „Musikspieler" dargestellt – und natürlich muss eine Informationsmenge „Musikstück" von der Musikstückverwaltung zum Musikspieler fließen. Dieser Informationsfluss ist als Verbindungslinie zwischen den beiden funktionalen Blöcken dargestellt und die fließende Information ist mit einem beschrifteten Pfeil gekennzeichnet.

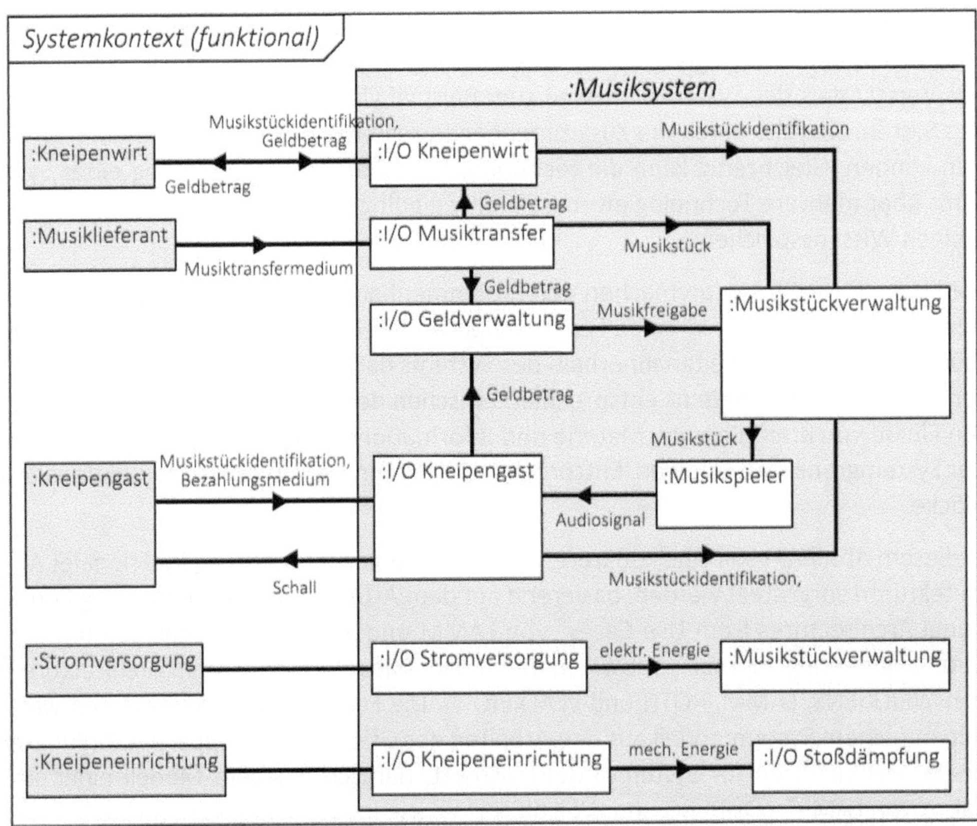

Abbildung 45: Funktionale Architektur des Jukebox-Beispielsystems nach LAMM, LOHBERG, WEILKIENS [169]

Man beachte, dass die gezeigte funktionale Architektur verschiedene Lösungsalternativen offenlässt: Sowohl die traditionellen Jukeboxen mit Schallplatten, als auch „neuere" Modelle mit CDs entsprechen dieser Architektur – und selbst „cloudbasierte" Lösungen können damit erklärt werden. Ändern würde sich nur die konkrete Realisierung von Blöcken wie „Musikspieler" (mit den Realisierungsalternativen: Plattenspieler, CD-Spieler oder Audio-Software) und Flussobjekten wie „Musikstück" (mit den Realisierungsalternativen: Platte, CD oder aus der Cloud geladenes Datenpaket).

Formal handelt es sich bei der Identifikation von Flussobjekten wie „Musikstück" um die Typen der verschiedenen Flüsse. Die einzelnen Typen können in einem „Domänenmodell" über verschiedene Teile des Modells hinweg zentral zusammengefasst werden, um die Fachlichkeit des Systems an einer zentralen Stelle überblicken und mit den für das System oder den entsprechenden Teilaspekt zuständigen Teammitgliedern abstimmen zu können. Das Domänenmodell übernimmt dann unter anderem die Rolle eines Glossars, in dem die verschiedenen Objekte definiert und zueinander in Beziehung gesetzt werden. In dieser Rolle sorgt es auch dafür, dass dieselbe Art von Fluss immer mit demselben Typ versehen ist (denn beim Review des Domänenmodells würden Duplizierungen auffallen). Das Domänenmodell sorgt damit zunächst für ein konsistentes Systemverständnis in den beteiligten Teams. Die erreichte Konsistenz kann in bestimmten Fällen sogar zu einem einheitlicheren und damit z.B. wartbareren Entwurf des Systems führen.

Die FAS-Methode bietet einen Weg, um von **Anwendungsfällen** über **Anforderungen** zur **Funktionalen Architektur** zu kommen. Sie wurde erstmals 2010 vorgestellt noch ohne den Namen „FAS-Methode". [172] Aus der Anwendung der FAS-Methode entstehen bestimmte Arbeitsergebnisse, die in verschiedenen Sprachen beschrieben werden können, zum Beispiel in der Systemmodellierungsprache SysML [171]. Die FAS-Methode ist trotz der Eignung für die Verwendung im Zusammenhang mit der Systemmodellierung allerdings unabhängig von der verwendeten Sprache bzw. Modellierungssprache und wird hier daher anhand von Karteikarten dargestellt. Auch in realen Entwicklungsvorhaben lässt sich die Methode in Workshops ohne jegliche Computertechnik unter Verwendung von Karteikarten anwenden.

Die Voraussetzungen für die Anwendung der FAS-Methode sind wie folgt:

- Der **Systemkontext** ist definiert (siehe z.B. Abschnitt 4.4.1).
- Für jeden relevanten **Akteur** im **Systemkontext** sind **Anwendungsfälle** erfasst, wie in der folgenden Abbildung 46 zu sehen.

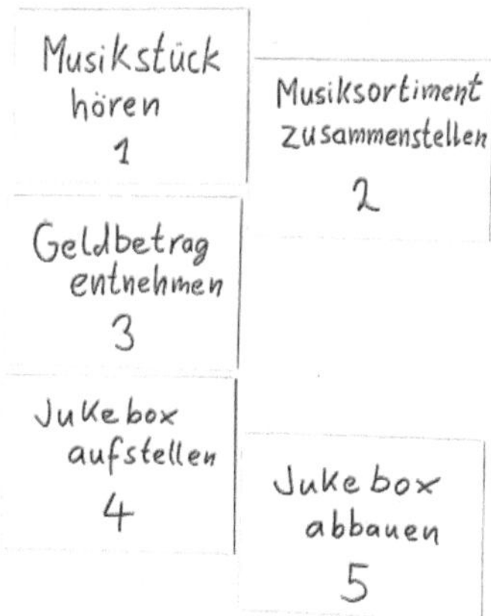

Abbildung 46: Ausgewählte Anwendungsfälle des Jukebox-Beispielsystems

- und die Anwendungsfälle sind in **Anwendungsfallaktivitäten** verfeinert, wie beispielsweise in der folgenden Abbildung 47 für den Anwendungsfall „Musikstück hören" dargestellt.

Abbildung 47: Verfeinerung eines Anwendungsfalls für Metaplanwände

Zwischen diesen Aktivitäten gibt es Flüsse von Materie, Energie oder Information. Diese erfasst man (im Bild zum Beispiel durch die Kästen seitlich auf den zugehörigen Karten, die jeweils auf einer anderen Karte eine Entsprechung haben und so jeweils einen Fluss zwischen den beiden beteiligten Karten andeuten). Anmerkung: In der Dokumentation oder Modellierung der Anwendungsfälle sollten zu jedem Anwendungsfall auch die zugehörigen **Akteure** erfasst werden (was in den hier gezeigten Bildern nicht zu sehen ist).

Die Kernschritte der FAS-Methode folgen dem folgenden Schema:

1. Funktionale Gruppen aus den Anwendungsfallaktivitäten für jeden Anwendungsfall zusammenfassen,
2. Funktionale Blöcke aus funktionalen Gruppen herleiten,
3. Funktionale Schnittstellen aus den Objektflüssen herleiten sowie
4. Funktionale Blöcke verfeinern.

Zunächst werden also **(1.) Anwendungsfallaktivitäten für jeden Anwendungsfall zu funktionalen Gruppen zusammengefasst**. Nach Aspekten der Zusammengehörigkeit werden **Anwendungsfallaktivitäten** dabei so zusammengestellt, dass sie fortan nur noch als eine eigenständige Gruppe mit einer Überschrift über alle gruppierten Aktivitäten in Erscheinung treten. Beispielsweise sind in der folgenden Abbildung 48 verschiedene Anwendungsfallaktivitäten zu der Gruppe „I/O Kneipengast" zusammengefasst. Sie gehören insofern zusammen, als sie alle den unmittelbaren Materie-, Informations- und Energieaustausch des „Jukebox"-Systems mit dem Benutzer „Kneipengast" repräsentieren.

Abbildung 48: Funktionale Gruppe aus Anwendungsfallaktivitäten

Danach werden **(2.) funktionale Blöcke aus funktionalen Gruppen hergeleitet**. Zu jeder funktionalen Gruppe wird genau ein Element gebildet, das den gleichen Namen trägt wie die zugehörige funktionale Gruppe und über Schnittstellen mit anderen Elementen verbunden werden kann. Zum Beispiel können in der hier gezeigten Kartentechnik alle Karten mit Überschriften wie „I/O Kneipengast" auf neue Karten abgeschrieben werden, um die bereits erarbeiteten Kartenzusammenstellungen nicht zu zerstören. Alternativ fotografiert man alle Resultate und entfernt danach die entsprechenden Überschriftenkarten, um sie als funktionale Blöcke weiterzuverwenden.

Danach werden dann **(3.) funktionale Schnittstellen aus den Objektflüssen hergeleitet**. Das könnte man noch immer mit Papier und Stift machen, rechnerunterstützte Modellierungswerkzeuge eignen sich aber dafür besser. Bei den Flüssen von Materie, Energie und Information zwischen den zuvor gruppierten Anwendungsfallaktivitäten gibt es nun solche Flüsse, die über eine Grenze einer funktionalen Gruppe hinausgehen. Diese Flüsse sind also Flüsse zwischen zwei funktionalen Gruppen und werden als Flüsse zwischen den zugehörigen funktionalen Blöcken erfasst. Beispielsweise beinhaltet die zuvor in Abbildung 45 dargestellte Architektur den Fluss „Musikstück", der aus den gleichnamigen Kästen auf den Karten in der Abbildung 47 hervorgegangen ist.

Abschließend werden **(4.) funktionale Blöcke verfeinert**. Für diesen Schritt gibt es keine Vorgaben aus der FAS-Methode, er wird aber im Zusammenhang mit dieser Methode ausdrücklich empfohlen. Denn das Ergebnis aus den vorigen Schritten (1-3) sollte weiter detailliert werden, um zu einer in weiteren Prozessschritten verwendbaren und für die relevanten Teammitglieder verständlichen funktionalen Architektur zu werden.

Für den dritten Schritt – und insbesondere auch für den vierten empfehlenswert – kann hier das **Werkzeug** gewechselt werden. Es gilt zwar: Die einfachsten Werkzeuge für die explizite Erfassung einer funktionalen Architektur sind Stift und Papier. Dabei werden funktionale Blöcke zum Beispiel als Rechtecke gezeichnet und die Flüsse an Information, Materie und Energie zwischen ihnen, werden durch beschriftete Linien dargestellt. Aber funktionale Architekturen lassen sich natürlich auch komplett rechnerunterstützt erstellen. Die komplette FAS-Methode ist für die Unterstützung durch rechnerunterstützte Modellierungswerkzeuge konzipiert. Soll die FAS-Methode nicht in der hier gezeigten Weise anhand von Karteikarten angewendet werden, dann lässt sie sich mit einem Modellierungswerkzeug unterstützen, in dem zum Beispiel die **Anwendungsfälle**, **Anwendungsfallaktivitäten**, funktionalen Gruppen und funktionalen Blöcke in der Systemmodellierungssprache SysML modelliert werden. Bei der Verwendung eines Modellierungswerkzeugs können bestimmte Schritte der Methodenanwendung auch automatisiert werden. So kann damit zum Beispiel die Erzeugung der funktionalen Architektur und ihrer Flows anhand der funktionalen Gruppen und der Objektflüsse der zugehörigen Anwendungsfallaktivitäten unterstützt werden. [173]

Nach dieser Einführung in die FAS-Methode können noch folgende Hinweise gegeben werden:

Funktionale Architekturen **sind nicht für alles geeignet**: Es gibt zum Beispiel „nichtfunktionale Anforderungen", die sich der Behandlung durch funktionale Architekturen entziehen. Ein Beispiel dafür ist eine Anforderung über die „maximale Masse des Systems". Solchen Anforderungen sollte besondere Beachtung geschenkt werden, denn sie sollten auf einem besonderen Weg, vorbei an den funktionalen Architekturen, ihren Eingang in die weiteren Schritte der Systementwicklung finden. Hierfür ist dann eine physikalische Architektur erforderlich.

Funktionale Architekturen **sind abstrakt und daher nicht selbsterklärend**. Für ihre Erklärung sollte also genug Zeit vorhanden sein. Funktionale Architekturen können auch für verschiedene Schlüsselpersonen in der Systemrealisierung eine unterschiedliche Bedeutung haben und sollten daher zielgruppengerecht erklärt werden. Für die jeweilige Zielgruppe kann es dabei sinnvoll sein, nur eine Untermenge der funktionalen Architektur zu betrachten und zu erklären.

Funktionale Architekturen **lassen keinen direkten Rückschluss auf die konkrete Realisierung des Systems** zu. Sie sind zwar gut dazu geeignet, einen Soll-Stand für die Implementierung der gesamten Systemfunktionalität zu erheben, gegenüber dem der Ist-

Stand der Implementierung gemessen werden kann. Funktionale Architekturen sollten jedoch nicht als alleinige Informationsbasis zur Feinplanung der Implementierung und zur Integrationsplanung dienen. Für diese beiden Planungsaktivitäten ist zusätzliches Wissen über die Aufteilung der Funktionen der funktionalen Architektur auf die tatsächlichen Bausteine des Systems erforderlich.

Darüber hinaus gilt **„einfach ausprobieren"** – ob allein oder in Gruppen. LAMM, LOHBERG und WEILKIENS beschreiben zum Beispiel die Gestaltung von Teamarbeit anhand von funktionalen Architekturen [171]. Ein interdisziplinäres Team kann mit der Realisierung einer Untermenge der funktionalen Blöcke der funktionalen Architektur beauftragt werden. Die funktionale Architektur hilft also beim Finden eines klaren Arbeitsumfangs für das Team. Und die funktionalen Schnittstellen geben dann Hinweise auf den Abstimmungsbedarf zwischen den Teams.

5.5 Risikomanagement

Anforderungslisten sind geduldig und enthalten oft Forderungen, deren Machbarkeit aufgrund des begrenzten Budgets oder physikalisch fraglich ist. Die Aufgabe des Systems Engineers im Entwicklungsprojekt besteht im Erkennen und Aufzeigen dieser **Risiken** zum frühestmöglichen Zeitpunkt. Die hierbei eingesetzten Methoden und Vorgehensweisen sind Gegenstand dieses Kapitels.

Ein Risiko ist eine Auswirkung von Ungewissheit, sagt die Begriffsdefinition in der DIN ISO 9000:2015-11: Qualitätsmanagementsysteme – Grundlagen und Begriffe [174]. Risikomanagement umfasst demnach das Management aller Auswirkungen von Ungewissheiten. Berücksichtigt man das Diktum von KARL VALENTIN, dass Voraussagen immer schwierig sind, vor allem, wenn sie die Zukunft betreffen, lässt sich aus dieser Definition ein sehr weitgehender Anspruch ableiten, der Risikomanagement ins Zentrum aller zukunftsorientierten Managementaktivitäten rückt. Nachlässig formulierte Anforderungen sind allerdings kein Risiko, sondern Ausdruck von fahrlässiger Arbeit. Risiken sind die Einflüsse, die man trotz sorgfältiger Arbeit nicht vermeiden bzw. erkennen kann, eben Auswirkungen von Ungewissheit.

Vordergründig ist Risikomanagement ein unternehmensweites Anliegen, um ein Unternehmen vor schädlichen Einwirkungen zu schützen und einen angemessenen unternehmerischen Erfolg zu erzielen. In diesem Kontext ist Risiko vordringlich negativ in Richtung Mehraufwand und Minderleistung besetzt. Die Definition ist allerdings neutral und kann auch Chancen für wachsenden Markterfolg und zunehmenden Erfolg abbilden. In der Praxis ist es aber durchaus sinnvoll, den Schwerpunkt auf die negativen Risiken zu legen und die positiven Risiken (=Chancen) zurückhaltend zu bewerten. Ein mäßiger bis schlechter wirtschaftlicher Erfolg ist schließlich ein Grenzzustand, den ein an seinem Fortbestand interessiertes Unternehmen vermeiden sollte.

Für das Risikomanagement im einzelnen Projekt sind zwei Eckpunkte wichtig. Zum einen beziehen sich die Aktivitäten des Riskomanagements im Systems Engineering auf den gesamten Lebenszyklus eines Produkts und zum anderen muss klar sein, was das Ziel des Projekts ist (was will man erreichen?).

Dann folgt das Risikomanagement im wesentlich diesem Ablauf:

- Identifikation von Risiken
- Risikoanalyse
- Risikobewertung
- Risikobehandlung

Als weitere Schritte müssen festgelegt werden, wie den identifizierten Risiken begegnet werden kann und wie sie unter Kontrolle gehalten werden können. Des Weiteren sind die Verantwortlichkeiten festzulegen und wie der Umgang mit den Risiken kommuniziert wird. Um all diese Maßnahmen nicht dem Zufall zu überlassen, hat sich ein Risikomanagementplan bewährt der als eines der ersten Dokumente in einem Entwicklungszyklus zu erstellen ist.

Der Einstieg ins Risikomanagement erfolgt über die **Identifikation von Risiken**. Die Risikoidentifikation endet, wenn das Risiko in seinen Auswirkungen und seinem Umfeld umfassend und verständlich beschrieben ist. Projektspezifische Aktivitäten können gezielt auf die Risikoidentifikation ausgerichtet sein. Entsprechende Fragen und Kriterien können zum Beispiel in Qualitätsmanagementaudits und produktspezifischen Reviews integriert sein. Ein wesentlicher Teil der Systems Engineerings Aktivitäten für das Risikomanagement fokussiert auf die Risikoidentifikation.

Risikomanagement ist immer geboten. Beginnt man damit erst, wenn sich erste Risiken realisiert haben oder Projekte ihre Ziele hinsichtlich Qualität, Zeit und Kosten mit signifikanter Wahrscheinlichkeit nicht einhalten können, ist es in der Regel zu spät, um wirksame Gegenmaßnahmen zu ergreifen. Normalerweise werden Schwierigkeiten von Mitgliedern eines Projektteams zuerst erkannt. Eine Team- und Unternehmenskultur, die ein unterentwickeltes Problembewusstsein im Team duldet und verhindert, dass neue Risiken im Unternehmen ausreichend kommuniziert werden, stellt ein hohes Risiko für den wirtschaftlichen Erfolg eines Unternehmens dar. Normalerweise bevorzugt jeder, Dinge zu kommunizieren, die ihn und seine unmittelbare Umgebung gut aussehen lassen. Über Negatives redet man nicht so gerne und mag versuchen, sie auf verschiedenste Art und Weise zu verdrängen.

Im Fall positiver Risiken (= Chancen) sind die Dinge differenzierter gelagert. Sofern man zusätzliche materielle und personelle Ressourcen akquirieren kann, ist der Mitteilungsdrang sicher eher hoch. Wenn aber Kürzungen im eigenen Projekt drohen, wird man die gute Nachricht auch gern für sich behalten. Keine Projektleitung ist mitten in der Entwicklung innovativer Systemlösungen gut beraten, auf vorher mehr oder weniger hart errungene Budgets ohne Not zu verzichten. Aus der gleichen Motivationslage heraus wirkt auch eine im Unternehmen vorgenommene pauschale Kürzung von Projektmitteln aufgrund von verordneten Effizienzgewinnen eher kontraproduktiv auf die Offenheit, mit der dann auch negative Risiken aus den Projekten heraus im Unternehmen kommuniziert werden.

Der zweite Schritt ist die **Risikoanalyse**. Es werden zunächst sowohl die Ursachen als auch die möglichen Auswirkungen bei Eintreten des Risikos untersucht. Die Risikobeschreibung selbst kann im Zuge dieser Aktivitäten angepasst und ergänzt werden. Während der Risikoanalyse können bereits Lösungsansätze skizziert werden, wie mit dem Risiko umgegangen werden soll. Darauf kann in der Risikobehandlung später aufgebaut werden. Um Risiken vergleichbar zu machen, sollen sie quantifiziert werden. Oft wird dafür ein multiplikativer Zusammenhang zwischen der Schwere der Auswirkungen bei Eintreten des Risikos und der Eintrittswahrscheinlichkeit gewählt. Mit Bestimmung dieser Kennzahl ist die Risikoanalyse jedes einzelnen Risikos abgeschlossen.

In der **Risikobewertung** wird die Gesamtheit aller Risiken betrachtet. Auf Basis der Kennzahlen ergibt sich eine Rangfolge, die die Entscheidungen maßgeblich beeinflussen, welches Risiko im Fall der Fälle mit welcher Priorität behandelt werden soll. Dies kann mit der Freigabe personeller Ressourcen und finanzieller Budgets für die Risikobehandlung verbunden sein.

Für die **Risikobehandlung** stehen vier prinzipiell unterschiedliche Strategien bereit:

Am effektivsten ist **(1.)** die **vollständige Eliminierung** eines Risikos durch z.B. Einsatz alternativer Technologien und Verfahrensänderungen. Nicht ganz fair mag zunächst **(2.)** die **Verlagerung eines Risikos** in den Verantwortungsbereich eines anderen erscheinen. Wenn dieser Andere, zum Beispiel ein anderes Unternehmen, weiß, wie man das Risiko beherrscht, manifestiert sich darin aber nur ein Vorteil einer auf Spezialisierung und Arbeitsteilung beruhenden Marktwirtschaft. Häufig angewandt wird **(3.)** die **Risikoreduktion**, indem entweder die Schwere der Auswirkungen oder die Eintrittswahrscheinlichkeit minimiert werden. Beide Maßnahmen können natürlich auch in Kombination eingesetzt werden. Schließlich kann man **(4.)** ein **Risiko einfach akzeptieren**. In den meisten Fällen wird hier das Risiko vorher auf ein vertretbares Maß reduziert worden sein. Die Akzeptanz eines Risikos wird durch gesellschaftliche Faktoren maßgeblich beeinflusst. Dabei werden in manchen Lebensbereichen Risiken mit einer Eintrittswahrscheinlichkeit akzeptiert, die in anderen Lebensbereichen bei gleicher Eintrittswahrscheinlichkeit auf das heftigste abgelehnt werden. Man denke an körperliche Schäden, die entweder infolge von Sport oder infolge eines Eisenbahnunfalls entstanden sind. Für innovative Lösungen ist die Berufung auf Eintrittswahrscheinlichkeiten, von in anderen Lebensbereichen akzeptierten Technologien in gleicher Größenordnung, wie die für die neue Technologie theoretisch kalkulierte, deshalb trügerisch.

Risikozahlen sind wichtig, aber mit ihnen allein lässt sich kein Projekt erfolgreich steuern. Primär für den Projekterfolg ist, dass die Produkte oder die Dienstleistungen Kundenbedürfnisse ausreichend befriedigen und deshalb im Markt nachgefragt werden. Ein Risikomanagement dient primär als Warnsystem, um zu vermeiden, dass sich eine Produktentwicklung in existenzgefährdender Weise übernimmt.

Risikomanagement sollte im Unternehmen und in der Projektentwicklung dem Subsidiaritätsprinzip folgend eingebettet werden. Die jeweilige Leitung hat ein berechtigtes Interesse an einer belastbaren Planung, die weder durch punktuelle hohe Risiken bedroht ist noch durch versteckte stille Reservenbildung Zukunftspotentiale ungenutzt liegen lässt.

5.6 Konfigurationsmanagement

Konfigurationsmanagement (KM) ist kein ausschließlicher Teil der Produktentwicklung sondern eine Managementaufgabe des Unternehmens, aber es ist natürlich eng mit einer Systementwicklung verknüpft. KM ist eine wichtige Informationsquelle für Produktentwicklung und Produktservice für das Unternehmen. Nur von dort können die Informationen bezogen werden um z.B. Produktüberarbeitungen oder Informationen für den Service zu bekommen auch wenn die Produktentwicklung lange abgeschlossen ist. Nicht zuletzt ist KM die Informationsquelle wenn sich ein Unternehmen gegen rechtliche Ansprüche zur Wehr setzen muss. Konfigurationsmanagement bildet das Bindeglied zwischen Inhalt und Zustand eines Produktes oder einer Dienstleistung auf der einen Seite und weiteren projektspezifischen und unternehmensweiten Managementprozessen auf der anderen. KM fokussiert ebenso wie SE den gesamten Produktlebenszyklus.

Maßgeblich im Konfigurationsmanagement ist vor allem die DIN ISO 10007 [175]: Qualitätsmanagement – Leitfaden Konfigurationsmanagement. Die Norm unterteilt den Konfigurationsmanagementprozess in die Aktivitäten Konfigurationsmanagementplanung, Konfigurationsidentifizierung, Änderungslenkung, Konfigurationsbuchführung und Konfigurationsaudit. Alle späteren dedizierten Konfigurationsmanagementnormen, wie zum Beispiel EIA-649-B [176], beziehungsweise Normen mit Konfigurationsmanagementanteil, wie zum Beispiel DIN ISO 9001:2015-11 [177] und ISO/IEC/IEEE 15288:2015 [75] orientieren sich an der DIN ISO 10007:2017 [178]. Zwar haben sich die Terminologie und auch die Inhalte weiterentwickelt – man denke an die Fortschritte in Produktdatenmanagement und Produktlebenszyklusmanagement –, doch ist das Grundgerüst gleichgeblieben.

In den nachfolgenden Abschnitten möchten wir die fünf zentralen Aktivitäten des Konfigurationsmanagements näher beschreiben. Das sind:

- Konfigurationsmanagementplanung,
- Konfigurationsidentifizierung,
- Änderungslenkung,
- Konfigurationsbuchführung sowie
- Konfigurationsverifikation./Audit

5.6.1 Konfigurationsmanagementplanung

Da Konfigurationsmanagement den gesamten Systemlebenszyklus durchdringt, ist eine mehrstufige Konfigurationsmanagementplanung sinnvoll. Auf der obersten Ebene geht es um Verfahren, die in allen Lebenszyklusphasen angewendet werden müssen, um ein durchgängiges Konfigurationsmanagement zu gewährleisten. Im Fokus stehen vor allem die Transitionen zwischen den Lebenszyklusphasen, um die Verfügbarkeit der korrekten Information im für die jeweilige Phase notwendigen Umfang sicherzustellen.

Für das Konfigurationsmanagement in einzelnen Lebenszyklusphasen sind angepasste Detaillierungen, die die phasentypischen Abläufe und Verfahren berücksichtigen, notwendig. Gegebenenfalls kann eine weitere Definitionsebene notwendig werden. In der Entwicklung ist es zum Beispiel sinnvoll, auf der Phasenebene alle Konfigurationsmanagementregeln zu definieren, die für den reibungslosen Informationsfluss innerhalb eines Teams notwendig sind. Für einzelne Entwicklungsteams mit Zuständigkeit für ein bestimmtes Element sind in der Regel weitere Detaillierungen erforderlich, die die spezifische Teamorganisation und die Besonderheiten fachdisziplinspezifischer Vorgehensweisen berücksichtigen.

Eine sinnvolle Konfigurationsmanagementplanung kann nicht isoliert von der übrigen Programm- und Projektplanung erfolgen. Integrierte Planungsansätze, die alle Entwicklungs-, Nachweis- und Managementprozesse im inhaltlichen und zeitlichen Zusammenhang berücksichtigen, sind vorzuziehen. Spezifische Planungsinhalte werden unten im Kontext der jeweiligen Konfigurationsmanagementaktivität angesprochen.

Die Nützlichkeit eines Konfigurationsmanagements erschließt sich aber nur wenn es zweckdienlich organisiert wird und nicht zu einem Bürokratiemonster verkommt.

5.6.2 Konfigurationsidentifizierung

Die Konfigurationsidentifizierung beginnt am besten mit der Frage, für welche Zwecke Basiskonfigurationen zu erstellen sind. Im Rahmen der Systemkonzeptgenerierung sind Basiskonfigurationen empfehlenswert, wenn bestimmte Reifegrade erreicht sind oder die Arbeiten für längere Zeit unterbrochen werden. Im ersten Schritt werden die Arbeitsergebnisse mit einem entsprechenden Reifegrades gesichert. Im zweiten kann der zuvor erreichte Bearbeitungszustand bei Wiederaufnahme der Konzeptarbeiten aus der Basiskonfiguration heraus ohne Unsicherheit rekonstruiert werden. Während der Systementwicklung sind Basiskonfigurationen der Weg, um den Informationsfluss zwischen den Entwicklungsteams, die für verschiedene Elemente der Systemarchitektur zuständig sind, zu steuern. Gleichermaßen ist so auch der Informationsfluss für ein spezifisches System vom linken zum rechten Ast des V-Modells möglich.

Der Inhalt einer Basiskonfiguration bestimmt sich nach den Notwendigkeiten der Prozesse, für die die Basiskonfiguration als Referenz dienen soll.

In der Regel referenzieren Basiskonfiguration Informationsobjekte, die dann die notwendigen Informationen bereitstellen. Die DIN ISO 10007:2017 [178] stellt für diese Informationsobjekte den sperrigen Begriff Produktkonfigurationsangaben bereit. Derartige Informationseinheiten sollten so definiert sein, dass sie jeweils Informationen über das System als Ganzes geben, wie zum Beispiel eine Spezifikation. Diese Informationseinheiten sind aus Konfigurationsmanagementsicht die kleinsten Werteinheiten. Eindeutig identifizierbare Anforderungen aus der Spezifikation mögen Gegenstand eines detaillierten Datenmanagements sein, sind im Konfigurationsmanagement aber nur als Teil einer Spezifikation relevant.

Bevor Produktkonfigurationsangaben freigegeben werden können, muss die Qualität des Inhalts gemäß prozessmäßiger vorgegebener Kriterien geprüft werden und die korrekte Identifizierung nach vorgegebenen Identifizierungskriterien sichergestellt werden.

5.6.3 Änderungslenkung

Oberstes Ziel der Änderungslenkung im Systems Engineering ist die Gewährleistung einer nachvollziehbarer Basiskonfigurationen. Eine erfolgreiche Änderungslenkung stellt in erster Linie Vollständigkeit und Widerspruchsfreiheit jeder erzeugten Basiskonfiguration sicher. Konsistenz ist gegeben, wenn alle zu referenzierenden Produktkonfigurationsangaben überprüft und alle bekannten Defizite in einzelnen Produktkonfigurationsangaben oder im Zusammenhang mit anderen Produktkonfigurationsangaben durch referenzierte Unterlagen erfasst sind.

Da Sonderfreigaben in der Regel Nacharbeit bedeuten, steigt auch die Wahrscheinlichkeit von Kosten- und Terminüberschreitungen. Somit spielt eine wirksame Änderungslenkung auch eine wichtige Rolle in einem erfolgreichen Projektmanagement. Der schlechteste Ansatz einer Produktentwicklung vertraut darauf, dass sich irgendwann am Ende aller Bemühungen aus den einzelnen Entwicklungsergebnissen schon eine sinnvolle Konfiguration zusammenstellen lassen wird. Die Bewältigung der sich real einstellenden Entwicklungsdynamik wird so auf informelle Prozesse verlagert. Gerade bei innovativen und komplexen Aufgabenstellungen sind informelle Abstimmungsprozesse wegen der hohen Entwicklungsdynamik jedoch schnell überfordert.

Im Bestfall ist die Änderungslenkung in Systems-Engineering-Prozessen so verankert, dass konsistente Basiskonfigurationen zu jedem Zeitpunkt im Projektverlauf mit geringem Aufwand erstellbar sind.

Die geordnete Weitergabe von Produktkonfigurationsangaben innerhalb der Systementwicklung wird, wie im letzten Kapitel beschrieben, durch Konfigurationen gesteuert.

5.6.4 Konfigurationsbuchführung

Konfigurationsbuchführung kann mehr zum erfolgreichen Projekt beitragen als statistische Auswertungen nach Abschluss der entsprechenden Entwicklungstätigkeiten, wenn die Änderungslenkung nicht nur informell abgestimmt, sondern auch explizit koordiniert wird. Geeignete Werkzeugunterstützung vorausgesetzt, lassen sich aus den abgespeicherten Daten tagesaktuelle Statusberichte weitgehend automatisch generieren. Tagesaktuelle Statusberichte bieten eine direkte Rückkopplung und können zur Feinsteuerung in der Änderungslenkung sowie der Zeit- und Ressourcenplanung genutzt werden.

Die Erfahrung hat gezeigt, dass im Laufe einer Entwicklung in Systems Engineering Teams immer detailliertere und speziellere Berichte nachgefragt werden. Berichtsvorlagen sollten sich mit geringem Aufwand ändern und variieren lassen. Ebenso sollten völlig neue Berichte mit geringem Aufwand entworfen werden können.

Die Konfigurationsbuchführung kann auch zur automatischen Erstellung von Konfigurationen verwendet werden. Bei entsprechenden Vorkehrungen sollte es auch möglich sein, Datenstrukturen so anzulegen, dass für zukünftig zu erstellende Konfigurati-

onen Statusberichte mit dem Bearbeitungsstand aller zu referenzierenden Produktkonfigurationsangaben und aller zu berücksichtigenden Sonderfreigaben erstellt werden können.

5.6.5 Konfigurationsverifikation

Die Überschrift zu diesem Kapitel weicht von der Aktivitätsbezeichnung Konfigurationsaudit in der DIN ISO 10007:2017 ab [178]. Dafür gibt es zwei Gründe. Ein Konfigurationsaudit beschreibt eine Methode zur Prüfung von Konfigurationen. Ein Konfigurationsaudit führt zu Akzeptanz oder Ablehnung der Konfiguration. Nacharbeiten können
das Resultat eines Konfigurationsaudits sein. Klassische Konfigurationsaudits sind
funktionsbezogene und physische Konfigurationsaudits. Sie finden an vordefinierten
Zeitpunkten statt.

Entscheidend für die Titelwahl ist aber der technische Fortschritt mit seinen leistungs-
fähigen Werkzeugen, die unter den Bezeichnungen Produktdatenmanagement und
Produktlebenszyklusmanagement erst die mächtige Funktionalität bieten, die zur Unterstützung der beschriebenen Änderungslenkung und Konfigurationsbuchführung
notwendig ist. Bei interaktiver Nutzung aller Konfigurationsmanagementinformatio-
nen während der Entwicklung ist es unabdingbar, die Richtigkeit dieser Informationen
kontinuierlich zu verifizieren, um Fehlsteuerungen zu vermeiden. Konfigurationsaudits
am Entwicklungsende kommen dafür zu spät. Konfigurationsverifikation umfasst also
alle Tätigkeiten im Systems Engineering, die auf die Verifikation von Konfigurations-
managementinformationen gerichtet sind.

5.7 Die Entwicklung sicherheitskritischer Systeme

Die prominentesten Beispiele für das Versagen von sicherheitskritischen Systemen
sind die Nuklearkatastrophen von Tschernobyl und Fukushima. Bei diesen Ereignissen
wurden die Anlagen zerstört, die Umwelt ist für einen sehr langen Zeitraum verseucht,
und Menschen kamen ums Leben. Darüber hinaus geht von diesen Anlagen weiterhin
eine potenzielle Gefahr aus, da eine vollständige Beseitigung des Schadens weder
technologisch noch ökonomisch möglich ist. Tschernobyl und Fukushima sind Beispiele für eine Verkettung unglücklicher Umstände. Anders hingegen ist die Explosion
der Ariane 5 zu bewerten. In diesem Fall wurden als Ursachen, sowohl in der Spezifikation als auch im Design, Fehler identifiziert [179], die zu einer fehlerhaften Integration
führten. Die aufgeführten Beispiele zeigen die Wichtigkeit, die der Berücksichtigung
der Sicherheit von Systemen während der Entwicklung von Systemen zukommt.

5.7.1 Was sind sicherheitskritische Systeme?

Der deutsche Begriff Sicherheit kann, im Gegensatz zu den englischen Begriffen Safety und Security, nicht klar unterscheiden. Bei der Entwicklung sicherheitskritischer Systeme soll der Begriff Sicherheit im Sinne des englischen Safety verwendet werden.

Ein System das sicher betrieben werden kann oder den sicheren Betrieb eines Systems unterstützt bzw. garantiert, wird als sicherheitskritisches System bezeichnet. Dabei ist die Aufgabe aus Sicht der Sicherheit Schaden an Personen, an Ressourcen sowie der Umwelt zu vermeiden oder zu reduzieren. Die Sicherheit eines Systems kann gemäß der ARP 4761 [180] als ein Zustand bezeichnet werden, der ein akzeptables Risiko darstellt. Das Risiko setzt sich dabei aus einer Wahrscheinlichkeit und den Auswirkungen des Zustands auf die Umgebung zusammen. Damit ergibt sich, dass die Sicherheit eine Systemeigenschaft ist, die während der Entwicklung erzeugt werden muss.

Welche Eigenschaften haben sicherheitskritische Systeme?

Nachfolgend sollen die drei wichtigsten Eigenschaften Betriebssicherheit, Zuverlässigkeit und Verfügbarkeit beschrieben werden. Bei der Betriebssicherheit (Operational Safety) wird die Funktion ausgeführt ohne einen Schaden zu verursachen. Im Falle eines Fehlers kann die Funktion weiterhin ausgeführt werden, oder das System wird in einen sicheren Zustand überführt. Dabei soll der entstehende Schaden akzeptabel und minimal sein. Die Zuverlässigkeit (Reliability) entspricht der Wahrscheinlichkeit, dass die Funktion eines Systems innerhalb eines definierten Zeitraumes erfüllt wird. Diese Wahrscheinlichkeit hängt von der Betriebsdauer ab und nimmt somit mit zunehmendem Alter eines Systems ab. Die Verfügbarkeit (Availability) entspricht der Wahrscheinlichkeit eines Systems die gewünschte Funktion jederzeit zu erfüllen. Mit der Forderung, dass eine Funktion jederzeit erfüllt werden kann, ist Verfügbarkeit zeitlich unabhängig.

Nachfolgend sollen die verschiedenen Herausforderungen bei der Entwicklung sicherheitskritischer Systeme betrachtet werden. Zusätzlich soll aufgezeigt werden, wie die Sicherheit von System, durch die Integration von Entwicklungs- und Bewertungsmetoden in die Systementwicklung, herbeigeführt werden kann.

Die Herausforderungen

Oft wird die Frage gestellt, wie viel teurer die Entwicklung sicherheitskritischer Funktionen ist. Ungeachtet dieser Frage kann aber davon ausgegangen werden, dass die Entwicklung sicherheitskritischer Systeme aufwendiger ist. Dies hat unterschiedliche Ursachen. Während der Entwicklung müssen verschiedene Normen oder Richtlinien eingehalten werden. Darüber hinaus muss neben den üblichen Tests auch ein Nachweis zum sicheren Betrieb erbracht werden. In besonderen Fällen muss das System durch eine Zertifizierungsstelle für den Betrieb zugelassen werden.

Die Bewertung und Nachweisführung wird von Experten durchgeführt. Dazu müssen diese, die erforderlichen Normen mit den anzuwendenden Methoden kennen sowie auch anwenden können. Darüber hinaus ist eine Expertise der Anwendungsdomäne und der Systeme erforderlich, um eine korrekte Bewertung durchführen zu können. Verfügt ein Unternehmen nicht über diese Experten, werden externe Spezialisten für den Zeitraum der Entwicklung eingekauft. Safety-Experten stellen wertvolle Ressourcen für ein Unternehmen dar und können oft in mehreren Projekten gleichzeitig eingesetzt werden. Manchmal ergibt sich eine Situation wie in Abbildung 49 dargestellt, in der die Safety-Experten schlecht in die Entwicklung integriert [181] sind oder mit mehreren Teams gleichzeitig interagieren müssen.

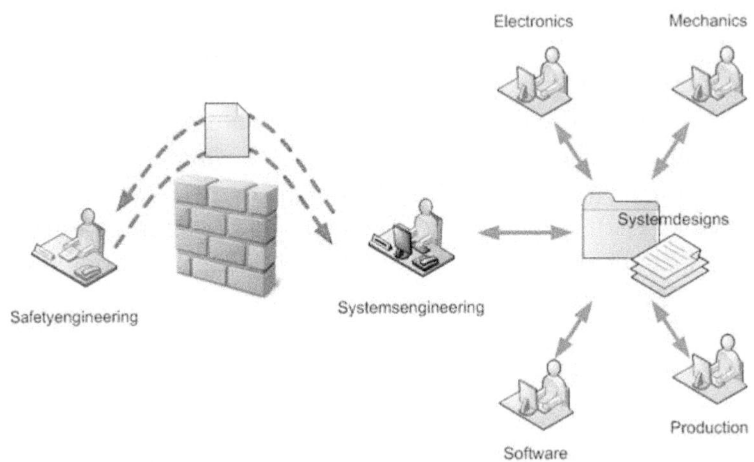

Abbildung 49: "Throw over the wall" Effekt in der Entwicklung

Durch die schlechte Integration wird der sogenannte „Throw over the wall" Effekt verstärkt. Auch Dokumente, die für die Bewertung oder Zertifizierung von Systemen vertraglich als Liefergegenstände festgelegt wurden, werden oft nur dokumentenbasiert zwischen Entwicklern ausgetauscht. Diese in der Praxis gängige Arbeitsweise kann zu Inkonsistenzen und fehlenden Informationen führen, in deren Folge die Bewertung auf veralteten Entwicklungsständen durchgeführt wird. Darüber hinaus können falsche Designentscheidungen getroffen werden, die zu einem Mehraufwand während der Entwicklung führen oder im Extremfall zur Verweigerung der Zulassung des Systems.

Ein weiterer Aspekt ist, dass die Bewertung bzw. Berücksichtigung der Systemsicherheit zu spät erfolgt. In einer Umfrage wurde dieser Trend identifiziert (Abbildung 50).

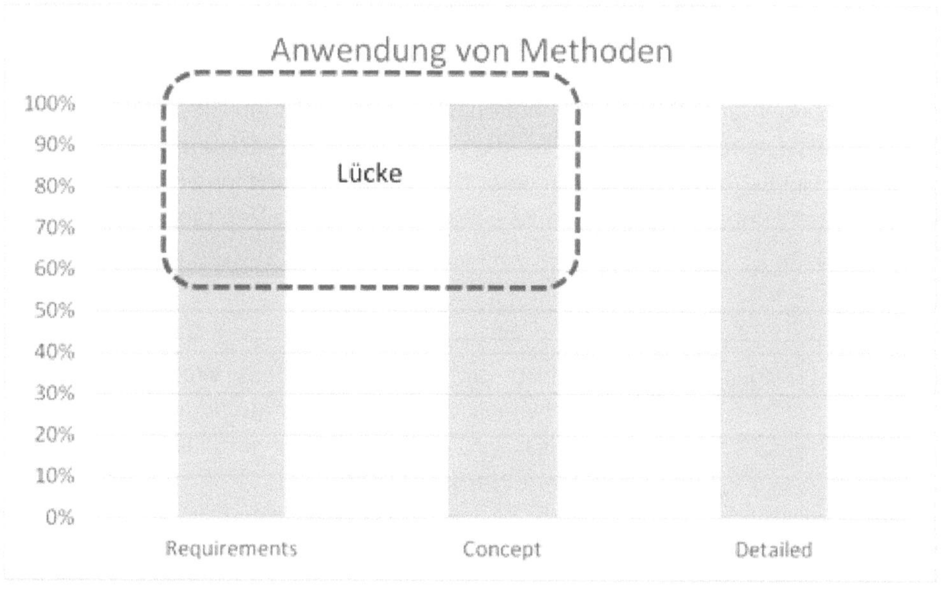

Abbildung 50: Umfrage zur Anwendung von Meth. zu Bewertung der Kritikalität

Die Umfrage zeigte, dass erst in der Phase der detaillierten Systementwicklung alle erforderlichen Methoden angewendet werden. Es zeigte sich, dass Anforderungen entweder gar nicht oder zu spät berücksichtigt wurden. Ebenso wie beim „Throw over the wall" Effekt kann dies zu falschen Designentscheidungen mit den bereits beschriebenen Auswirkungen führen. Das Vernachlässigen bzw. die späte Berücksichtigung von Anforderungen führt zu einem zusätzlichen Aufwand, der über die gesamte Projektlaufzeit getragen werden muss. Diese zusätzliche Belastung kann als Back-Pack Problem bezeichnet werden.

Die Entwicklung sicherheitskritischer Systeme muss die Sicherheitsanforderungen frühzeitig in die Entwicklungstätigkeit integrieren. Somit ist die Sicherheit eine Eigenschaft eines Systems, die geplant und durch ein methodisches Vorgehen herbeigeführt werden kann. Die Leistungen des Safety-Engineering werden von Fachingenieuren erbracht, die ihre Beiträge im normalen Entwicklungszyklus einbringen. Da wie bereits angeführt Sicherheit eine Systemeigenschaft ist kann sie nicht „hineingetestet" werden. Die geforderten Sicherheitseigenschaften[5] müssen allerdings meist im Rahmen der Validierung und Verifikation nachgewiesen werden.

5.7.2 Begriffe

Klare Begriffsdefinitionen sind für das Verständnis eines Entwurfs generell wichtig und bei sicherheitskritischer Systeme unabdingbar. Einheitlich verstandene Begriffe bilden eine eminent wichtige Arbeitsgrundlage im Systems Engineering und sollen Unklarheiten im Entwicklungsalltag vermeiden helfen. Nachfolgend ist ein Glossar mit Begriffen aus dem Safety-Engineering aufgeführt, die während der Entwicklung Anwendung finden können. Die Begriffe wurden von einer GfSE Arbeitsgruppe in verschiedenen Normen identifiziert und sofern möglich zu einem einheitlichen Verständnis zusammengeführt.

Criticality	Kritikalität	Bezeichnet die Kombination aus Wahrscheinlichkeit und Schweregrad einer Auswirkung durch ein Ereignis. Zusätzlich wird die Kritikalität einem Element zugeordnet. Siehe **Harmful Event**
Detection	Erkennung	Fähigkeit eines Elements Fehler oder Ausfälle zu erkennen.
Harm	Schaden	Einige Normen definieren Schaden nur als Schaden, Verletzung oder Tod von Personen; Andere Normen beinhalten auch Sachschäden.
Hazard	Gefahr	Bezeichnet die mögliche Ursache oder Quelle eines Schadens. Einige Normen beschränken dies auf eine Fehlfunktion oder einen Ausfall.
Failure Mode	Ausfall-modus	Die Art und Weise, wie ein System oder Element ausfällt.
Failure Effect	Ausfall-wirkung	Die Folge bzw. Wirkung eines Ausfalls.

---

[5] Sicherheit in der Bedeutung Betriebssicherheit als auch im Sinn von Sicherungstechnik

Harmful Event	Schädliches Ereignis	Das Ereignis oder die Situation, die einen Schaden verursacht. Siehe **Hazardous Event**.
Hazardous Event	Gefährliches Ereignis	Ein gefährliches Ereignis oder Situation ist ein Ereignis, das während der Sicherheitsanalyse berücksichtigt wird. Siehe **Hazardous Event**.
Fault	Fehler	Bezeichnet eine Bedingung, die dazu führen kann, dass ein Systemelement ausfällt.
Failure	Versagen	Ist die Beendigung der Fähigkeit, eine Funktion nach Bedarf auszuführen. Das kann eine Verletzung funktionaler oder nicht-funktionaler Anforderungen sein.
Mitigation	Minderung	Ist ein Mittel zur Reduzierung der Kritikalität oder des Umfangs von Schäden, die auftreten können.
Severity	Schweregrad	Ist die Abschätzung des Ausmaßes eines auftretenden Schadens. Siehe **Harm**
Safety Goal / Requirement	Sicherheitsziel / -anforderung	Bezeichnet eine Anforderung oder ein Ziel zur Erreichung des sicheren Betriebs eines Systems.
Risk	Risiko	Bezeichnet die Kombination aus der Wahrscheinlichkeit und der Schwere des Schadens. Abhängig von den Toleranzkriterien kann das Risiko als akzeptabel oder inakzeptabel eingestuft werden.
Safety	Sicherheit	Ist das Fehlen unannehmbarer Risiken gemäß den Toleranzkriterien bzw. die Abwesenheit von akzeptierbareren Risiken.
Common Cause Failure	Versagen durch eine gemeinsame Ursache	Bezeichnet das Versagen von zwei oder mehr Elementen, die sich aus einem einzigen spezifischen Ereignis oder Grund ergeben.

| **Failure Rate** | Ausfallrate | Bezeichnet die Rate, mit der ein Systemelement versagen kann. Je nach Norm gibt es verschiedene Berechnungsmöglichkeiten. |
| **Latent Failure** | Latente Fehler | Bezeichnet das Versagen durch verborgene oder versteckte Fehler. Dabei wurde die Anwesenheit der Fehler nicht erkannt. |

Fehler

Es ist unvermeidlich, dass in Systemen Fehler auftreten. Sowohl ein perfektes Design als auch absolute Sicherheit gegen zufällige Fehler ist mit endlichem Aufwand nicht erreichbar. Das Auftreten von Fehlern kann die einwandfreie Funktion von sicherheitskritischen Systemen beeinträchtigen. Jedoch lassen sich Fehler vermeiden und die Auswirkungen reduzieren. Um die Art von Fehlern zu verstehen müssen klare Begriffe definiert werden.

Fehlerarten

Mit statistischen Auswertungen und Tests lassen sich Aussagen über das Auftreten und die Frequenz von Fehlern machen. Fehler lassen sich in zufällige und systematische Fehler unterteilen. Zufällige Fehler entstehen z.B. durch Witterungseinflüsse oder Materialalterung die Bauteile verändern wobei nicht definiert werden kann wann sie fehlerhaft funktionieren. In der Folge kann es dann, zum Beispiel bei elektronischen Komponenten, zu Unterbrechung, Kurzschluss oder zufälligen Wertänderungen kommen. Zufällige Fehler können nicht vermieden werden aber die Wahrscheinlichkeit ihres Auftretens kann berechnet werden. Systematische Fehler können nicht mit einem Werkzeug der Zufallsbetrachtung erfasst werden. Sie treten mit der Wahrscheinlichkeit 1 auf. Systematische Fehler umfassen beispielsweise alle Softwarefehler, die zu den Designfehlern gehören. Fehler in der Spezifikation gehören auch zu dieser Kategorie.

Fehlerdauer

Die Fehlerdauer beschreibt, wie lange ein Fehler wirkt. Dabei können drei Arten unterschieden werden. Permanente Fehler bleiben unbegrenzt, oder solange bis sie behoben werden, bestehen. Manchmal werden periodische Fehler, auf Grund ihrer langen Verweildauer, als permanente Fehler identifiziert. Oft treten periodische Fehler aber nur kurzzeitig auf. Dann sind sie sehr schwierig zu erkennen und zu beheben, da die Fehlererkennung im Moment des Eintritts eines Fehlers erfolgen muss. Kurzzeitige Fehler treten spontan auf und können komplexe Auslöser haben, beispielsweise die

Auswirkung von Strahlung auf einen Speicherchip oder Stromspitzen, die den Absturz von Geräten verursachen können. Obwohl der Fehler nicht mehr auftritt, kann der Auslösen, der die Fehlfunktion verursacht hat, weiter bestehen bleiben und weitere Fehler zu unbestimmten Zeiten verursachen oder zu einem Schaden führen.

5.7.3 Das Zusammenwirken von Systems- und Safety-Engineering

Wie im Kapitel Herausforderung beschrieben, sollten der Systems und Safety-Engineering Prozess frühzeitig integriert werden. Die Aufgabe des Safety-Engineering ist, die Gefahren, die von der Nutzung eines Systems ausgehen, schrittweise während der gesamten Entwicklung zu bewerten und zu reduzieren. Damit kann das verbleibende Restrisiko für die Nutzung bzw. das Risiko nach der Nutzung des Systems auf ein akzeptables Maß reduziert werden.

Sowohl das Systems Engineering als auch das empfohlene Vorgehen zur Absicherung sicherheitskritischer Systeme folgen einem Prozess. Im Safety-Engineering wird für manche Anwendungsdomänen der Prozess in einer gültigen Norm beschrieben. Verallgemeinert man die spezifischen Prozesse so ergeben sich die in Abb. 51 dargestellten Prozesse und ihre zeitliche Abstimmung. Für die Reduktion der Gefahren können

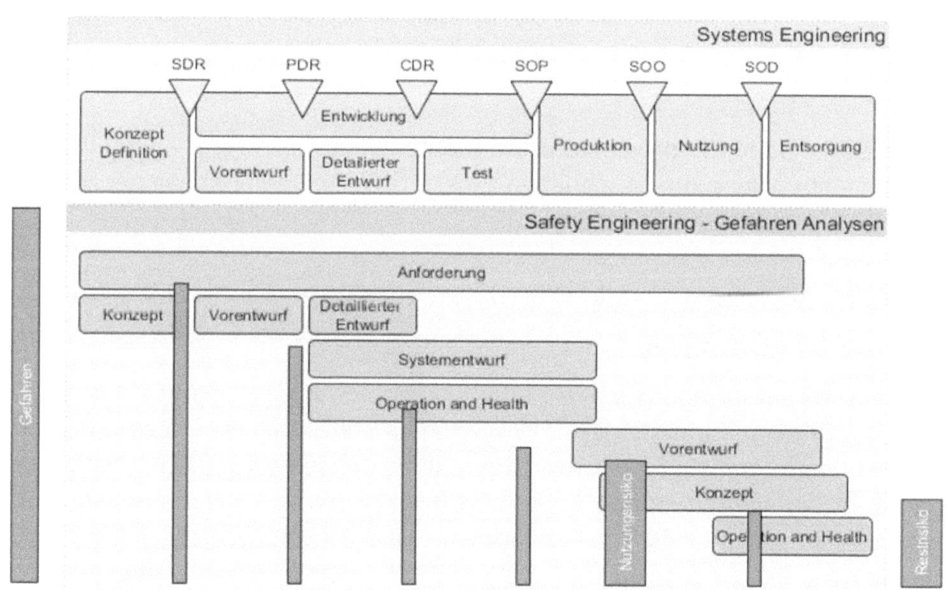

Abbildung 51: Abgestimmte Phasen des Systems- und Safety-Engineering

in den Entwicklungsphasen verschiedene Methoden angewendet werden. Die gängigsten sind in der nachfolgenden Tabelle dargestellt.

Analysen	Methoden
Anforderungen	Anforderungs Gefahren Analyse (RHA)
Konzept	Vorläufige Gefahrenliste (PHL)
Vorentwurf	Vorläufige Gefahrenanalyse (PHA)
Detaillierter Entwurf	Funktionelle Gefahrenanalyse (FHA), Fehlerbaumanalyse (FTA), Fehlermöglichkeits- und -einflussanalyse (FMECA)
Systementwurf	Fehlerbaumanalyse (FTA), Fehlermöglichkeits- und -einflussanalyse (FMECA), Analyse der häufigen Ursachen (CCA), Gefährdungs- und Bedienbarkeitsanalyse (HAZOP)
Operation and Health	Arbeitssicherheit und Gesundheitsschutzanalyse (OSHA), Gesundheitsgefährdungsanalyse (HHA)

Nachfolgend werden die prominentesten Methoden zu Gefahrenanalysen während der Systementwicklung kurz beschrieben. Eine detaillierte Beschreibung der Methode findet man in den angegebenen Normen.

5.7.4 Methoden

Gefahrenanalyse (FHA, HARA)

Die Funktional Hazard Analysis (FHA) oder die Hazard Analysis and Risk Assessment (HARA) identifizieren Gefährdungen, die von einem bzw. durch ein System verursacht werden und sind der erste Schritt im Prozess zur Risikobewertung. Das Ergebnis dieser Analysen ist die Identifizierung der verschiedenen Arten von Gefährdungen, wobei diese Gefährdungen als mögliche Ereignisse mit einer Eintrittswahrscheinlichkeit zwischen 0 und 1 beschrieben werden. Die Gefährdung kann entweder alleine oder in Kombination mit anderen Gefahren zu einem Funktionsausfall oder einem Unfall führen.

Häufig hat ein System viele potenzielle Ausfallszenarien. Die Szenarien werden einer Klasse aus einer Klassifizierung zugeordnet, die auf der Worst-Case Abschätzung des

Systemversagens basieren. Das Risiko das von diesen Szenarien ausgeht, stellt die Kombination aus Wahrscheinlichkeit und Schwere der Auswirkung eines Systemversagens dar. Dabei werden die Risiken während der Analyse in verschiedenen Stufen angegeben. Die Validierung bzw. eine genauere Vorhersage (Verifizierung) und Akzeptanz des Risikos wird in der Risikobewertung festgelegt. Das Hauptziel der Bewertung ist es, das beste Mittel zur Kontrolle oder Beseitigung des Risikos zu finden.

Fehlerbaumanalyse (FTA)

Die Fehlerbaumanalyse [182], englisch Fault Tree Analysis (FTA) basiert auf der booleschen Algebra und dient der Zuverlässigkeitsanalyse von technischen Anlagen und Systemen. Mit ihrer Hilfe kann die Wahrscheinlichkeit eines Systemausfalls bestimmt werden. Während einer Fehlerbaumanalyse werden die logischen Verknüpfungen von Teilsystemausfällen, die zu einem Gesamtsystemausfall führen könnten, in allen kritischen Verbindungen in einem System ermittelt. Im Rahmen der Analyse wird das komplette System in sogenannte „Minimal Cut Sets" eingeteilt. Diese „Sets" sind Kombinationen von Ereignissen, die einen kompletten Systemausfall verursachen können. Die Zahl der „Minimal Cut Sets" kann Millionen Ereigniskombinationen bei komplizierten Systemen erreichen. Für die Auswertung und Zusammenstellung von Fehlerbäumen bei komplizierten Systemen werden in der Regel daher spezielle Softwarepakete eingesetzt.

Die FTA ist eine Systemanalyse und findet in der Nuklearindustrie, den Raumfahrtbereich der NASA [183], der Automobilindustrie [184] und im Bereich der Luftfahrt [180] Anwendung. In der internationalen Norm IEC 61025 [184] wird das Verfahren von der International Electrotechnical Commission unter dem Begriff Fehlerzustandsbaumanalyse beschrieben. In Deutschland hat DIN die Fehlerbaumanalyse in der DIN 25424 [182] definiert.

Die Fehlermöglichkeits- und Fehlereinflussanalyse (FMEA)

Die Failure Mode and Effects Analysis [185] (FMEA), zu Deutsch Fehlermöglichkeits- und Fehlereinflussanalyse, oder in Kurzform „Auswirkungsanalyse", und die Failure Mode and Effects and Criticality Analysis (FMECA) sind analytische Methoden der Zuverlässigkeitstechnik. Das Verfahren bewertet mit Hilfe einer Kennzahl mögliche Systemfehler eines Produkts. Kriterien sind dabei die Bedeutung für den Kunden, die Auftretenswahrscheinlichkeit und die Entdeckungswahrscheinlichkeit. Hersteller nutzen diese Methoden um den Kunden den sicheren Betrieb eines Produkts nachzuweisen. Im Rahmen der Entwicklungstätigkeit wird die FMEA zur Fehlervermeidung und Erhöhung der technischen Zuverlässigkeit vorbeugend eingesetzt. In der Automobilindustrie sowie der Luft- und Raumfahrt, sowie in anderen Industriezweigen ist die FMEA sehr gebräuchlich bzw. manchmal auch gefordert.

In der Entwicklungszeit wird die FMEA mit der Absicht, Fehler zu vermeiden, eingesetzt. Damit können Folgekosten in der Produktion oder gar beim Kunden vermieden werden. Die FMEA kann, sofern sie in der frühen Phase der Produktentwicklung angewandt wird, ebenfalls zu einer Kosten-/Nutzenoptimierung in der Entwicklungsphase genutzt werden.

5.7.5 Normen

Für die Entwicklung von Systemen die zur Ausführung sicherheitskritischer Funktionen dienen, gibt es je nach Anwendungsdomäne verschiedene Normen. Die nachfolgende Liste von Normen erhebt nicht den Anspruch auf Vollständigkeit. Sie soll in erster Linie zur Orientierung für die Entwicklung und Produktion von sicherheitskritischen Systemen bzw. Teilsystemen dienen.

Allgemein

Die IEC 61508 [186] ist eine internationale Normenserie für die Entwicklung von sicherheitskritischen elektrischen, elektronischen und programmierbaren elektronischen (E/E/PE) Systemen. Sie wird von der Internationalen Elektrotechnischen Kommission (IEC) herausgegeben und vom Europäischen Komitee für Normung (CEN) inhaltsgleich als Norm EN 61508 übernommen. Diese Norm ist allgemein gültig und kann unabhängig von der Anwendungsdomäne angewendet werden. Darüber hinaus werden verschiedene domänenspezifische Normen von dieser Norm abgeleitet.

Automobilindustrie

Die ISO 26262 [187] ist eine Norm der International Organization for Standardization (ISO) für sicherheitsrelevante elektrische und elektronische Systeme in Kraftfahrzeugen und soll die Umsetzung der funktionalen Sicherheit eines Systems mit elektrischen und elektronischen Komponenten gewährleisten. Dazu werden ein Vorgehensmodell zusammen mit geforderten Aktivitäten und Arbeitsprodukten sowie die anzuwendenden Methoden während der Entwicklung und der Produktion definiert. Damit stellt diese Norm eine Anpassung der IEC 61508 an die spezifischen Gegebenheiten im Automobilbereich dar.

Transportation - Eisenbahnsysteme

Die Europäischen Normen EN 50129 [188] bzw. EN 50128 [189] werden in der Entwicklung sicherheitskritischer Hard- bzw. Software zur Ausführung sicherheitsrelevanter Funktionen bei der Eisenbahn angewandt. Für den Zulassungsprozess existiert die Prozessnorm EN 50128, eine Spezialisierung der EN 61508. Sie stellt dar, welche Verfahren, Prinzipien und Maßnahmen anzuwenden sind, damit die Software als sicher gilt. Die EN 50129 ist anwendbar auf sicherheitsrelevante elektronische Systeme für Eisenbahnsignalanwendungen.

Für alle Eisenbahnsignalsysteme, -Teilsysteme und -Einrichtungen sowie generische Teilsysteme und Einrichtungen sind die Gefährdungsanalyse- und Risikobewertungsprozesse, in der EN 50126 definiert. Diese Norm ist nur auf die funktionale Sicherheit von Systemen anwendbar und dient zur Identifikation von Sicherheitsanforderungen.

Luftfahrt

Die ARP4761 [180] "Guidelines and Methods for Conducting the Safety Assessment Process on Civil Airborne Systems and Equipment" ist eine empfohlene Praxis für die Nachweisführung in der Luft- und Raumfahrt. Der Prozess der funktionalen Sicherheit konzentriert sich auf die Identifizierung von Funktionsausfällen, die zu Gefährdungen führen. Dabei stellen die Gefahrenanalysen und -bewertungen in Form der Functional Hazard Analysis den zentralen Kern für die Ermittlung von Gefahren dar. Erste Namen waren Aircraft Functional Hazard Analysis (AFHA) und dann System Functional Hazard Analysis (SFHA). Mit Hilfe einer qualitativen Bewertung werden die Flugzeugfunktionen und anschließend die Systemfunktionen systematisch auf Fehlerzustände analysiert und klassifiziert. Die Gefahrenklassifizierungen stehen in engem Zusammenhang mit den Development Assurance Levels (DALs) und sind zwischen ARP4761 und den zugehörigen Dokumenten wie ARP4754A, 14 CFR 25.1309 und den Normen DO-254 [190] und DO-178 [191] abgestimmt. Die ARP4754A - Guidelines for Development of Civil Aircraft and Systems - ist eine Richtlinie die sich mit den Entwicklungsprozessen befasst, die die Zertifizierung von Luftfahrzeugsystemen unterstützen und „den gesamten Entwicklungszyklus abdecken". In der Norm wird klar beschrieben, wie die Development Assurance Level (DAL) für die komplexen Aktivitäten der Hard- und Softwareentwicklung und -verifikation bestimmt werden können. Dabei wird zwischen den Funktionalen (FDAL) und physikalischen (Item - DAL) Design Assurance Level unterschieden.

Die DO-178/ED-12, Software Considerations in Airborne Systems and Equipment Certification ist das wichtigste Dokument, mit dem die Zertifizierungsstellen wie FAA, EASA und Transport Canada alle kommerziellen softwarebasierten Luftfahrtsysteme genehmigen. Das Dokument wird von Radio Technical Commission for Aeronautics (RTCA) in Zusammenarbeit mit European Organization for Civil Aviation Equipment (EUROCAE) veröffentlicht. Die DAL auf Software-Ebene wird aus dem Prozess der Sicherheitsbewertung und der Gefahrenanalyse bestimmt, indem die Auswirkungen eines Fehlerzustandes im System untersucht werden. Die Ausfallbedingungen werden nach ihren Auswirkungen auf das Flugzeug, die Besatzung und die Passagiere kategorisiert.

Katastrophal	Ein Ausfall kann zum Tod führen, in der Regel mit Verlust des Flugzeugs.
Gefährlich	Ein Versagen hat einen großen negativen Einfluss auf die Sicherheit oder Leistung, reduziert die Fähigkeit der Besatzung, das Flugzeug aufgrund von körperlichen Schwierigkeiten oder einer höheren Arbeitsbelastung zu bedienen, oder verursacht schwere oder tödliche Verletzungen bei den Passagieren.
Schwer	Ein Ausfall reduziert die Sicherheitsmarge erheblich oder erhöht die Arbeitsbelastung der Besatzung erheblich. Kann zu Unbehagen bei den Fahrgästen führen (oder sogar zu leichten Verletzungen).
Geringfügig	Ein Fehler reduziert die Sicherheitsmarge geringfügig oder erhöht die Arbeitsbelastung der Crew leicht. Beispiele können sein, dass Passagiere Unannehmlichkeiten haben oder eine routinemäßige Änderung des Flugplans.
Keine Auswirkung	Ein Ausfall hat keine Auswirkungen auf die Sicherheit, den Flugbetrieb oder die Arbeitsbelastung der Besatzung.

Die DO-254 „Design Assurance Guidance for Airborne Electronic Hardware" ist eine Norm, die Leitlinien für die Entwicklung von Airborne Electronic Hardware enthält. Dabei deckt Sie auch komplizierte elektronische Hardware wie Field Programmable Gate Arrays (FPGAs), Programmable Logic Devices (PLDs) und Application Specific Integrated Circuits (ASICs) ab. Sie ist die Ergänzung zur DO-178. Damit berücksichtigt die FAA dass sowohl Hardware als auch Software für den sicheren Betrieb von Flugzeugen entscheidend sind.

Verteidigungssysteme

Die Norm MIL-STD-882 [192] beschreibt die Standard-Praxis für die Systemsicherheit. In der Norm sind generische Methoden, z.B. Preliminary Hazard Analysis, zur Identifizierung, Klassifizierung und Minderung von Gefahren angegeben. Diese Norm ist für Vertragspartner des Department of Defense (DoD) der USA vorgesehen. Dabei sieht sich das DoD verpflichtet, Personal vor Unfalltod, Verletzung oder Berufskrankheit zu schützen. Ebenso sollen Verteidigungssysteme, Infrastruktur und Eigentum vor unbeabsichtigter Zerstörung oder Beschädigung geschützt werden, während die Anforderungen an die nationale Verteidigung erfüllt werden. Im Rahmen von Missionsanforderungen will das Verteidigungsministerium auch sicherstellen, dass die Umwelt so weit wie möglich geschützt wird. Die Norm beschreibt den Ansatz zur Identifizierung von Gefahren, zur Bewertung und Minderung der damit verbundenen Risiken bei der Entwicklung, Prüfung, Herstellung, Verwendung und Entsorgung von Verteidigungssystemen. Ein Hauptziel ist es, den Einsatz der beschriebenen Methode auszuweiten, um das Risikomanagement in den gesamten Systems-Engineering Prozess zu integrieren und nicht die Gefahren als betriebliche Überlegungen anzusehen. Dabei sollte die Norm nicht nur von Sicherheitsfachleuten, sondern auch von anderen Fachdisziplinen genutzt werden können, um Gefahren zu identifizieren und Risiken durch den Systems Engineering Prozess zu minimieren.

5.8 Agilität im Systems Engineering

Das Hinzukommen sogenannter „agiler Methoden" kann wohl mit Fug und Recht als eine der bedeutendsten Veränderungen im <u>Software Engineering</u> der vergangenen rund 20 Jahre bezeichnet werden. Insbesondere die Anwendung des agilen Frameworks „Scrum" ist mittlerweile verbreitet. Die stark zunehmende Komplexität von zu erfüllenden Anforderungen, als auch die Komplexität der verwendeten Technologien und komplizierte Projektorganisationen, ließ sich nicht mehr erfolgreich mit Hilfe traditioneller Projektmanagementmethoden in den Griff bekommen. Daher suchte man nach neuen Möglichkeiten, um Projekte im Umfeld der Softwareentwicklung, wie etwa Web-Applikationen, erfolgreich durchzuführen.

5.8.1 Warum Agilität?

Auch die Rahmenbedingungen für die der Softwareentwicklung übergeordnete Systementwicklung ändern sich in den letzten Jahrzehnten drastisch. Faktoren wie Globalisierung, Individualisierung, Vernetzung, Digitalisierung, Miniaturisierung, Automatisierung und Virtualisierung haben enorme Auswirkungen auf unser Entwicklungsumfeld.

Wir erleben dadurch zunehmend Volatilität, Unbeständigkeit, Unsicherheit, Komplexität und Mehrdeutigkeit – die VUCA-Welt. Der Begriff VUCA ist ein englisches Akronym aus den 90-ziger Jahren, das dieses Phänomen mit den vier Begriffen: Volatility, Uncertainty, Complexity, Ambiguity gut beschreibt. Als Reaktion auf diese geänderten Bedingungen ist die agile Vorgehensweise auch im Systems Engineering bekannt geworden. Sie könnte hilfreich sein um den sich ändernden Rahmenbedingungen gerecht zu werden.

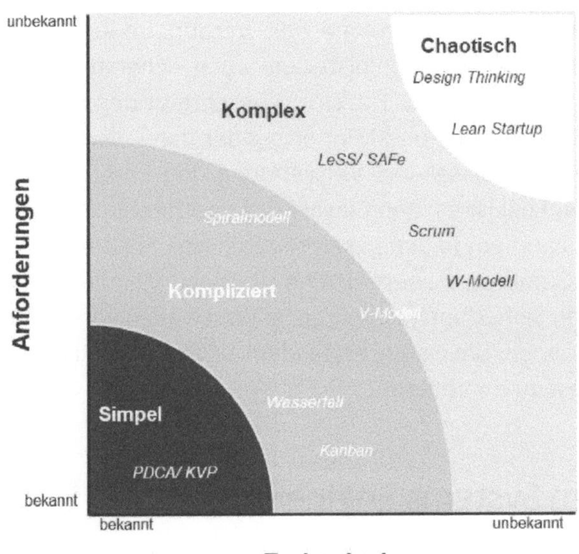

Abbildung 52: Stacey-Matrix und Vorgehensmodelle [218]

In Kapitel 1.5. wurden bereits die Wesensunterschiede zwischen „komplizierten" und „komplexen" Systemen aufgezeigt (Cynefin-Framework, Stacey-Matrix). Und genau da setzen die agilen Vorgehensweisen an. Die traditionellen Prozesse und Methoden des Projektmanagements und des Systems Engineering sind auf „komplizierte Systeme" ausgelegt, bei denen eine komplizierte, aber nicht undurchdringbare Umwelt besteht. Mit Vorgehensmuster wie Planung, Analyse, Prozessen etc. lassen sich Ursache-Wirkungs-Beziehungen in den Griff bekommen. Die Einordnung der Vorgehensmodelle und Frameworks in die Stacey-Matrix liefert hierbei nur eine Indikation, zeigt aber auch, dass die agilen Methoden (Scrum, LeSS/ SAFe, Lean Startup) insbesondere für komplexe und chaotische Problemlösungsprojekte geeignet sind, da diese von hoher Unsicherheit geprägt sind und sich Ursache-Wirkungsbeziehungen nicht eindeutig definieren und vorhersagen lassen.

In der VUCA-Welt hat man diese Ursache-Wirkungs-Beziehungen nicht mehr vorrangig. Hier befindet man sich in einem „komplexen System", in dem man Ursache-Wirkungs-Beziehungen - wenn überhaupt – erst im Nachhinein feststellen kann. Eine komplexe Welt zeichnet sich durch eine starke Verknüpfung mit vielen Wechselwirkungen aus. Dreht man einem kleinen Schräubchen, kann man nicht im Vorhinein sagen, wie sich das Gesamtsystem verhalten wird. Handlungsmuster wie Probieren – Analysieren – Anpassen, Inspect-and-Adapt oder Do-Act-Plan-Check sind deutlich erfolgreicher. Das Akronym VUCA lässt sich ebenfalls für eine Überlebensstrategie dafür verwenden: Vision, Understanding, Clarity und Agility.

Gleichzeitig zeigt ein Blick in die Zukunft das zunehmend Systeme in einem System-of-Systems bzw. Ökosystem eingebettet sind, die unterschiedliche Weiterentwicklungszyklen haben.

Bei Handlungsmuster wie oben beschrieben spielt der sog. Faktor „Mensch" eine starke Rolle. Themen wie Zusammenarbeit, Selbstorganisation, Autonomie von Teams, soziale und sozio-technische Systeme, Führung, Organisation etc. bleiben wichtige Teile der Rollenbeschreibung eines Systems Engineers sind aber neu zu gewichten.

5.8.2 Was ist Agilität?

Einer der bekanntesten Vertreter von agilen Vorgehensweisen ist „Scrum". Das ist ein Framework, das vor allem in der Software-Entwicklung erfolgreich angewandt wird. Auffällig ist hier vor allem das iterativ-inkrementelle Vorgehen. Agilität geht jedoch weit darüber hinaus. Damit „Agilität" wirklich funktioniert, muss sie auf mehreren Ebenen eingesetzt werden: Denken und Haltung, Organisationsstruktur und -kultur, Vorgehen, Prozesse, Methoden und Techniken. Zum Beispiel eine Organisation wird wenige Vorteile erlangen, wenn sie stark hierarchisch und nach Fach-Silos gegliedert bleibt, und dabei agile Techniken aus Scrum nur für die Software-Entwicklung einsetzt.

Bevor wir nun Anregungen erläutern, wie sich agile Ansätze im Kontext des Systems Engineering anwenden lassen, wollen wir anhand des agilen Frameworks „Scrum" und seiner Geschichte weitere Aspekte von Agilität aufzeigen.

5.8.3 Das agile Manifest– die Basis von Agilität

Die Erkenntnis einer steigenden Komplexität hatten Softwareentwickler, die sich im Jahr 2001 in Snowbird (Utah) in den Rocky Mountains trafen, um über Gemeinsamkeiten und Unterschiede ihrer Vorgehensweisen und Frame-Works zu diskutieren und um den „kleinsten gemeinsamen Nenner" herauszuarbeiten; sozusagen die Quintessenz agiler Softwareentwicklung. Das Ergebnis dieser Zusammenkunft war eine Grundsatzerklärung, ein sogenanntes „Manifest". Das „Manifesto for Agile Software Development" oder kurz: das „Agiles Manifest", ist als ein Appell zur Veränderung zu verstehen, und besteht aus vier Leitsätzen (Werten) und 12 Prinzipien. (siehe [193]).

In seiner deutschen Übersetzung lautet das „Agile Manifest" wie folgt:

> „Wir erschließen bessere Wege, Software zu entwickeln, indem wir es selbst tun und anderen dabei helfen. Durch diese Tätigkeit haben wir diese Werte zu schätzen gelernt:
> - o **Individuen und Interaktionen** - mehr als Prozesse und Werkzeuge
> - o **Funktionierende Software** - mehr als umfassende Dokumentation
> - o **Zusammenarbeit mit dem Kunden** - mehr als Vertragsverhandlung
> - o **Reagieren auf Veränderung** - mehr als das Befolgen eines Plans
>
> Das heißt, obwohl wir die Werte auf der rechten Seite wichtig finden, schätzen wir die Werte auf der linken Seite höher ein." [194]

Ein besonderes Augenmerk in den vier Leitsätzen gilt der sprachlichen Verbindung „mehr als" zwischen den linken und den rechten Satzteilen. Das stellt eine ganz bewusste Bewertung dar und drückt aus, dass der linke Teil als wichtiger erachtet wird, wobei aber der rechte Teil NICHT unwichtig, oder gar komplett zu vernachlässigen wäre. **Prozesse, Werkzeuge oder Dokumentation haben selbstverständlich nach wie vor ihre Daseinsberechtigung.**

Durch die höhere Gewichtung der linken Seite möchte das agile Manifest vor allem

- die Menschen,
- ihre Qualifikation,
- effiziente Kommunikation und
- Zusammenarbeit

in den Mittelpunkt stellen. Was letztlich nicht vergessen werden darf ist, dass die agilen Entwicklungsmethoden einen anderen Ansatz sowohl im Vorgehen als auch bezüglich der Strukturierung und Organisation in den Unternehmen verfolgen. Dadurch geht es bei Agilität oft zunächst um Transformation der Arbeitsweise, der Betrachtungsweise, der „Firmenkultur" und der Strukturen im Unternehmen.

5.8.4 Das Vorgehen in Scrum

Scrum gilt als Gegenentwurf zum „klassischen Vorgehen" (= Wasserfall Modell) bei Entwicklungsprojekten. Anstatt das Projekt von Anfang bis Ende detailliert in Phasen durchzuplanen und sequentiell abzuarbeiten, wie es das bereits erwähnte „Wasserfall-

Modell" und dessen Variationen vorsehen, geht man bei Scrum im Rahmen den sogenannten **Sprints** (synonym: Iterationen) vor – das sind zeitlich begrenzte, sich zyklisch wiederholende Arbeitsabschnitte. Die Sprints sind dabei „time boxed". D. h. ein Sprint wird grundsätzlich nicht verlängert oder verkürzt. Sprints haben dabei immer eine zuvor festgelegte Dauer von in der Regel zwei, drei oder vier Wochen. Länger dauernde Sprints werden nicht empfohlen.

Bei Scrum ist es essenziell, dass innerhalb eines Sprints jedes Mal ein **Produktinkrement** erstellt wird, mit dem eine tatsächliche Leistungsverbesserung im zu entwickelnden Produkt erzielt wird. Das bedeutet, diese neue Funktionalität ist – das ist besonders wichtig – einsatzfähig, d.h. getestet und auch ausreichend dokumentiert. Im Klartext: am Ende jedes Sprints liegt ein Produktinkrement stets in einer derart hohen Qualität vor, dass es (theoretisch) für seinen vorgesehenen Einsatzzweck verwendet werden könnte. Funktionalität, die lediglich „halb fertig" ist, wird nicht akzeptiert und gilt als nicht realisiert.

Scrum ist ein „empirisches" und „adaptives" Vorgehen; das heißt, dass regelmäßige **Rückkopplungsschleifen** vorhanden sind, um aus den vergangenen Sprints für die Zukunft zu lernen. Dieses Lernen betrifft dabei sowohl das zu entwickelnde Produkt, als auch das Vorgehen mit Scrum selbst. Im sogenannten **Sprint-Review** am Ende jedes Sprints, wird das bisher entstandene Produkt allen relevanten Stakeholdern vorgeführt. Die Beteiligung der Stakeholder ist dabei sehr wichtig, da diese die fertige Funktionalität des Produktinkrements validieren sollen. Das Sprint Review dient dazu, um

- früh Missverständnisse auszuräumen,
- eine Vorstellung über den Fertigstellungsgrad des Produkts zu erhalten,
- Risiken zu identifizieren und
- eventuelle Probleme transparent zu machen.

Darüber hinaus reflektiert das Srum Team zusammen mit dem Scrum Master noch in einer sogenannten **Retrospektive** das Scrum Vorgehen im letzten Sprint. Hier sind die Stakeholder und der Product-Owner nicht anwesend. In der Retrospektive macht das Team Arbeitsbehinderungen und Störungen transparent, und entwickelt Strategien und Lösungen, um die identifizierten Hindernisse zukünftig zu beseitigen.

Die Beschreibung der Vorgehensweise von Scrum zeigt bereits, dass man nicht ohne Regeln, Prozesse und Dokumentation auskommt. Vielmehr zeichnen sich nahezu alle agilen Entwicklungsmethodiken durch ein starkes Korsett von Regeln, Rollen und Prozessen aus, die wiederholbar, planerisch durchgeführt und gesteuert werden. Die Logik dahinter liegt darin, die Organisationskomplexität (Reviews, Planungsmeetings, Fortschrittsmeetings) so gering wie möglich zu halten, um eine Fokussierung auf die Produktkomplexität zu legen und innovative Lösungen zu finden.

5.8.5 Die Rollen in Scrum

Ein Teil der Regeln von Scrum beruht darauf, dass eindeutige „Rollen" beschrieben werden. Scrum setzt dabei auf eine leichtgewichtige Organisation, die mit wenigen Rollen auskommt. Die drei Rollen bei Scrum sind:

- der Product-Owner,
- der Scrum Master und
- das Scrum Team.

Scrum ist „team empowered", d.h. dem **Scrum Team** wird bei diesem Vorgehen eine besondere Macht und Bedeutung zugemessen. Daher wird das Team mit einer weitreichenden Entscheidungskompetenz ausgestattet. Man sagt deshalb auch, dass das Team einer von drei Managern in Scrum ist. Auch diesbezüglich knüpft das Framework an die Arbeiten von TAKEUCHI und NONAKA an, da auf kleine, autonome und crossfunktionale (d.h. interdisziplinär besetzte) Entwicklungsteams gesetzt wird. Die Selbstorganisation des Teams ist dabei essenziell, denn die Teammitglieder dürfen in ihrer Kompetenzdomäne frei entscheiden bzw. sie entscheiden übergreifende Themen, beispielsweise bezüglich der Architektur des zu entwickelnden Systems, gemeinsam im Team, und bekommen diesbezüglich nichts von einem Abteilungs-, Gruppen- oder Projektleiter vorgeschrieben. Das gilt auch für die eingesetzten Entwicklungsmethoden und Werkzeuge, die nicht von außen vorgegeben, sondern vom Team selbst ausgewählt werden.

Auch der **Product-Owner**, eine weitere Rolle im Scrum, darf dem Team keine Arbeitsweise vorschreiben: er ist NICHT dessen „Chef". Stattdessen ist der Product-Owner verantwortlich für die fachliche Seite. Diese Rolle ist die Schnittstelle zwischen dem Kunden und dem Scrum-Team. Sie klärt Wünsche und Ziele des Kunden, steht bei Unklarheiten von beiden Seiten Rede und Antwort, und sorgt dafür dass die Anforderungen – sowohl funktionale Anforderungen als auch Qualitätsanforderungen – priorisiert werden, d.h. in einer sinnvollen Reihenfolge umgesetzt werden. Der Product-Owner führt auch das sogenannte Product-Backlog. Dabei handelt es sich um eine nach Priorität geordnete Auflistung der „Wünsche und Forderungen" (z.B. in der Form von „Use Cases") an das Produkt. Daraus folgt, dass der Product-Owner auch maßgeblich für den Projekterfolg verantwortlich ist.

Die dritte Rolle in Scrum ist der **Scrum Master**. Dieser kann mit einem Prozess-Coach verglichen werden. Er sorgt dafür, dass die Spielregeln eingehalten werden und achtet auf die korrekte Durchführung des Vorgehens. Auch der Scrum-Master hat NICHT die Rolle eines Teamchefs – er hat nichts mit der inhaltlichen (fachlichen) Arbeit an dem Projekt zu tun. Gleichwohl darf der Scrum Master eingreifen, wenn es Probleme oder

Hindernisse bei der Durchführung von Scrum gibt. Er ist der Moderator, Coach, Vermittler usw. und sorgt für die effiziente Kommunikation, beispielsweise zwischen dem Product-Owner und dem Team. Er darf auch intervenieren und das Team „schützen", wenn beispielsweise die Selbstorganisation des Teams behindert wird, wenn das iterativ-inkrementelle Vorgehen nicht eingehalten wird oder wenn andere „Störungen von außen" auftreten.

5.8.6 Agile Ansätze im Systems Engineering

Innerhalb des Systems Engineering gibt es viele Vorbehalte bezüglich Agilität. Solange man in seinem Umfeld nicht (oder unwesentlich) mit den Auswirkungen der VUCA-Welt konfrontiert ist, greifen die bewährten Methoden und Techniken des Systems Engineering, und "agile" Methoden sind nicht unbedingt hilfreich. Die Skepsis bezüglich einiger Methoden oder Techniken ist also durchaus nachvollziehbar. Zum Beispiel sind Produktinkremente als Ergebnis am Ende eines jeden Sprints nur schwer vorstellbar, wenn man es mit der Entwicklung eines sehr komplexen technischen Systems, wie beispielsweise einem Flugzeug oder einem Auto, zu tun hat. Aber sie sind Machbar. Zudem sind viele der typischen Einsatzgebiete für Systems Engineering stark reglementiert, insbesondere dort wo strenge Anforderungen an die funktionale Sicherheit (z.B. nach der generischen IEC 61508, oder branchenspezifischeren Normen) eine bedeutende Rolle spielen.

Im Systems Engineering hat man es allerdings auch nicht immer gleich mit einer Flugzeugentwicklung zu tun. Oftmals wird die Arbeit in „kleinere Teile" zerlegt. Und gerade kleine und mittelständische Unternehmen sind zumeist eher mit der Entwicklung von moderat komplexen Systemen konfrontiert. Auch die Norm ISO/IEC/IEEE 15288 gibt kein bestimmtes Vorgehen vor, sondern ist lediglich ein Rahmenwerk mit Prozessbeschreibungen und ihren Ergebnissen (process outcomes). Ob man die Ergebnisse mit Hilfe eines Vorgehens nach Methode „A" oder nach Methode „B" erzeugt, wird nicht vorgeschrieben.

Ein weiteres häufig vorgetragenes Argument gegen Agilität lautet, dass man in einem regulierten Umfeld ja gar nicht agil arbeiten dürfe. An dieser Stelle gilt zunächst einmal zu analysieren, um welche Regularien es sich genau handelt, die einzuhalten sind. Vorgegebene Regeln, Normen, Verordnungen und Leitlinien, wie sie beispielsweise von der amerikanischen Food and Drug Administration (FDA) definiert werden, oder wie sie durch diverse Normen (ISO 61508, ISO 26262 usw.), die funktionale Sicherheit betreffend, verbindlich vorgeschrieben werden, können im Grunde ja genauso behandelt werden, wie alle anderen Anforderungen an das Projekt. Derartige Regularien können für die Entwicklungsorganisation fest einzuhaltende Arbeitsweise vorgeben, womit aber eine agile Vorgehensweise in keinster Weise ausgeschlossen ist. Normen, die ein bestimmtes Vorgehen vorschreiben, müssen hinterfragt werden, an welchen Stellen diese den agilen Vorgehensweisen widersprechen.

Viele Ansätze und Methoden aus agilen Vorgehensweisen lassen sich daher ohne weiteres direkt im Systems Engineering verwenden. und bei Ansätzen, die nicht 1:1 übernommen werden können, sind ohne weitere Alternativen vorstellbar. Im Folgenden werden wir einige Ideen dazu kurz vorstellen und diskutieren.

Die **Bildung autonomer, cross-funktionaler und selbstorganisierter Entwicklungsteams** ist selbstverständlich auch in einem Projekt möglich das die Prinzipen von Systems Engineering anwendet. Da bei derartigen Projekten in der Regel mehr Ingenieurdisziplinen (Maschinenbau, Elektrik/Elektronik, Software oder auch Safety Engineers, Logistiker usw.) beteiligt sind, als in einer reinen Softwareentwicklung, werden die Teams tendenziell größer. Aus der Forschung über Gruppendynamik und aus den Kommunikationswissenschaften weiß man, dass ideale Teams zwischen sieben und zehn, bis hin zu maximal 12 Mitgliedern bestehen sollten. Zudem ist eine räumliche Nähe aller Teammitglieder anzustreben. Idealerweise befinden sich alle Teammitglieder im selben Raum. Das ist bei einem Projekt mit 50, 100 oder noch deutlich mehr Entwicklern und Ingenieuren nicht mehr möglich.

Die **Besetzung spezifischer Rollen**, wie der des Scrum Masters und der des Product-Owners, sind grundsätzlich ebenfalls möglich. Wird ein Projekt derart komplex, dass die anspruchsvollen Aufgaben eines Product-Owners nicht mehr von einer einzigen Person wahrgenommen werden kann, so denken viele häufig über die Installation eines Product-Owner Teams nach. Abgesehen davon, dass Scrum für diese Rolle explizit eine einzige Person fordert, ist hiervon jedoch generell abzuraten. Der Abstimmungsbedarf in einem solchen Team wäre höher, Entscheidungen würden nicht mehr schnell genug getroffen, und jedes Mitglied des Product-Owner Teams kann sich hinter den anderen „verstecken", wenn es um das Thema Verantwortlichkeiten geht. Das Entwicklungsteam hätte auch nicht mehr einen einzigen Ansprechpartner. Einen interessanten Ansatz um u.a. mit dieser Herausforderung umzugehen bietet das Framework LeSS (Large Scale Scrum) von BAS VODDE und CRAIG LARMAN [195].

Scrum Meetings, wie das „Planungsmeeting" zu Beginn einer jeden Iteration, das sogenannte „Daily Stand-Up „Meeting, „Sprint Review" oder die „Retrospektive", können ohne weiteres auch in Systems Engineering geführten Projekten durchgeführt werden.

Das **iterativ-inkrementelle Vorgehen** dürfte wohl die sowohl die größte Heraus-forderung als auch von größtem Nutzen sein. Ist es möglich, frühzeitig und häufig ein Produktinkrement dem Kunden zu liefern, hat man größtmögliche Risikominimierung.

Notwendig dafür ist es, nicht nur Anforderungen sondern auch Architekturen iterativ-inkrementell zu erstellen und umzusetzen. Das erfordert eine komplett andere Organisationsstruktur und Unternehmenskultur.

Die **Kombination verschiedener Vorgehensmodelle** ist ein möglicher weiterer Ansatz um agile Entwicklungsmethoden, die in der Softwareentwicklung oft gesetzt sind, mit plangetriebenen Ansätzen zu kombinieren. Hierzu wurde in Anlehnung an das V-Modell auch das W-Modell [196] entwickelt, welches die Konzeptentwicklung analog zum V-Modell durchführt. Im Rahmen der tatsächlichen ingenieursmäßigen Entwicklung der Komponenten wird aber zwischenzeitliche eine Integration vorgenommen, um die Kompatibilität der verschiedenen Domänen frühzeitig sicherzustellen. Das W-Modell beschreibt dabei nicht, wie häufig die Integration vorgenommen werden muss. Dies ist je nach Entwicklungsprojekt individuell festzulegen. Somit könnte die Softwareentwicklung weiterhin agile Entwicklungsmethoden anwenden und wird zu definierten Integrationspunkten mit der E/E- und Mechanikentwicklung synchronisiert. Dieser Ansatz kann auch mit anderen skalierten agilen Entwicklungsmethoden, z.B. SAFe (Scaled Agile Framework), angewendet werden, welches auch alle 8-12 Wochen eine Integration der Gesamtergebnisse vorsieht.

Natürlich gibt es auch „halb-agile" Ansätze, die nicht alle Werte und Prinzipien der Agilität befolgen. Die Gefahr ist, dass wesentliche Vorteile der Agilität auf der Strecke bleiben. Viele Unternehmen versuchen derzeit solche pseudo- oder halb-agile Ansätze mit unterschiedlichem Erfolg. Hier wird gefragt, was den Stakeholdern bzw. dem Kunden vorgeführt werden kann, wenn es nach der (oder ggf. auch den) ersten Iteration(en) noch kein Produktinkrement geben kann? Bei dieser Fragestellung ist es hilfreich, noch einmal einen Schritt zurückzutreten und sich vor Augen zu führen, was denn mit der periodischen Erstellung und Präsentation eines funktionsfähigen Produktinkrements erreicht werden soll. Das Ziel, das mit Hilfe des „potenziell auslieferbaren Produktinkrements" verfolgt wird, ist, dass insbesondere die Stakeholder der Auftraggeberseite (Kunde) regelmäßig etwas bekommen, was sie hinsichtlich Anforderungserfüllung, Nutzbarkeit und Zweckmäßigkeit beurteilen können. Es geht also um ein qualifiziertes Feedback an die Entwicklungsorganisation, um das Klären von Fragen oder Missverständnissen, und damit um eine Verringerung des Projektrisikos. Kann es also in den frühen Phasen auf Grund von bestimmten Rahmenbedingungen dieses Produktinkrement noch nicht geben, so kann man stattdessen etwas anderes präsentieren, anhand dessen ein qualifiziertes Feedback möglich ist. Beispiele dafür wären: Systemmodelle, physische Modelle (z.B. aus einem 3D-Drucker oder anderen generativen Fertigungsverfahren), Computersimulationen, Low-Fidelity-Prototypen usw. Setzt man das iterativ-inkrementelle Vorgehen nur für untergeordnete Bereiche ein, z.B. für die Erstellung von Software, für Entwicklungsartefakte wie Spezifikation, Testfälle, Dokumentation oder Berichte, dann wird der sich ergebende Vorteil eher gering sein.

Anforderungen und Dokumentation werden in den ursprünglichen agilen Konzepten gar nicht oder nur am Rande betrachtet. Anforderungen und Dokumentation sind nicht nur im Systems Engineering eine durchgängige Basis für die Systementwicklung. Die Ziele von Anforderungen aus Kapitel 5.3 „Komplexität beherrschen, Vereinbaren, Wissen managen, Transparenz herstellen, Kommunikation unterstützen" gelten auch für Dokumentation, und sind gerade in der VUCA-Welt und in der Agilität wichtige Leitlinien. In demselben Kapitel haben wir schon die Bedeutung von und den Umgang mit den „Anforderungen im agilen Umfeld" beschrieben. Genauso hat Dokumentation nicht nur einen nach „innen" gerichteten Zweck. Produkte entstehen z.B. nicht in einem rechtsfreien Raum. Um dem gerecht zu werden ist in jedem Fall eine Dokumentation zu erstellen für die auch die Papierform hilfreich ist. Die Aufgabe, das geeignet zu initiieren und zu kontrollieren, fällt dem Systems Engineering zu.

Agilität im Systems Engineering wird derzeit viel diskutiert und ist noch wenig verbreitet. Eine agile Vorgehensweise kann auf allen Ebenen, oder auch ausschließlich, eingesetzt werden. Essentiell ist dabei, dass die agile Werte und Prinzipien, wie sie z.B. im agilen Manifest stehen, konsequent verfolgt werden. Es existieren schon einige internationale Unternehmen, die Hardware und große Systeme (u.a. Flugzeuge, Automobile, Platinen und Elektronik) durchgängig und erfolgreich mit Agilität entwickeln. Sie zeigen, dass agiles Systems Engineering praktisch möglich ist. Gleichzeitig ist festzuhalten, dass dem bereits beschriebenen Themenfeld „Tailoring" hier eine wesentliche Betrachtung zufällt, um die Entwicklungsmethodik an die dargelegte Problemstellung, das System und die Rahmenbedingungen, anzupassen.

5.9 Kapitelautoren und andere wichtige Quellen

In diesem Kapitel haben sich mehrere Personen eingebracht. Allen vorweg möchten wir **Thaddäus Dorsch** für die fachliche Koordination der ursprünglichen Fassung danken. Als neuen Autor konnten wir **Axel Berres** begrüßen. Die Überarbeitung für diese Ausgabe hat **Martin Geisreiter** erbracht.

Die folgenden **Autoren** waren an diesem Kapitel beteiligt:

- Martin Geisreiter
- Thaddäus Dorsch,
- Axel Berres
- Dieter Scheithauer,

- Stephan Roth,
- Tim Weilkiens,
- Jürgen Rambo,
- Jesko Lamm,
- Christian von Holst,
- Wolfgang Ansorge,
- Marco Prillwitz,
- Johannes Fritz.

Wir greifen in der täglichen Arbeit auf das bereits niedergeschriebene Wissen von anderen zu. Beim Schreiben dieses Buchs haben wir das ebenfalls getan. Das haben wir in den Texten mit zahlreiche Quellenangaben gewürdigt.

Für weiterführende Informationen und als besonders lesenswerte Quellen empfehlen wir folgende Quellen:

- Sophist Group, Chris Rupp: **Systemanalyse kompakt.** Springer, Berlin, Heidelberg; 2009.
- Tim Weilkiens: **Systems Engineering mit SysML/UML.** dpunkt-Verlag, Heidelberg; 2016.
- Tim Weilkiens, Jesko G. Lamm, Stephan Roth, Markus Walker: **Model-Based System Architecture.** Wiley, Hoboken, NJ; 2015.

Kapitel 6
Gedanken

Im letzten Kapitel wollen wir uns ein paar abschließende Gedanken zum Buch und dem Thema Systems Engineering machen. Im ersten Abschnitt geben wir eine kurze Zusammenfassung des Buches und ziehen ein Fazit. Im darauffolgenden Unterkapitel behandeln wir die Herausforderungen bei der Einführung von Systems Engineering und des zugehörigen „Mind Changes" in Organisationen. Im letzten Teil findet man ein paar Gedanken zur Zukunft und einen Ausblick.

6.1 Zusammenfassung

Genauso, wie dieses Buch als Gemeinschaftswerk von engagierten GfSE Mitgliedern mit unterschiedlichsten Blickwinkeln entstanden ist, stellt auch Systems Engineering verschiedenste Ansätze für die Entwicklung von Produkten bereit. Wie eine Art Bauchladen bietet Systems Engineering Werkzeuge, Methoden, Techniken und Hilfsmittel an. Diese werden kombiniert zu einem Ganzen und machen die Entwicklung von komplexen und weniger komplexen Systemen erfolgreich und nutzbringend für die Kunden und die Entwickler.

Alle Systems Engineering „Bausteine" haben eine bestimmte Aufgabe oder ein bestimmtes Ziel, um den Erfolg der Entwicklung zu unterstützen. In ihrer Gesamtheit bieten die Bausteine die gesammelte Erfahrung aus meist großen und komplexen Projekten in der Systementwicklung und haben sich vielfach bewährt. Geht man den wichtigen Schritt der Anpassung (tailoring) dieser „Bausteine" an die Projektbedarfe so können sie sehr wohl auch für „kleinere" Projekte erfolgreich und zum Vorteil eines Entwicklungsvorhabens eingesetzt werden.

Ob und welche Werkzeuge des Systems Engineerings im Unternehmen oder im konkreten Projekt angewandt werden, muss an den spezifischen Kontext des Unternehmens, des Projekts und der daran beteiligten Personen angepasst werden.

Die Orchestrierung dieser „Bausteine" ist eine der großen Hauptaufgaben des Systems Engineers. **Er** ist die Klammer in der Entwicklung. Mit seinen Tugenden bringt er die Menschen und Methoden zusammen. Er sorgt für das Systemdenken in der Entwicklung und bringt viele weitere seiner Tugenden und „Metasichten" in ein Projekt, sodass alle Beteiligten gemeinsam am gleichen Strang ziehen und erfolgreich Produkte entwickeln.

6.2 Mind Change und SE Einführungsstrategien

Die erstmalige Anwendung und Einführung von Systems Engineering oder Systems Engineering Techniken kann ein weitreichender Eingriff in die Arbeitsweisen und Gewohnheiten von Organisationen und Mitarbeitern sein. Der holistische Entwicklungsansatz kombiniert mit der Projektorganisation kann die gelebten Prozesse, Methoden und Organisationsstrukturen verändern. Wie im Kapitel 2 erläutert, kann das beispielsweise auch mit einer Veränderung der Verantwortung einhergehen, da Fachgruppenleiter nicht mehr unbedingt die fachliche Verantwortung tragen müssen.

Systems Engineering ist damit auch „People Business". Ein wesentlicher Erfolgsfaktor zur Einführung von Systems Engineering ist das (Mind) Change Management. Abbildung 53 liefert dabei einen umfassenden Blick auf die generischen Phasen der Veränderung. Jeder einzelne Mitarbeiter wird die Phasen dabei nach seinen persönlichen Gegebenheiten durchleben. Nach Lewin („Unfreeze, Change, Freeze") ist es die Aufgabe von Change Management die Mitarbeiter möglichst schnell und unbeschadet durch diese Phasen zu steuern („Stauchen" der Kurve), damit schnell Integration und Stabilität entstehen. Dafür ist es notwendig, zu jeder Zeit einen Überblick zu haben, wo der Einzelne steht und was ihn bewegen könnte. Nur dann können Mitarbeiter beispielsweise in Kommunikationsrunden oder Workshops mitgenommen werden [197].

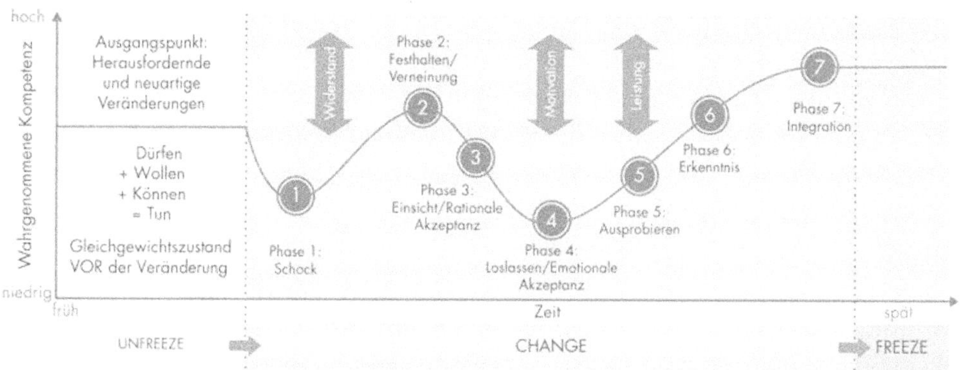

Abbildung 53: Phasen der Veränderung [198]

Eine wesentliche Grundlage für ein erfolgreiches Change Management ist die gewählte Einführungsstrategie. Die Abbildung 54 zeigt hier verschiedene Möglichkeiten. In der Praxis hat sich eine bipolare Einführung bewährt, in der sowohl das Top Management (Top-Down) als auch die Mitarbeiter (Bottom-Up) eingebunden werden [199].

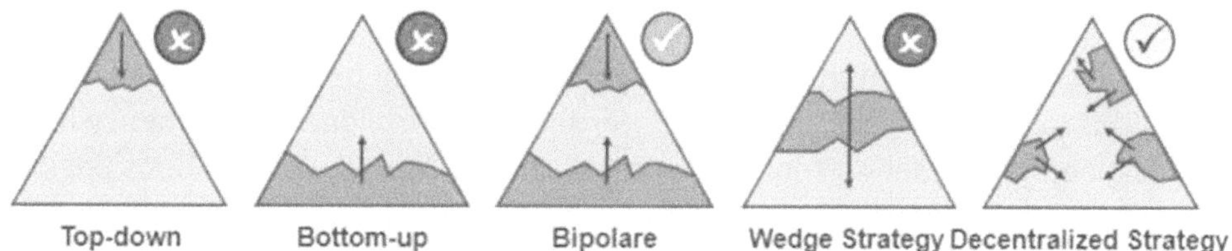

Abbildung 54: Unterschiedliche Einführungsstrategien – nicht alle sind für Systems Engineering geeignet

Mit diesem Ansatz wird eine anwenderzentrierte Veränderung herbeigeführt, die den Herausforderungen von Experten gerecht wird und eine Lösung für Prozesse, Methoden, Tools und die Organisation liefert. Gleichzeitig liefert das Top Management die erforderliche Rückendeckung, indem sie als positives Beispiel vorangeht und sich aktiv einbringt.

6.3 Zukunft und Ausblick

Das Internet der Dinge ist auf dem Vormarsch: Im Jahr 2020 werden weltweit 20 Milliarden technische Geräte vernetzt sein [200]. Damit einher geht auch eine wesentliche

Veränderung der Systemgrenze. Systeme werden in Zukunft wahrscheinlich Teile eines System-of-Systems (SoS) sein. Die Komplexität der Systeme wird zunehmen. Damit ist auch verbunden, dass die Anforderungen an ein System zunehmend unvollständiger sein werden. Die emergenten Wirkungen in einem SoS werden, in den meisten Fällen, nebulös sein. Teilweise wird auch während der Systementwicklung nicht vollständig ersichtlich sein, wie die Nutzungsphase für das System aussieht. Nicht zuletzt aufgrund dieser gestiegenen Unsicherheit und Komplexität ist Systems Engineering die wichtigste Engineering-Kompetenz der Zukunft. [201]

Abhilfe liefert hier neben der Anwendung von Systems Engineering die Anwendung von z.B. Szenariotechniken, um eine zukunftsorientierte Systemanalyse durchführen zu können und ein System fit für die Zusammenarbeit mit anderen Systemen zu machen. Gleichzeitig fördert eine architekturbasierte Systemagilität die zukünftige Austauschbarkeit von Modulen, um auf Veränderungen in der Nutzungsphase rechtzeitig reagieren zu können. Nicht zu vernachlässigen ist dabei, dass die Themen „Security Engineering", „Resilience Engineering", etc. an Bedeutung gewinnen werden.

Agile Ansätze beinhaltet auch eine Adaption der gewählten Vorgehensmodelle. Zu erwarten ist ein Anstieg der Nutzung von agilen Frameworks und deren Adaption im Systems Engineering, um eine Integration in kurzen Zyklen und hilfreiche Aussagen von Stakeholdern zu ermöglichen.

INCOSE als „Mutterorganisation" des Systems Engineering beschreibt aus ihrer Sicht ebenfalls die Zukunft. In der Vision 2025 werden Zukunftsbilder beschrieben, wie Systems Engineering aussehen könnte. Darin beschreibt INCOSE, dass Systems Engineering in einer großen Bandbreite von Industrien angewendet wird, um nachhaltige Systemlösungen im globalen Kontext zu liefern. Hierbei wird Systems Engineering vollständig die Stakeholderbedürfnisse (Sozial, Umwelt, Markt, etc.) aus der „End-to-End"-Lebenszyklusbetrachtung berücksichtigen. Die Systementwicklung wird auf einer organisationsübergreifenden, überregionalen Zusammenarbeit basieren und eine Vielzahl von Disziplinen integrieren. Ferner werden modellbasierte Methoden und IT-Systeme ein besseres Verständnis für zunehmend komplexere Systeme schaffen [202].

Wir erwarten in Zukunft eine Intensivierung des modelbasierten Systems Engineerings, um schnelle und fundierte Änderungen im Systementwurf zu ermöglichen und aussagekräftige Auswirkungsanalysen durchführen zu können. Simulationen auf Basis von virtuellen Daten sollten eine frühzeitige Verifikation und Validierung ermöglichen. Gleichzeitig müssen hierzu alle Entwicklungs- und Produktdaten sich wie ein digitaler Faden (eng. Digital Thread) durch die gesamte Organisation ziehen, um die notwendigen Daten zum erforderlichen Zeitpunkt konsistent bereitzustellen. Aus den Anwenderdaten wird man für die zukünftige Entwicklung lernen können. Nicht zuletzt wird im Rahmen der Globalisierung eine Rückkehr zur Individualisierung zu beobachten sein, um den Kundenmehrwert zu maximieren. Mit Hilfe des (featureorientierten) Product-Line-Engineering wird die Variantenvielfalt beherrschbar. [203]

6.4 Kapitelautoren und andere wichtige Quellen

In diesem Kapitel haben sich mehrere Personen eingebracht. Allen vorweg möchten wir **Thaddäus Dorsch** für die fachliche Koordination danken.

Die folgenden Autoren waren an diesem Kapitel beteiligt:

- Thaddäus Dorsch,
- Hannes Hüffer,
- Martin Geisreiter.

Für weiterführende Informationen und als besonders lesenswerte Quellen empfehlen wir folgende Quellen:

- Margot Berghaus, **Luhmann leicht gemacht: Eine Einführung in die Systemtheorie**, 3. Auflage, Böhlau Verlag, Köln, 2001

Kapitel 7
Glossar

Deutscher Begriff	Englischer Begriff	Begriffsdefinition
abgeleitete Anforderungen	derived requirements	Abgeleitete Anforderungen sind detaillierte Eigenschaften eines Zielsystems, die normalerweise während der Erhebung von Stakeholder Anforderungen, bei der Anforderungsanalyse, bei Vergleichsstudien oder bei der Validierung erkannt werden.
agil	agile	Methoden zur Abwicklung von Projekten können auf einer kontinuierlichen Skala zwischen 'selbstanpassend' bis 'vorausdenkend' einsortiert werden. Agile Methoden zählen zur den 'selbstanpassenden'. Das ist jedoch nicht gleichzusetzen mit 'ungeplant' oder 'undiszipliniert'.
Akteur	actor	Person oder System mit einer Interaktion mit dem Zielsystem
Aktivität	activity	Eine Aktivität umfasst eine Reihe von zusammenhängenden Aufgaben in einem Prozess.

Deutscher Begriff	Englischer Begriff	Begriffsdefinition
Änderungs-kontrolle	change control	Ein Prozess, bei dem Änderungen an Dokumenten, Leistungen oder Baselines, die mit dem Projekt verbunden sind, identifiziert, dokumentiert, genehmigt oder abgelehnt werden.
Anforderung	requirement	Eine Anforderung ist eine Angabe, die Eigenschaften oder Einschränkungen zu einem System, Produkt oder Prozess widerspruchsfrei, klar, eindeutig, konsistent, vereinzelt (nicht gruppiert) und nachprüfbar definiert, und die als notwendige Bedingung dafür erachtet wird, dass die Stakeholder das System akzeptieren.
Anpassen	tailoring	Anpassen umfasst die Intensität mit der bestimmte Aktivitäten in einem bestimmten Projekt behandelt werden. Anpassungen können sich im Einklang mit allen geltenden gesetzlichen Anforderungen auf verschiedene Aspekte eines Projekts beziehen, einschließlich der Projektdokumentation, den Prozessen und Aktivitäten in jeder Phase des Lebenszyklus, des Zeitpunkts und den Umfang von Prüfungen, Analysen und Entscheidungen. Anpassen ist eines der wichtigsten Aktivitäten für eine Projektkonzeption. Aus Normen, Richtlinien und vorangegangenen Projekten weiß man in etwa wie Prozesse ablaufen bzw. wie Elemente entwickelt werden sollen. Es ist aber immer zu hinterfragen, ob das für das aktuelle Projekt bzw. Produkt in gleicher Weise erfolgen soll. In der Regel sind immer etwas andere Rahmenbedingungen vorhanden, auf die eingegangen werden muss. Generell besteht immer die Forderung nach schnelleren und kostengünstigeren Entwicklungen. Darauf wird mit dem Mittel „Anpassen" reagiert.

Deutscher Begriff	Englischer Begriff	Begriffsdefinition
Anwendungs-fall	use case	Anwendungsfälle beschreiben das Verhalten eines Systems unter bestimmten Bedingungen. Sie beschreiben das Verhalten in einer möglichst einfachen Art und Weise und als Reaktion des Systems auf eine Forderung eines Stakeholders des Systems.
Anwendungs-fallaktivität	use case activity	Aktivität, die zur Gliederung eines Anwendungsfalls in Einzelschritte beschrieben wird.
Architektur	architecture	Eine Architektur umfasst die grundlegenden Konzepte oder Eigenschaften eines Systems in seiner Umgebung, realisiert durch seine Elemente, Beziehungen und die Prinzipien seines Entwurfs und seiner Weiterentwicklung (vgl. ISO/IEC/IEEE 42010).
Architektur-beschreibung	architecture description	Beschreibung der Architektur eines Systems (vgl. ISO/IEC/IEEE 42010:2011).
Aufgabe	task	Eine Tätigkeit oder Teil einer Aktivität, die zum Erreichen eines beabsichtigten Ergebnisses erforderlich ist.
Auftrag-nehmer, Lieferant	supplier	Eine Organisation oder eine Person, die in eine Vereinbarung, für die Bereitstellung eines Produkts oder eines Services, mit dem Erwerber einwilligt.
Bauelement	component	Ein identifizierbares Systemelement, z. B. eine Baugruppe oder ein Softwaremodul, in einem System, das auf einer bestimmten Analyseebene betrachtet wird (vgl. ISO/IEC/IEEE 24765).

Deutscher Begriff	Englischer Begriff	Begriffsdefinition
Baugruppe	assembly	Eine Integrationseinheit, die einen integrierten Satz von Bauelementen und/oder Teilbaugruppen umfasst, die einen definierten Teil eines Teilsystems formen.
Bediener	operator	Ein Bediener ist eine Person oder eine Organisation, die durch direkte Interaktion zur Funktionalität eines Systems beiträgt und dabei auf ihr Wissen, ihre Qualifikationen und ihre Vorgehensweisen zurückgreift.
Benutzbarkeit	usability	Das Ausmaß, in dem ein Produkt von bestimmten Benutzern verwendet werden kann, um bestimmte Ziele wirksam im angegebenen Nutzungskontext zu erreichen.
Benutzer	user	Person oder Gruppe, die von einem System während seiner Verwendung profitiert.
Benutzeranforderung	user requirement	Benutzeranforderungen werden aus den Bedarfen und Fähigkeiten der Benutzer abgeleitet, um das System effektiv, effizient, sicher und zufriedenstellend zu nutzen (vgl. ISO 25063:2014).
Benutzeranforderungsdokument	User Requirements Document (URD)	Im Benutzeranforderungsdokument wird die Ansicht des Benutzers zusammengestellt, was bei dem zu entwickelnden Produkt erforderlich ist. Es wird in einem Bedarfsermittlungsprozess generiert und enthält den vollständigen Satz an Benutzeranforderungen.
Betriebsfähigkeit	operability	Die Fähigkeit von Systemen unter bestimmten Nutzungskontexten, spezifizierte Ziele mit Wirksamkeit, Produktivität, Sicherheit und Zufriedenheit zu erreichen („Operability" ist ein militärischer Begriff. Der

Deutscher Begriff	Englischer Begriff	Begriffsdefinition
		zivile Begriff ist „Quality in Use" (Einsatzqualität)), vgl. ISO/IEC 25000).
black-box	black-box	Eine „black box" stellt eine externe Ansicht des Systems (Eigenschaften) dar.
Domänen-bestand Domänen-Asset	domain asset	Im Systems Engineering können Domänen-Assets Teilsysteme oder Komponenten sein, die in anderen Systemdesigns wiederverwendet werden. Domänen-Assets werden aufgrund ihrer ursprünglichen Anforderungen und technischen Merkmale berücksichtigt. Domänen-Assets umfassen Anwendungsfälle, logische Prinzipien, Umweltverhaltensdaten und Risiken oder Chancen, die aus den vorherigen Projekten gezogen wurden, sind jedoch nicht auf diese beschränkt. Domänen-Assets sind keine physischen Produkte, die ab Lager verfügbar und bereit zur Inbetriebnahme sind. Physische Produkte (z. B. mechanische Teile, elektronische Komponenten, Kabelbäume, optische Linsen) werden gemäß der üblichen Verfahrensweise ihrer jeweiligen Disziplin gelagert und verwaltet. Im SW-Engineering können Domänen-Assets Quell- oder Objektcode enthalten, der während der Implementierung wiederverwendet werden kann. Hinweis: Domänen-Assets haben ihre eigenen Lebenszyklen.
Einrichtung	facility	Einrichtungen sind die physikalischen Mittel oder die Ausrüstung um ein bestimmtes Vorgehens zu ermöglichen, z.B. ein Gebäude, Geräte und oder Werkzeuge.
Einsatz-leistung	operational capability	Ein Ergebnis oder eine Wirkung eines Systems, die die Benutzer eines Systems erreichen wollen.

Deutscher Begriff	Englischer Begriff	Begriffsdefinition
Element	element	Der Teil eines Systems, der implementiert werden muss, um die jeweiligen Systemanforderungen zu erfüllen.
Emergenz	emergence	Emergenz bezeichnet die, infolge des Zusammenwirkens seiner Elemente, auftretenden Eigenschaften in einem System. Die "emergenten Eigenschaften" eines Systems lassen sich dabei nicht auf die isoliert betrachteten Eigenschaften der einzelnen Systemelemente zurückführen. Sie können sowohl erwünschte als auch unerwünschte und damit oftmals auch unerwartete Eigenschaften des Systems sein.
Entscheidungsschwelle	decision gate	Eine Entscheidungsschwelle ist ein Freigabeereignis (oftmals im Rahmen einer Überprüfung). Die Eingangs- und Ausstiegskriterien sind für jede Entscheidungsschwelle festgelegt und das Fortfahren danach ist abhängig von der Zustimmung der Entscheidungsträger.
Erwerber	acquirer	Ein Erwerber ist ein Stakeholder, der ein Produkt oder eine Dienstleistung von einem Lieferanten erwirbt bzw. beschafft.
Fachingenieur	specialty engineering	Fachingenieure analysieren besondere Merkmale (z.B. Systemsicherheit, Gebrauchstauglichkeit) eines Systems. Sie verfügen über besondere Kenntnisse, um in ihrer Fachdisziplin Anforderungen zu ermitteln und deren Auswirkungen auf den Systemlebenszyklus zu bewerten.
Fähigkeit	capability	Eine Fähigkeit (im Sinne eines Vermögens oder Potentials) bezeichnet die Eigenheit eines Systems, eines Produkts, einer Funktion oder eines Prozesses,

Deutscher Begriff	Englischer Begriff	Begriffsdefinition
		ein spezifisches Ziel unter festgelegten Bedingungen zu erreichen.
Fehler	failure	Ein Ereignis, bei dem irgendein Teil eines Elements nicht leistet, was in seiner Spezifikation gefordert wird.
Funktion	function	Eine Aufgabe, Aktion oder Aktivität, die ausgeführt werden muss, um eine definierte objektive oder charakteristische Wirkung eines Systems oder einer Komponente zu erzielen (vgl. ISO/IEC/IEEE 24765:2017).
funktionale Architektur	functional architecture	Gesamtheit von Elementen und Zusammenhängen, mit denen die Funktionen eines Systems erfasst und nach Gestaltungsprinzipien zueinander in Beziehung gesetzt sind.
funktionaler Block	functional block	Modellelement zur Repräsentation einer abstrakten Systemkomponente, die mindestens einen Eingang und einen Ausgang mit Hilfe mindestens einer Funktion im Modell zueinander in Beziehung setzt.
funktionales Konfigurationsaudit	functional configuration audit	Ein funktionales Konfigurationsaudit ist eine Bewertung, um zu gewährleisten, dass das Produkt die funktions- und leistungsbezogenen Fähigkeiten erfüllt (vgl. ISO/IEC/IEEE 15288).
Gestaltungsvorgaben	design constraints	Die äußerlich oder innerlich festgelegten Randbedingungen für ein Zielsystem und seinen Elementen, die eine Organisation berücksichtigen muss, wenn sie die Prozesse während der Konzept- und Entwicklungsphase ausführt.

Deutscher Begriff	Englischer Begriff	Begriffsdefinition
Handels-produkt	commercial off-the-shelf (COTS)	Handelsprodukte sind kommerzielle Produkte, die die Bedarfe des Erwerbers erfüllen, ohne dass durch den Erwerber besondere Änderungen oder Wartungstätigkeiten während der Lebensdauer erforderlich sind.
Integrations-definition für die funktionale Modellierung	integration definition for functional modeling (IDEF)	IDEF umfasst eine Familie von Modellierungssprachen mit denen verschiedene Modellansichten (views) für Funktions- und Informations- oder Produktflüsse im Bereich Systems- und Softwareengineering beschrieben werden können. In IDEF-Diagrammen bedeuten die Rahmen (boxes) Funktionen und dazwischen befindlichen Kanten bzw. Pfeile (arrows) veranschaulichen den Informations- bzw. Produktfluss. Zur Benennung der unterschiedlichen Sichten wird eine alphanumerische Codierung verwendet: IDEF0 – Methoden der funktionalen Modellierung, IDEF1 – Methoden der Informationsmodellierung, IDEF1X – Methoden der Datenmodellierung, IDEF3 – Methoden der Prozesserfassung und -beschreibung, IDEF4 – Methoden des objektorientierten Entwurfs sowie IDEF5 – Methoden der Ontologieerfassung und -beschreibung.
Kapital-rendite	return on investment	Die Kapitalrendite ist das Verhältnis der Einnahmen zu den Ausgaben (Ware oder Dienstleistung) für Entwicklungs- und Herstellungskosten. Dadurch wird bestimmt, ob sich die Herstellung von etwas für eine Organisation lohnt (vgl. ISO/IEC 24765).

Deutscher Begriff	Englischer Begriff	Begriffsdefinition
Konfiguration	configuration	Eine Konfiguration ist die Anordnung eines Systems oder einer Komponente, wie sie durch die Anzahl, die Art und die Verbindungen zwischen ihren Komponenten definiert ist.
Konfigurationseinheit Konfigurationselement	configuration item	Eine Konfigurationseinheit (KE) ist eine für das Konfigurationsmanagement vorgesehene Hardware-, Software- oder zusammengesetzte Komponente eines Systems auf jeder Ebene in der Systemhierarchie. Das System selbst und jedes seiner Elemente sind einzelne KE. KE haben vier gemeinsame Merkmale: 1. sie haben eine definierte Funktionalität, 2. sie sind als Ganzes austauschbar, 3. sie haben eine eindeutige Spezifikation und 4. sie unterliegen einer formalen Steuerung bzgl. ihrer Form, Tauglichkeit und Funktion.
Kontextdiagramm	context diagram	Ein Kontextdiagramm zeigt die Grenze zwischen dem System oder einem Teil eines Systems und seiner Umgebung. In dem Diagramm sind die Beziehungen, die das System zu anderen externen Entitäten (Systemen, Organisationsgruppen, externen Datenspeichern usw.) hat, aufgezeigt.
Kunde	customer	Die Organisation oder Person, die das Produkt oder den Service erhält.
Lastenheft	stakeholder requirements	Im Lastenheft wird definiert, WAS und WOFÜR etwas zu lösen ist. Das Lastenheft sollte vom Auftraggeber (oder in dessen Auftrag) erstellt werden (vgl. dazu VDI 2519).

Deutscher Begriff	Englischer Begriff	Begriffsdefinition
lean	lean	Die „lean" Philosophie hat das Ziel, den besten Lebenszykluswert für technisch komplexe Systeme mit einem Minimum an nutzlosen Aufwand zu liefern.
Lebenszyklus	life-cycle	Die Zeitspanne von der Entwicklung eines Systems, eines Produkts, einer Dienstleistung, eines Projekts oder einer anderen von Menschen gemachten Entität von der Konzeption bis zum Abschluss der Entsorgung (vgl. ISO/IEC/IEEE 15288:2015).
Lebenszyklus kosten	life-cycle cost (LCC)	Die Lebenszykluskosten sind die Gesamtkosten für den Erwerb und Besitz eines Systems über dessen gesamte Lebenszeit hinweg. Sie beinhalten alle Kosten, die mit dem System und seiner Verwendung in der Konzept-, Entwicklungs-, Produktions-, Betriebs-, Erhaltungs- und Stilllegungsphase verbunden sind.
Lebenszyklus modell	life-cycle model	Ein Lebenszyklusmodell ist ein auf den Lebenszyklus bezogenes Rahmenwerk von Prozessen und Aktivitäten, das unter anderem als eine gemeinsame Referenz zur Verständigung und Kommunikation beiträgt.
Leistung, Leistungsfähigkeit	performance	Ein quantitatives Maß, das ein physikalisches oder funktionelles Attribut charakterisiert, das sich auf die Ausführung eines Prozesses, einer Funktion, Aktivität oder Aufgabe bezieht; Leistungsattribute schließen ein: Menge (wie viele oder wie viel), Qualität (wie gut), Rechtzeitigkeit (wie häufig), und Bereitschaft (unter welchen Umständen).

Deutscher Begriff	Englischer Begriff	Begriffsdefinition
Leistungs-kennzahlen	measure of performance	Leistungskennzahlen sind die Kennzahlen, die die wichtigsten Leistungseigenschaften des Systems definieren, wenn es verwendet bzw. in seiner vorgesehenen Umgebung betrieben wird.
Machbarkeits-nachweis	proof-of-concept (POC)	Ein Machbarkeitsnachweis ist eine einfache Umsetzung einer Idee oder Technologie, um deren Umsetzbarkeit zu demonstrieren.
Menschliche Faktoren	human factors	Menschliche Faktoren umfassen die systematische Anwendung relevanter Information über menschbezogene Fähigkeiten, Eigenschaften, Verhaltensweisen, Motivation und Leistung. Sie beinhalten Grundlagen und Anwendungen in den Bereichen der Arbeitswissenschaft, der Anthropometrie, der Ergonomie, der berufsbezogenen Qualifizierungen und Hilfsmittel sowie zur menschbezogenen Leistungsbewertung.
Mensch-System-Integration	human systems integration (HSI)	Die Mensch-System-Integration umfasst interdisziplinäre technische und organisationsbezogene Prozesse für die Integration von allen auf den Menschen bezogenen Betrachtungen innerhalb und zwischen allen Systemelementen. Sie ist auch ein wesentliches Hilfsmittel bei der praktischen Anwendung von Systems Engineering.
Mittel	resource	Ein Aktivposten, der während der Ausführung eines Prozesses benutzt oder konsumiert wird.

Deutscher Begriff	Englischer Begriff	Begriffsdefinition
Organisation	organization	Eine Gruppe von Personen und Einrichtungen mit definierten Zuständigkeiten, Befugnissen und Beziehungen (vgl. ISO 9000).
Perspektive	perspective	Perspektive ist eine Sichtweise der Wirklichkeit.
Pflichtenheft	system requirements	Im Pflichtenheft wird definiert, WIE und WOMIT die Anforderungen zu realisieren sind. Das Pflichtenheft wird vom Auftragnehmer erstellt (vgl. dazu VDI 2519).
Phase	stage	Eine Phase ist ein Abschnitt innerhalb des Lebenszyklus einer Einheit. Sie bezieht sich auf den Beschreibungstand oder auf den Umsetzungsstand der Einheit.
physisches Konfigurationsaudit	physical configuration audit	Ein physisches Konfigurationsaudit ist eine Bewertung, um zu gewährleisten, dass das betriebene System oder Produkt der Betriebs- und Konfigurationsdokumentation entspricht (vgl. ISO/IEC/IEEE 15288).
Produktionsphase	production stage	Der Zeitraum, in dem Instanzen des Zielsystems hergestellt werden. Im Unterschied zur Betriebsphase, in der das Zielsystem möglicherweise selbst produziert.
Produktlinie	product line	Eine Produktlinie ist eine Gruppe von Systemen, die potenziell von einer einzelnen Domänenarchitektur ableitbar sind (vgl. ISO/IEC 24765).

Deutscher Begriff	Englischer Begriff	Begriffsdefinition
Produktlinien umfang	product line scoping	Der Produktlinienumfang definiert die Produkte, die die Produktlinie und die wichtigsten (von außen sichtbar) gemeinsamen und variablen Merkmale der Produkte bilden. Er betrachtet die Produkte aus wirtschaftlicher Sicht, steuert und plant die Entwicklung, Produktion und Vermarktung der Produktlinie und seiner Produkte (vgl. ISO 26550).
Produkt- system	product system	Ein Produktsystem ist die Kombination von Endprodukten und Produkten die die Herstellung und den Betrieb eines Endprodukts ermöglichen (vgl. ANSI/EIA 632-2003).
Projekt	project	Ein Projekt ist ein Vorhaben mit definiertem Anfangs- und definiertem Endpunkt, das durchgeführt wird, um ein Produkt zu erzeugen oder eine Dienstleistung im Rahmen der gegebenen Ressourcen und Anforderungen zu erbringen.
Prototyp	prototype	Ein Prototyp ist ein fertigungsreifes Modell, das unter technischer Aufsicht entwickelt wurde, die Spezifikation einhält und darstellt, was später im Rahmen der Herstellung vervielfältigt werden soll. Dazu gehören unter anderem Demonstratoren, Modelle, Prototypen aus Papier, Simulationen, Rollenspiele, Dummy-Systeme oder Dokumente, Szenarien usw.
Prozess	process	Ein Prozess beschreibt eine Reihe von zusammenhängenden bzw. einander beeinflussenden Aktivitäten, die Eingaben in Ergebnisse umwandeln (vgl. ISO 9001:2008).

Deutscher Begriff	Englischer Begriff	Begriffsdefinition
Referenz-konfiguration	baseline	Eine Referenzkonfiguration ist eine zwischen Käufer und Verkäufer gegenseitig vereinbarte, an Entscheidungsschwellen gebundene und abschnittsweise Ausarbeitung von geschäftsrelevanten, budgetrelevanten, funktionalen, physischen und leistungsbezogenen Eigenschaften, die einer formalen Änderungskontrolle unterliegen. Referenzkonfigurationen können zwischen formellen Entscheidungsschwellen im gegenseitigen Einvernehmen in Rahmen eines gesteuerten Änderungsprozesses verändert werden. Eine Referenzkonfiguration umfasst eine vereinbarte Beschreibung von Merkmalen eines Produkts zu einem bestimmten Zeitpunkt, die als Grundlage für die Definition von Änderung dient (ANSI/EIA-649-1998).
RVTM	RVTM	Eine RVTM (Requirements Verification and Traceability Matrix) ist eine Matrix in der den Anforderungen (Requirements) die verschiedenen Verifikationsattribute sowie eine Kennzeichnung der Verweise zwischen beiden gegenübergestellt ist, um die bidirektionale Nachverfolgbarkeit zu dokumentieren.
Schnittstelle	interface	Eine Schnittstelle ist eine gemeinsame Grenze zwischen zwei funktionalen Einheiten, die anhand von funktionalen Merkmalen, physischen Verbindungsmerkmalen, Signaleigenschaften oder über andere Merkmale definiert ist (vgl. ISO 2382-1).
Stakeholder	stakeholder	Stakeholder sind Beteiligte, die ein Recht, einen Anteil oder einen Anspruch an einem System oder an dessen Systemmerkmalen haben, die die Bedarfe und die Erwartungen der Beteiligten betreffen.

Deutscher Begriff	Englischer Begriff	Begriffsdefinition
System	system	Ein System umfasst: 1. Eine Menge an integrierten Systemelementen, Teilsystemen oder Baugruppen, die ein definiertes Ziel erfüllen. Die Elemente umfassen Produkte (Hardware, Software, Firmware), Prozesse, Personen, Information, Techniken, Einrichtungen, Dienstleistungen und andere Hilfsmittel (INCOSE). 2. Einen Verbund von interagierenden Elementen, der organisiert ist, um ein oder mehrere vorgegebene Ziele zu erreichen (ISO/IEC/IEEE 15288)
Systeman-forderungs-dokument	System Requirements Document (SRD)	Ein vollständiger Satz einzelner Systemanforderungen, der durch eine allgemeine Beschreibung unterstützt wird. Kann entweder ein Dokument oder eine Datenbank sein.
System-element	system element	Ein Systemelement ist Teil der Menge von Elementen, die ein System darstellen. Auch Dienstleistungen können ein Systemelement sein.
System-kontext	system context	Ein System steht niemals für sich alleine, sondern ist immer mit seiner Umgebung verbunden. Der Systemkontext beschreibt daher die Umgebung eines Systems und definiert die Systemgrenze, die Systemschnittstellen und alle Systemakteure. Man beachte, dass Akteure dabei sowohl menschlicher als auch technischer Natur sein können aber auch Gesetze, Normen, Richtlinien können im Systemkontext stehen.
Systemlebens phasen	system life cycle	Die unterscheidbaren Zeitabschnitte von der Idee zu einem Zielsystem bis zu seiner Entsorgung.

Deutscher Begriff	Englischer Begriff	Begriffsdefinition
Systemlebens zyklus	system life cycle	Der Systemlebenszyklus umfasst den Zeitraum von der Idee eines Zielsystems bis zum Abschluss seiner Entsorgung.
System-of-Systems	system-of systems (SoS)	Ein System of Systems ist ein Zielsystem dessen Systemelemente selbst Systeme sind. Daraus ergeben sich für gewöhnlich aufgrund der verschiedenartigen, heterogenen und verteilten Systeme zahlreiche interdisziplinäre Probleme.
Systems Engineering	systems engineering	Systems Engineering (SE) ist ein interdisziplinärer Ansatz zur Unterstützung der Realisierung von erfolgreichen Systemen. SE fokussiert darauf, die Kundenbedarfe und die geforderte Funktionalität möglichst früh im Entwicklungsprozess zu definieren, die Anforderungen zu dokumentieren und dann mit dem Systementwurf und der Systemvalidierung fortzufahren, während dabei zugleich das gesamte Problem im Blick behalten wird, einschließlich der Verwendung, der Kosten und dem Zeitplan, der Leistungswerte, der Schulungsmaßnahmen und der Unterstützungsmaßnahmen, der Nachweise und Zertifizierungen, der Herstellung und der Entsorgung des Systems. Durch SE werden alle Fachdisziplinen in einem Teamansatz zusammengefasst, indem ein strukturierter Entwicklungsprozess vom Konzept über die Herstellung bis zur Verwendung des Systems beschreiben wird. Systems Engineering betrachtet sowohl die wirtschaftlichen als auch die technischen Bedarfe aller Kunden, mit dem Ziel, ein qualitativ hochwertiges Produkt zu schaffen, das den Bedarfen des Kunden gerecht wird. (INCOSE)

Deutscher Begriff	Englischer Begriff	Begriffsdefinition
Systems Engineering Management Plan	Systems Engineering Management Plan (SEMP)	Der Systems Engineering Management Plan (SEMP) umfasst strukturierte Informationen, wie die Aktivitäten in der Organisation im Rahmen des SE in Form von angepassten Prozessen und Tätigkeiten für eine oder mehrere Lebenszyklusphasen für das aktuelle Projekt gesteuert und umgesetzt werden.
Systems Engineering Plan	Systems Engineering Plan (SEP)	Eine strukturierte Information, die beschreibt wie die Systems-Engineering-Leistung, in Form von angepassten Prozessen und Aktivitäten, für eine oder mehreren Lebensphasen eines Produkts, bewältigt und in einer Organisation für das ein Projekt umgesetzt werden soll.
System-technik	systems engineering	Systemtechnik stellt als interdisziplinäre Wissenschaft Methoden, Verfahren und Hilfsmittel zur Analyse, Planung, Auswahl und optimalen Gestaltung komplexer Systeme bereit (vgl. W. Beitz, Berlin). In Deutschland, etwa um 1970, verwendeter Begriff für Systems Engineering.
Teilbau-gruppe	subassembly	Ein integrierter Satz von Bauelementen und/oder Teilen, die einen wohldefinierten Teil einer Baugruppe bilden, z.B. eine Bildausgabe mit seinem zugehörigen integrierten Schaltungskomplex oder ein Pilotenkopfhörer.

Deutscher Begriff	Englischer Begriff	Begriffsdefinition
Teilsystem	subsystem	Ein integrierter Satz von Baugruppen, Bauelementen und Teilen, der eine saubere und eindeutig getrennte Funktion ausführt. Beispiele sind ein in ein Flugzeug integriertes Datenübertragungsuntersystem oder ein Flughafenkontrollturmsystem als Teilsystem des Lufttransportsystems.
Umgebung	environment	Die Umgebung (natürlich oder künstlich) umfasst die Umwelt bzw. das Umfeld in dem das Zielsystem benutzt und betrieben sowie auch entwickelt, produziert oder entsorgt wird.
Unternehmen	enterprise	Eine Unternehmung ist ein zweckmäßiger Verbund voneinander abhängiger Ressourcen, die miteinander interagieren, um unternehmerische und betriebliche Ziele zu erreichen (Rebovich and White, 2011).
Unterstützungssystem	enabling system	Ein System, das ein Zielsystem während seines Lebenszyklus unterstützt, aber nicht unbedingt direkt zu seiner Funktion während seines Betriebs beiträgt. Beispiele sind Produktionssysteme, Schulungs- oder Ausbildungssysteme.
Validierung	validation	Die Validierung umfasst die objektiven Nachweise, dass die Anforderungen für eine vorgesehene Verwendung erfüllt sind (vgl. ISO/IEC/IEEE 15288). Hinweis: Die Validierung ist die Menge der Aktivitäten, die Vertrauen erzeugen und sicherstellen, dass ein System in der vorgesehenen Einsatzumgebung in der Lage ist, den Zweck und die Zielsetzungen (d.h. Anforderungen der Stakeholder) zu erfüllen und den beabsichtigten Nutzen zu erbringen.

Deutscher Begriff	Englischer Begriff	Begriffsdefinition
Variabilität	variability	Die Variabilität bezieht sich in einer Produktlinie auf die Merkmale, die sich bei den zugehörigen Teilen der Produktlinie unterscheiden (vgl. ISO 26550).
Vee-Modell	Vee model	Das Vee-Model (etwa 1980) spiegelt eine „top-down" bzw. "bottom-up" Vorgehensweise des Systems Engineerings wieder. Die linke Seite steht für die Entwicklung der Anwenderbedarfe in Systementwürfe und die rechte Seite steht für Integration und Nachweisführung von Systemkomponenten, Teilsystemen und dem finalen System. Das Vee-Model wird heute als VDI 2206 als Entwicklungsmodell in Entwicklungsprozessen empfohlen.
Ver-einbarung	agreement	Die gegenseitige Bestätigung von Liefer- und Zahlungsbedingungen, unter denen eine Zusammenarbeit geleistet wird.
Vergleich	trade-off	Vergleiche werden im Rahmen von Entscheidungsfindungen durchgeführt, um unter alternativen Lösungsmöglichkeiten diejenige mit dem bestmöglichen Nutzen für die Stakeholder unter Berücksichtigung der Anforderungen zu ermitteln.
Vergleichs-studie	trade study	Eine Vergleichsstudie ist die Aktivität eines häufig multidisziplinären Teams, um eine ausgewogene technische Lösung unter einer Reihe von vorgeschlagenen möglichen Lösungen zu ermitteln. Die möglichen Lösungen werden hinsichtlich der Erfüllung von einer Reihe von Werten oder Kostenfunktionen beurteilt. Diese Werte beschreiben, die wünschenswerten Eigenschaften einer Lösung. Sie können sich gegenseitig widersprechen oder gar ausschließen. Vergleichsstudien (trade studies), oft als „trade-off-studies" bezeichnet, werden häufig beim

Deutscher Begriff	Englischer Begriff	Begriffsdefinition
		Entwurf von Luft- und Kraftfahrzeugen und im Software-Auswahl-Prozess verwendet, um die beste Konfiguration bei widersprüchlichen Anforderungen zu finden.
Verifikation	verification	Die Verifikation umfasst den objektiven Nachweis, dass die festgelegten Anforderungen erfüllt sind (ISO/IEC/IEEE 15288). Hinweis: Verifikation besteht aus einer Reihe von Aktivitäten, die ein System oder ein Systemelement mit den geforderten Eigenschaften vergleicht. Das kann die festgelegten Anforderungen, die Entwurfsbeschreibung und das System selbst beinhalten, ist aber nicht darauf beschränkt.
Verschwendung	waste	Mit Verschwendung wird Arbeit bezeichnet, die in den Augen des Kunden keinen Wert für das Produkt oder die Dienstleistung erbringt. (Womack and Jones, 1996).
Vertrag	agreement	Ein Vertrag ist eine gegenseitige Anerkennung von Bedingungen, unter denen eine Zusammenarbeit durchgeführt wird. Er ist rechtlich verbindlich und enthält als technischer Teil die Kundenanforderungen.
V-Modell	Vee model	Siehe Vee-Modell
Vorgehensweise	practice	Eine technische oder Managementaktivität, die zur Erstellung eines Prozessergebnisses beiträgt oder die Fähigkeit eines Prozesses verbessert.

Deutscher Begriff	Englischer Begriff	Begriffsdefinition
Wert	value	Der Wert (z.B. der Nutzen relativ zu den Kosten) eines bestimmten Produkts oder einer Dienstleistung für den Kunden oder ggf. andere Stakeholder ist abhängig von: dem Nutzen eines Produktes bei der Erfüllung eines Kundenbedarfs, der relativen Bedeutung des Bedarfs, der befriedigt wird, der Verfügbarkeit des Produkts in Bezug auf den Zeitpunkt zu dem es gebraucht wird und den Betriebskosten für den Kunden. (McManus, 2004).
White Box	white box	Eine „white box" stellt eine interne Ansicht des Systems (Eigenschaften und Struktur der Elemente) dar.
Wiederverwendung	reuse	Wiederverwendung bezeichnet: Die Nutzung eines Elements für die Lösung von verschiedenen Problemen. (vgl. IEEE 1517) Die Realisierung eines neuen Systems, das zumindest teilweise aus vorhandenen Bestandteilen besteht. (vgl. ISO/IEC/IEEE 24765:2010).
Zielsystem	system of interest	Das System, dessen Lebenszyklus betrachtet wird.

Kapitel 8
Literatur

1. D. D. Walden, G. J. Roedler, K. J. Forsberg, R. D. Hamelin, T. M. Shortell. Systems Engineering Handbuch: Ein Leitfaden für Systemlebenszyklus-Prozesse und -Aktivitäten. Titel des englischen Originals: INCOSE Systems Engineering Handbook: A Guide for System Life Cycle Processes and Activities (4th ed.). München : GfSE Verlag, Juni 2017. S. 5.

2. Ropohl, Günter. Allgemeine Systemtheorie: Einführung in transdisziplinäres Denken. edition sigma. Berlin : s.n., 2012. S. 34.

3. Ropohl, Günter. Allgemeine Systemtheorie: Einführung in transdisziplinäres Denken. edition sigma. Berlin : s.n., 2012. S. 21.

4. Wiktionary. [Online] Wikimedia Foundation Inc., SanFrancisco, USA. [Zitat vom: 10. Okt. 2017.] https://de.wiktionary.org/wiki/System.

5. Ropohl, Günter. Allgemeine Systemtheorie: Einführung in transdisziplinäres Denken. Berlin : edition sigma, 2012. S. 26ff.

6. Ropohl, Günter. Allgemeine Systemtheorie: Einführung in transdisziplinäres Denken. Berlin : edition sigma, 2012. S. 37ff.

7. Wikipedia. [Online] Wikimedia Foundation Inc., San Francisco, USA. [Zitat vom: 10. Okt. 2017.] https://de.wikipedia.org/wiki/Systemtheorie.

8. Wikipedia. [Online] Wikimedia Foundation Inc., San Francisco, USA,. [Zitat vom: 10. Okt. 2017.] https://de.wikipedia.org/wiki/Ludwig_von_Bertalanffy.

9. Ropohl, Günter. Allgemeine Technologie - Eine Systemtheorie der Technik. Karlsruhe : Universitätsverlag Karlsruhe, Juni 2009.

10. Ropohl, Günter. Allgemeine Systemtheorie: Einführung in transdisziplinäres Denken. Berlin : edition sigma, 2012. S. 18.

11. Ropohl, Günter. Allgemeine Technologie - Eine Systemtheorie der Technik. Karlsruhe : Universitätsverlag Karlsruhe, Juni 2009. S. 22ff.

12. Ropohl, Günter. Allgemeine Technologie - Eine Systemtheorie der Technik. Karlsruhe : Universitätsverlag Karlsruhe, Juni 2009. S. 75.

13. Ropohl, Günter. Allgemeine Technologie - Eine Systemtheorie der Technik. Karlsruhe : Universitätsverlag Karlsruhe, Juni 2009. S. 80.

14. Ropohl, Günter. Allgemeine Technologie - Eine Systemtheorie der Technik. Karlsruhe : Universitätsverlag Karlsruhe, Juni 2009. S. 82.

15. Wikiquote. [Online] Wikimedia Foundation Inc., San Francisco, USA. [Zitat vom: 10. Okt. 2017.] https://de.wikiquote.org/wiki/Norbert_Wiener.

16. Ropohl, Günter. Allgemeine Technologie - Eine Systemtheorie der Technik. Karlsruhe : Universitätsverlag Karlsruhe, Juni 2009. S. 79.

17. Kornwachs, Klaus. Philosophie für Ingenieure. München : Carl Hanser Verlag, 2015. S. 93.

18. VDI, [Hrsg.]. VDI-2803 Blatt 1: Funktionenanalyse - Grundlagen und Methode. Berlin : Beuth-Verlag, 1996.

19. Ehrlenspiel, Klaus. Integrierte Produktentwicklung. München : Carl Hanser Verlag, 2013. S. 21ff.

20. Ropohl, Günter. Allgemeine Technologie - Eine Systemtheorie der Technik. Karlsruhe : Universitätsverlag Karlsruhe, Juni 2009. S. 77.

21. Wiktionary. [Online] Wikimedia Foundation Inc., San Francisco, USA. [Zitat vom: 10. Okt. 2017.] https://de.wiktionary.org/wiki/komplex.

22. Dittes, Frank-Michael. Komplexität: Warum die Bahn nie pünktlich ist. Berlin Heidelberg : Springer, 2012. S. 2.

23. Wiktionary. [Online] Wikimedia Foundation Inc., SanFrancisco, USA. [Zitat vom: 10. Okt. 2017.] https://de.wiktionary.org/wiki/kompliziert.

24. Patzak, Gerold. Systemtechnik — Planung komplexer innovativer Systeme: Grundlagen, Methoden, Techniken. Heidelberg : Springer, 1982. S. 22.

25. Ropohl, Günter. Allgemeine Technologie - Eine Systemtheorie der Technik. Karlsruhe : Universitätsverlag Karlsruhe, Juni 2009. S. 315.

26. Dittes, Frank-Michael. Komplexität: Warum die Bahn nie pünktlich ist. Berlin Heidelberg : Springer, 2012. S. 3.

27. Probst, Hans Ulrich und Gilbert J. Anleitung zum ganzheitlichen Denken und Handeln. Ein Brevier für Führungskräfte. Bern : Paul Haupt, 1995. S. 58ff.

28. Wikipedia. [Online] Wikimedia Foundation, San Francisco,USA. [Zitat vom: 10. Okt. 2017.] https://de.wikipedia.org/wiki/Cynefin-Framework.

29. Wiktionary. [Online] Wikimedia Foundation Inc., SanFrancisco, USA. [Zitat vom: 10. Okt. 2017.] https://de.wiktionary.org/wiki/Emergenz.

30. Wikiquote. [Online] Wikimedia Foundation Inc., San Francisco, USA. [Zitat vom: 10. Okt. 2017.] https://de.wikiquote.org/wiki/Aristoteles.

31. Ropohl, Günter. Allgemeine Systemtheorie: Einführung in transdisziplinäresDenken. Berlin : edition sigma, 2012. S. 45.

32. Ropohl, Günter. Allgemeine Technologie - Eine Systemtheorie der Technik. Karlsruhe : Universitätsverlag Karlsruhe, Juni 2009. S. 87.

33. Ropohl, Günter. Allgemeine Technologie - Eine Systemtheorie der Technik. Karlsruhe : Universitätsverlag Karlsruhe, Juni 2009. S. 83.

34. Stachowiak, H. Allgemeine Modelltheorie. Wien : Springer, 1973. S. 131ff.

35. Wikipedia. [Online] Wikimedia Foundation Inc., San Francisco, USA. [Zitat vom: 10. Okt. 2017.] https://de.wikipedia.org/wiki/George_Box.

36. Gerhard Pahl, Wolfgang Beitz, Jörg Feldhusen, Karl-Heinrich Grote. Konstruktionslehre - Grundlagen erfolgreicher Produktentwicklung Methoden und Anwendung. Heidelberg : Springer, 2007. S. 1.

37. Balzert, Helmut. Lehrbuch der Softwaretechnik: Basiskonzepte und Requirements Engineering. Heidelberg : Spektrum Akademischer Verlag, 2009. S. 18.

38. Ropohl, Günter. Allgemeine Technologie - Eine Systemtheorie der Technik. Karlsruhe : Universitätsverlag Karlsruhe, Juni 2009. S. 31.

39. Ehrlenspiel, Klaus. Integrierte Produktentwicklung. München : Carl Hanser, 2013. S. 24.

40. Ehrlenspiel, Klaus. Integrierte Produktentwicklung. München : Carl Hanser, 2013. S. 25.

41. Wikipedia. [Online] Wikimedia Foundation Inc., San Francisco, USA. [Zitat vom: 10. Okt. 2017.] https://de.wikipedia.org/wiki/Ingenieur#Ingenieurausbildung_ab_dem_18._Jahrhundert.

42. G. Banse, A. Grunwald, W. König, und G. Ropohl. Erkennen und Gestalten: Eine Theorie der Technikwissenschaften. edition sigma. Berlin : s.n., 2006. S. 27ff.

43. Schmachtenberg, E. M. Glückwunsch, Dipl.-Ing.! - Ein Gütesiegel made in Germany wird 111 Jahre alt. Berlin : TU9 German Institutes of Technology e.V, 2010. S. 8.

44. Ropohl, Günter. Allgemeine Systemtheorie: Einführung in transdisziplinäres Denken. Berlin : edition sigma, 2012. S. 28.

45. G. Banse, A. Grunwald, W. König, und G. Ropohl. Erkennen und Gestalten: Eine Theorie der Technikwissenschaften. Berlin : edition sigma, 2006. S. 24.

46. Bender, Bernd. Erfolgreiche individuelle Vorgehensstrategien in frühen Phasen der Produktentwicklung. Düsseldorf : VDI-Verlag, 2004. S. 13f.

47. Müller, Johannes. Arbeitsmethoden der Technikwissenschaften: Systematik, Heuristik, Kreativität. Berlin : Springer, 1990. S. 17.

48. T. Betsch, J. Funke, H. Plessner. Allgemeine Psychologie für Bachelor, Denken - Urteilen, Entscheiden, Problemlösen. Berlin : Springer, 2010. S. 136ff.

49. Dörner, Dietrich. Die Logik des Misslingens - strategisches Denken in komplexen Situationen. Reinbeck bei Hamburg : Rowohlt Taschenbuch Verlag, 2003.

50. T. Betsch, J. Funke, H. Plessner. Allgemeine Psychologie für Bachelor, Denken - Urteilen, Entscheiden, Problemlösen. Berlin : Springer, 2010. S. 144.

51. Ropohl, Günter. Allgemeine Systemtheorie: Einführung in transdisziplinäresDenken. Berlin : edition sigma, 2012. S. 33f.

52. VDI, [Hrsg.]. VDI 2221, Blatt 1: Entwicklung technischer Produkte und Systeme, Modell der Produktentwicklung (Gründruck). Berlin : Beuth-Verlag, 2017. S. 5f.

53. Ehrlenspiel, Klaus. Integrierte Produktentwicklung. München : Carl Hanser, 2013. S. 55ff.

54. Reinhard Haberfellner, Olivier de Weck, Ernst Fricke, Siegfried Vössner. Systems Engineering - Grundlagen und Anwendung. Zürich : Orell Füssli, 2012. S. 74ff.

55. Bender, Bernd. Erfolgreiche individuelle Vorgehensstrategien in frühen Phasen der Produktentwicklung. Düsseldorf : VDI-Verlag, 2004. S. 15f.

56. VDI, [Hrsg.]. VDI 2221: Methodik zum Entwickeln und Konstruieren technischer Systeme und Produkte. Berlin : Beuth-Verlag, 1986. S. 2.

57. VDI, [Hrsg.]. VDI 2221: Methodik zum Entwickeln und Konstruieren technischer Systeme und Produkte. Berlin : Beuth-Verlag, 1986. S. 40.

58. VDI, [Hrsg.]. VDI 2221: Methodik zum Entwickeln und Konstruieren technischer Systeme und Produkte. Berlin : Beuth-Verlag, 1986. S. 9f.

59. VDI, [Hrsg.]. VDI 2206 - Entwicklungsmethodik für mechatronische Systeme. Berlin : Beuth-Verlag, Juni 2004.

60. VDI, [Hrsg.]. VDI 2206 - Entwicklungsmethodik für machatronische Systeme. Berlin : Beuth-Verlag, 2004. S. 8.

61. D. D. Walden, G. J. Roedler, K. J. Forsberg, R. D. Hamelin, T. M. Shortell. Systems Engineering Handbuch: Ein Leitfaden für Systemlebenszyklus-Prozesse und - Aktivitäten. Titel des englischen Originals: INCOSE Systems Engineering Handbook: A Guide for System Life Cycle Processes and Activities (4th ed.). München : GfSE Verlag, Juni 2017. S. 15.

62. V. Hubka, E. Eder. Einführung in die Konstruktionswissenschaft. Heidelberg : Springer, 1992. S. 45ff.

63. VDI, [Hrsg.]. VDI 2801 - Wertanalyse: Begriffsbestimmung und Beschreibung der Methode. Düsseldorf : Beuth-Verlag, 1973.

64. VDI, [Hrsg.]. VDI 2802 - Wertanalyse Vergleichsrechnung. Berlin : Beuth-Verlag, 1975.

65. VDI, [Hrsg.]. VDI 2224 - Formgebung technischer Erzeugnisse; Empfehlung für den Konstrukteur. Berlin : Beuth-Verlag, 1972.

66. Beitz, Wolfgang. Systemtechnik im Ingenieurbereich. Düsseldorf :
VDI Verlag GmbH, Juni 1971.

67. Hall, Arthur D. A methodology for systems engineering. Princeton, N.J. :
Van Nostrand, 1962.

68. J. Gausemeier, R. Dumitrescu, D. Steffen, A. Czaja, O. Wiederkehr, C. Tschirner.
Systems Engineering in der industriellen Praxis. [Hrsg.] Lehrstuhl für
Produktentstehung und Fraunhofer-Institut für Produktionstechno-logie IPT und UNITY
AG Heinz Nixdorf Institut. Paderborn : s.n., 2013. S. 23.

69. Patzak, Gerold. Systemtechnik — Planung komplexer innovativer Systeme:
Grundlagen, Methoden, Techniken. Heidelberg : Springer, Oktober 1982.

70. Bruns, Michael. Systemtechnik: Ingenieurwissenschaftliche Methodik zur
interdisziplinären Systementwicklung. Heidelberg : Springer, April 1991.

71. Daenzer, Walter. F. Systems engineering: Leitfaden zur methodische Durchführung
umfangreicher Planungsvorhaben. Köln Zürich : Hanstein Verlag Industrielle
Organisation, 1976.

72. Reinhard Haberfellner, Olivier de Weck, Ernst Fricke, Siegfried Vössner. Systems
Engineering - Grundlagen und Anwendung. Zürich : Orell Füssli, 2012.

73. Ehrlenspiel, Klaus. Integrierte Produktentwicklung. München : Carl Hanser, 2013. S.
19.

74. INCOSE. International Council on Systems Engineering Website. [Online] INCOSE,
San Diego, CA (USA). [Zitat vom: 27. April 2019.] https://www.incose.org/about-
systems-engineering/se-standards.

75. ISO/IEC/IEEE, [Hrsg.]. ISO/IEC/IEEE 15288:2015 Systems and software engineering -
- System life cycle processes. Berlin : Beuth-Verlag, 15. Mai 2015.

76. ISO/IEC, [Hrsg.]. ISO/IEC TR 24748-1:2016 Systems and software engineering - Life
cycle management - Part 1: Guidelines for life cycle management. Berlin : Beuth-
Verlag, Mai 2016.

77. ISO/IEC, [Hrsg.]. ISO/IEC TR 24748-2:2016 Systems and software engineering - Life cycle management - Part 2: Guide to the application of ISO/IEC 15288 (System life cycle processes). Berlin : Beuth-Verlag, September 2011.

78. INCOSE, [Hrsg.]. INCOSE Systems Engineering Handbook: A Guide for System Life Cycle Processes and Activities. Hoboken, New Jersey : Wiley, 11 August 2015.

79. D. D. Walden, G. J. Roedler, K. J. Forsberg, R. D. Hamelin, T. M. Shortell: Sys. Systems Engineering Handbuch: Ein Leitfaden für Systemlebenszyklus-Prozesse und - Aktivitäten. Titel des englischen Originals: INCOSE Systems Engineering Handbook: A Guide for System Life Cycle Processes and Activities (4th ed.). München : GfSE Verlag, Juni 2017.

80. Arbeit, Bundesagentur für, [Hrsg.]. Klassifikation der Berufe 2010. Nürnberg : s.n. Bd. Band 1 & 2, März 2011.

81. Hillary Sillitto, James Martin, Dorothy McKinney, Regina Griego, Dov Dori, Daniel Krob, Patrick Godfrey, Eileen Arnold, Scott Jackson. [Hrsg.] INCOSE. Systems Engineering and System Definitions . 08. Januar 2019. Version: 1.0.

82. Roohé, ir. Michiel. Second International Conference World of Construction Project Management 2007. [Hrsg.] Prof. J.W.F. Wamelink (Eds.) Prof. H.A.J. de Ridder. EFFECTS OF DBFM CONTRACTS ON PROJECT EXECUTION - EXPERIENCES FROM THE FIELD -. TU Delft, The Netherlands : s.n., 2007.

83. Gregory S. Parnell, Patrick J. Driscoll, Dale L. Henderson. Decision Making in Systems Engineering and Management. New York : John Wiley & Sons, 2011.

84. Project, Management Institute. A Guide to the Project Management Body of Knowledge. USA : Project Management Institute, 2013.

85. Reinhard Haberfellner, Olivier de Weck, Ernst Fricke, Siegfried Vössner. Systems Engineering - Grundlagen und Anwendung. Zürich : Orell Füssli, 2012. S. 28.

86. SEBoK. Guide to the Systems Engineering Body of Knowledge. [Hrsg.] The Trustees of the Stevens Institute of Technology. USA : Stevens Institute of Technology, 10. OKTOBER 2017.

87. ISO/IEC/IEEE, [Hrsg.]. ISO/IEC/IEEE 24765:2017 Systems and software engineering-Vocabulary). Berlin : Beuth-Verlag, 2017.

88. ISO/IEC/IEEE, [Hrsg.]. ISO/IEC/IEEE 24748-1:2018 Systems and software engineering--Life cycle management--Part 1: Guidelines for life cycle management. Berlin : Beuth-Verlag, 2018.

89. R., Friedentahl, S., Moore, A. und Steiner. A Practical Guide to SysML- The systems Modeling Language. Oxford, UK : Elsevier LTD, 2012.

90. Sheard, Sarah A. THE VALUE OF TWELVE SYSTEMS ENGINEERING ROLES. Massachusetts,USA : INCOSE International Symposium, 1996.

91. Möhringer, S. Systems Engineering im Mittelstand – ein flexibles Modell zur Rollenverteilung– Praxiserfahrungen aus Entwicklungsprojekten. [Hrsg.] Tag des Systems Engineering. München : Carl Hanser Verlag, 2012.

92. ISO/IEC/IEEE, [Hrsg.]. ISO/IEC/IEEE 15288:2015 Systems and software engineering - - System life cycle processes. Berlin : Beuth-Verlag, 15. Mai 2015. S. 4.

93. Frantz, W. F. The Impact of Systems Engineering on Quality and Schedule. Massachusetts,USA : INCOSE, 1995.

94. C. N. Dunford, M. Yearworth, D. M. York, P. Godfrey. A view of Systems Practice: Enabling quality in design. Systems Engineering. New Jersey, USA : John Wiley and Sons, Februar 2013,. S. 134-151.

95. Honour, E. C. Systems engineering return on investment - Dissertation. [Hrsg.] School of Electrical and Information Engineering, University of South Australia Defence and Systems Institute. 2013.

96. D. Goldenson, J. P. Elm. The Business Case for Systems Engineering Study - Results of the Systems Engineering Effectiveness Survey. USA : Carnegie Mellon University, 2012.

97. D. Rhodes, A. M Ross. Concept Design and Tradespace Exploration. Systems Engineering Advancement Research Initiative. USA : Massachusetts Institute of Technology, 2009.

98. R.J. Cloutier, M. Bone. The Current State of Model Based Systems Engineering – Results from the OMG SysML Request for Information 2009. Hoboken, NJ : CSER, 2010.

99. Maik Maurer, Sven-Olaf Schulze. Tag des Systems Engineering 2010 - Menschen - Kosten - Komplexe Produkte - Dienstleistungen. München : Carl Hanser Verlag, 2010.

100. Maik Maurer, Sven-Olav Schulze. Tag des Systems Engineering 2011 - Komplexe Herausforderungen meistern. München : Carl Hanser Verlag GmbH & Co.KG, 2012.

101. Maik Maurer, Sven-OlaF Schulze. Tag des Systems Engineering 2012 - Zusammenhänge erkennen und gestalten. München : Carl Hanser Verlag, 2013.

102. Maik Maurer, Sven-Olaf Schulze. Tag des Systems Engineering 2013 - The Value of Systems Engineering - Der Weg zu den technischen Systemen von morgen. München : Carl Hanser Verlag, 2013.

103. Maik Maurer, Sven-Olav Schulze. Tag des Systems Engineering 2014. München : Carl Hanser Verlag, 2014.

104. Sven-Olaf Schulze, Christian Muggeo, Christian Tschirner. Tag des Systems Engineering 2015 - Verteiltes Arbeiten mit ganzheitlicher Kontrolle. München : Carl Hanser Verlag, 2015.

105. Sven-Olaf Schulze, Christian Muggeo, Christian Tschirner. Tag des Systems Engineering 2016. München : Carl Hanser Verlag, 2016.

106. Jürgen Rambo, Christian Huwig, Robert Hämisch, Martin Langlotz. Einschätzungen zum MBSE im Rahmen der Entwicklung komplexer Fahrzeugsysteme. München : Carl Hanser Verlag GmbH & Co. KG, 2016. S. 11.

107. Rüdiger Kaffenberger, Sven-Olaf Schulze, Hanno Weber. INCOSE Systems Engineering Handbuch. München : GfSE Verlag, Dezember 2012. S. 7f.

108. Kasser, J. Applying Total Quality Management to Systems Engineering. Boston : Artech House Publishers, 1995.

109. Reinhard Haberfellner, Olivier de Weck, Ernst Fricke, Siegfried Vössner. Systems Engineering - Grundlagen und Anwendung. Zürich : Orell Füssli, 2012. S. 54.

110. VDI, [Hrsg.]. VDI 2221: Methodik zum Entwickeln und Konstruieren technischer Systeme und Produkte. Berlin : Beuth-Verlag, 1986.

111. Wikipedia. Kreativität. [Online] [Zitat vom: 16. Juli 2019.] https://de.wikipedia.org/wiki/Kreativit%C3%A4t.

112. Rozovsky, Julia. The five keys to a successful Google team. [Online] Google, Mountain View, USA. [Zitat vom: 10. Okt. 2017.] https://rework.withgoogle.com/blog/five-keys-to-a-successful-google-team.

113. Blanchard, Benjamin S. Design and Manage to Life Cycle Cost. University of Michigan : M/A Press, 1978.

114. Thun, Friedemann Schulz von. Miteinander Reden, Band 1 - Störungen und Klärungen. Hambug : Reinbeck, 1981. S. 13ff.

115. Wikipedia. [Online] Wikimedia Foundation Inc., San Francisco, USA. [Zitat vom: 10. Okt. 2017.] https://de.wikipedia.org/wiki/Paul_Watzlawick.

116. Schwarz, Gerhard. Konfliktmanagement - Konflikte erkennen, analysieren, lösen. Wiesbaden : Gabler Verlag, 2003.

117. Weinberg, Gerald M. Becoming a Technical Leader - An Organic Problem-solving Approach. New York, N.Y. : Dorset House, 1986.

118. Weinberg, Gerald M. Becoming a Technical Leader - An Organic Problem-solving Approach. New York, N.Y. : Dorset House, 1986. S. 29.

119. Weinberg, Gerald M. Becoming a Technical Leader - An Organic Problem-solving Approach. New York, N.Y. : Dorset House, 1986. S. 19.

120. Eisner, Howard. Essentials of Project and Systems Engineering Management. Hoboken, NJ : Wiley, 2008. S. 155.

121. Wasserfallmodell. [Online] 192022182. [Zitat vom: 23. 09 2019.] https://de.wikipedia.org/w/index.php?title=Wasserfallmodell&oldid=192022182.

122. D. D. Walden, G. J. Roedler, K. J. Forsberg, R. D. Hamelin, T. M. Shortell. Systems Engineering Handbuch: Ein Leitfaden für Systemlebenszyklus-Prozesse und -Aktivitäten. Titel des englischen Originals: INCOSE Systems Engineering Handbook: A Guide for System Life Cycle Processes and Activities (4th ed.). München : GfSE Verlag, Juni 2017. S. 48ff.

123. Gassmann, Oliver, Kobe, Carmen, Voit, Eugen. High-Risk-Projekte. Quantensprünge in der Entwicklung erfolgreich managen. Berlin/Heidelberg : Springer, 2001. S. 110.

124. Gassmann, Oliver, Kobe, Carmen, Voit, Eugen (Hrsg.). High-Risk-Projekte. Quantensprünge in der Entwicklung erfolgreich managen. Berlin/Heidelberg : Springer, 2001. S. 111.

125. Lukas, J. A. Project management — Getting back to basics. Paper presented at PMI® Global Congress 2014. [Online] 2014. [Zitat vom: 20. Mai 2019.] https://www.pmi.org/learning/library/project-management-getting-back-basics-9313.

126. DIN, [Hrsg.]. Projektmanagement - Projektmanagementsysteme - Teil 1 - Teil 5. Berlin : Beith Verlag, 2009-01. DIN 69901.

127. Scheithauer, D. Systems Engineering Value Stream Modelling. Cape Town (ZA) : EMEA Systems Engineering Conference, Okt. 2014.

128. unbekannt. Methodology For The Stakeholders Analysis.

129. D. D. Walden, G. J. Roedler, K. J. Forsberg, R. D. Hamelin, T. M. Shortell. Systems Engineering Handbuch: Ein Leitfaden für Systemlebenszyklus-Prozesse und - Aktivitäten. Titel des englischen Originals: INCOSE Systems Engineering Handbook: A Guide for System Life Cycle Processes and Activities (4th ed.). München : GfSE Verlag, Juni 2017. S. 73.

130. DIN, [Hrsg.]. DIN 69901-5:2009 Projektmanagement - Projektmanagementsysteme - Teil 5: Begriffe. Berlin : Beuth-Verlag, Jan. 2009. S. 9.

131. VDI, [Hrsg.]. VDI 2519 Blatt 1 - Vorgehensweise bei der Erstellung von Lasten-/Pflichtenheften. Berlin : Beuth-Verlag, Dez. 2001.

132. VDI, [Hrsg.]. VDI 3694 Blatt 1 - Lastenheft/Pflichtenheft für den Einsatz von Automatisierungssystemen. Berlin : Beuth-Verlag, April 2014.

133. VDI, [Hrsg.]. VDI 2519 Blatt 2 - Lastenheft/Pflichtenheft für den Einsatz von Förder- und Lagersystemen. Berlin : Beuth-Verlag, Dez. 2001.

134. DIN, [Hrsg.]. DIN 69901-5:2009 Projektmanagement - Projektmanagementsysteme - Teil 5: Begriffe. Berlin : Beuth-Verlag, Jan. 2009. S. 10.

135. Patzak, G. Systemtechnik – Planung komplexer innovativer Systeme. Heidelberg : Springer, 1982.

136. Lamm, J. G. and Weilkiens, T. Method for Deriving Functional Architectures from Use Cases. Hoboken, NJ : Wiley, 2014. S. 110.

137. G. Pahl, W. Beitz, J. Feldhusen, K.-H. Grote. Engineering Design. Heidelberg : Springer, 2007.

138. Ulrich, K. The role of product architecture in the manufacturing firm. Oxford : Elsevier, 1995. S. 419 – 440.

139. Lamm, J. G. and Weilkiens, T. Method for Deriving Functional Architectures from Use Cases. Hoboken, NJ. : Wiley, 2014. S. 109-118.

140. M. von der Beeck, P. Braun, M. Rappl, C. Schröder. Modellbasierte Softwareentwicklung für automobilspezifische Steuergerätenetzwerke. Düsseldorf : VDI, 2001. S. 293-332.

141. Tim Weilkiens, Jesko G. Lamm, Stephan Roth, Markus Walker. Model-Based System Architecture. Hoboken, NJ : Wiley, 2015.

142. M.Broy, M. Feilkas, J. Grünbauer, A. Gruler, A. Harhurin, J. Hartmann, B. Penzenstadler, B. Schätz, D. Wild. Umfassendes Architekturmodell für das Engineering eingebetteter Software-intensiver Systeme. München : Technische Universität München, 2008.

143. Hitchins, Derek K. Systems engineering. New York : Wiley, 2007.

144. DIN, [Hrsg.]. DIN EN EN61508:2011 Funktionale Sicherheit sicherheitsbezogener elektrischer/elektronischer/programmierbarer elektronischer Systeme - Teil 1: Allgemeine Anforderungen. Berlin : Beuth-Verlag, Feb. 2011.

145. ISO/IEC/IEEE, [Hrsg.]. ISO/IEC/IEEE 15288:2015 Systems and software engineering - System life cycle processes. Berlin : Beuth-Verlag, 15. Mai 2015. S. 44.

146. D. D. Walden, G. J. Roedler, K. J. Forsberg, R. D. Hamelin, T. M. Shortell. Systems Engineering Handbuch: Ein Leitfaden für Systemlebenszyklus-Prozesse und - Aktivitäten. Titel des englischen Originals: INCOSE Systems Engineering Handbook: A Guide for System Life Cycle Processes and Activities (4th ed.). München : GfSE Verlag, Juni 2017. S. 413.

147. D. D. Walden, G. J. Roedler, K. J. Forsberg, R. D. Hamelin, T. M. Shortell. Systems Engineering Handbuch: Ein Leitfaden für Systemlebenszyklus-Prozesse und -

Aktivitäten. Titel des englischen Originals: INCOSE Systems Engineering Handbook: A Guide for System Life Cycle Processes and Activities (4th ed.). München : GfSE Verlag, Juni 2017. S. 412.

148. D. D. Walden, G. J. Roedler, K. J. Forsberg, R. D. Hamelin, T. M. Shortell. Systems Engineering Handbuch: Ein Leitfaden für Systemlebenszyklus-Prozesse und - Aktivitäten. Titel des englischen Originals: INCOSE Systems Engineering Handbook: A Guide for System Life Cycle Processes and Activities (4th ed.). München : GfSE Verlag, Juni 2017. S. 341.

149. D. D. Walden, G. J. Roedler, K. J. Forsberg, R. D. Hamelin, T. M. Shortell. Systems Engineering Handbuch: Ein Leitfaden für Systemlebenszyklus-Prozesse und - Aktivitäten. Titel des englischen Originals: INCOSE Systems Engineering Handbook: A Guide for System Life Cycle Processes and Activities (4th ed.). München : GfSE Verlag, Juni 2017. S. 45.

150. Agency, European Space, [Hrsg.]. ECSS-E-ST-10C Rev.1 – System engineering general requirements. Berlin : European Coorporation for Space Standardization, 2017.

151. D. D. Walden, G. J. Roedler, K. J. Forsberg, R. D. Hamelin, T. M. Shortell. Systems Engineering Handbuch: Ein Leitfaden für Systemlebenszyklus-Prozesse und - Aktivitäten. Titel des englischen Originals: INCOSE Systems Engineering Handbook: A Guide for System Life Cycle Processes and Activities (4th ed.). München : GfSE Verlag, Juni 2017. S. 438.

152. INCOSE, Technical Operations, [Hrsg.]. Systems Engineering Vision 2020. Seattle, WA : INCOSE, 2007.

153. INCOSE. Systems Engineering Vision 2025. San Diego, USA : INCOSE, 2014.

154. Weilkiens, Tim. MBSE Culture. Keynote Ergebniskonferenz mecPro. Herzogenaurach : -, 2017.

155. Weilkiens, Tim. Systems Engineering mit SysML/UML. Heidelberg : dpunkt.Verlag, 2016. S. 22.

156. Weilkiens, Tim. Variant Modeling with SysML. Fredesdorf : MBSE4U Verlag, 2016.

157. Weilkiens, Tim. Systems Engineering mit SysML/UML. Heidelberg : dpunkt.Verlag, 2016.

158. ISO. ISO/PAS 19450:2015 Automation systems and integration -- Object-Process Methodology. Berlin : Beuth-Verlag, Dezember 2015.

159. Mario Becker, Reinhard Haberfellner, Ricardo Pasternak, Stefan Grünwald. IT-Wissen für Anwender. Zürich : Orell Füssli Verlag, 2013.

160. Klaus Pohl, Chris Rupp. Basiswissen Requirements Engineering. Heidelberg : dpunkt.verlag, 2011.

161. Kim Lauenroth, Fabian Schreiber, Felix Schreiber. Maschinen- und Anlagenbau im digitalen Zeitalter: Requirements Engineering als systematische Gestaltungskompetenz für die Fertigungsindustrie Industrie 4.0. Berlin : Beuth-Verlag, 2016.

162. Sophist Group, Chris Rupp. Systemanalyse kompakt. Heidelberg : Springer, 2009.

163. Leffingwell, D. Agile Software Requirements. Boston : Pearson Education, 2011.

164. Patton, Jeff. User Story Mapping. Heidelberg : O'Reilly, 2015.

165. Martin, Robert C. Clean Code. Boston : Pearson Education, 2009.

166. Rupert Wiebel, Colin Hood. Optimieren von Requirements Management & Engineering. Berlin Heidelberg : Springer-Verlag, 11 Januar 2005.

167. Engineers, Institute of Electric and Electronic. IEEE Std 610.12-1990: IEEE Standard Glossary of Software Engineering Terminology. New York : IEEE Computer Society, 1990.

168. INCOSE. INCOSE: International Council on Systems Engineering Website. San Diego, CA (USA) : INCOSE, 2017.

169. Lamm, J. G. and Weilkiens, T. Method for Deriving Functional Architectures from Use Cases. Hoboken, NJ : Wiley, 2014.

170. Tim Weilkiens, Jesko G. Lamm, Stephan Roth, Markus Walker. Model-Based System Architecture. Hoboken, NJ. : Wiley, 2015.

171. Jesko G. Lamm, Alexander Lohberg, Tim Weilkiens. Funktionale Architekturen in der Systementwicklung anwenden. München : Carl Hanser, 2013.

172. Jesko G. Lamm, Tim Weilkiens. Funktionale Architekturen in SysML. München : Carl Hanser Verlag, 2010.

173. Tim Weilkiens, Jesko G. Lamm, Stephan Roth, Markus Walker. Model-Based System Architecture. Hoboken, NJ. : Wiley, 2015.

174. ISO, [Hrsg.]. ISO 9000:2015 Quality management systems - Fundamentals and vocabulary. Berlin : Beuth-Verlag, September 2015.

175. DIN, [Hrsg.]. DIN ISO 10007:2004 Qualitätsmanagement - Leitfaden für Konfigurationsmanagement. Berlin : Beuth-Verlag, Dezember 2004.

176. SAE, [Hrsg.]. SAE EIA 649B:2011-04 Configuration Management Standard. Berlin : Beuth-Verlag, April 2011.

177. ISO, [Hrsg.]. ISO 9001:2015 Quality management systems -- Requirements. Berlin : Beuth-Verlag, September 2015.

178. ISO, [Hrsg.]. ISO 10007:2017 Quality management - Guidelines for configuration management. , ;. Berlin : Beuth-Verlag, Februar 2017.

179. J.L. Lions, et.al. Ariane 5 Flight 501 Failure – report by the Inquiry Board. 1996.

180. SAE, [Hrsg.]. SAE ARP4761. Guidelines and Methods for Conducting the Safety Assessment Process on Civil Airborne Systems and Equipment. 12 1996.

181. A. Berres, et.al. Concurrent Safety Analysis: A Method for Information Exchange between Systems and Safety Engineers, ESREL 2015. 2015.

182. DIN 25424 Fehlerbaumanalyse. Berlin : Beuth Verlag, 09 1981.

183. W. Vesely, F. Goldberg, N. Roberts, D, Haasl. [Hrsg.] U.S. Nuclear Regulatory Commission. Fault Tree Handbook NUREG-0492. Washington DC : s.n., 1981.

184. [IEC], International Electrotechnical Commission, [Hrsg.]. Fault Tree Analysis, IEC 61025. 2006. 2. Auflage. ISBN 2-8318-8918-9.

185. DIN, [Hrsg.]. DIN EN 60812: Analysetechniken für die Funktionsfähigkeit von Systemen – Verfahren für die Fehlzustandsart- und -auswirkungsanalyse (FMEA),. November 2006. (DIN EN 60812:2015-08).

186. Commision, International Electrotechnical, [Hrsg.]. IEC 61508 - Functional safety of electrical/electronic/programmable electronic safety-related systems. 2010.

187. ISO, [Hrsg.]. ISO 26262 - „Road vehicles – Functional safety. 2011.

188. EN 50129; Bahnanwendungen - Telekommunikationstechnik, Signaltechnik und Datenver-arbeitungssysteme - Sicherheitsrelevante elektronische Systeme für Signaltechnik. Berlin : Beuth Verlag, 2017.

189. EN 50128; Bahnanwendungen - Telekommunikationstechnik, Signaltechnik und Datenver-arbeitungssysteme - Software für Eisenbahnsteuerungs- und Überwachungssysteme. Berlin : Beuth Verlag, 2011.

190. (RTCA), Radio Technical Commission for Aeronautics, [Hrsg.]. DO-254, Design Assurance Guidance for Airborne Electronic Hardware. 2000.

191. (RTCA), Radio Technical Commission for Aeronautics, [Hrsg.]. DO-178 Software Considerations in Airborne Systems and Equipment Certification. 2010.

192. Department of Defense, USA, [Hrsg.]. MIL882E - Standard Practice System Safety. Washington DC : s.n., 2012.

193. Ward Cunningham, u.a. Manifesto for Agile Software Development. Internet, USA. [Online] [Zitat vom: 10. Okt. 2017.] http://agilemanifesto.org.

194. Ward Cunningham, u.a. Manifesto for Agile Software Development. [Online] [Zitat vom: 10. Okt. 2017.] Internet, USA. http://agilemanifesto.org/iso/de/manifesto.html.

195. C. Larman, B. Vodde. Large-Scale Scrum - Scrum erfolgreich skalieren mit LeSS. Heidelberg : dpunkt.verlag GmbH, 2017.

196. TU Darmstadt, 2018, [Hrsg.]. W-Modell.

197. Change Management in der Digitalen Zeit – Menschen analog bewegen. Bendisch, R. und Walter, N., Heinermann, K., Schnitzmeier, R. s.l. : UNITY, 2018, Bd. Reihe: OPPORTUNITY.

198. In Anlehnung an Lewin [Lew1947] und Streich [Str1997]). s.l. : UNITY.

199. Systems Engineering – Produktentwicklung erfindet sich neu. Steffen, D., Schulze, S.-O. und Gaupp, F. 1. Auflage, 2015, Bd. Reihe: OPPORTUNITY.

200. Internet of Things. [Online] IDG-Studie, 21. Juni 2017. https://www.sap.com/germany/ documents/2016/12/50280bc8-9b7c-0010-82c7-eda71af-511fa.html.

201. Engineering im Umfeld von Industrie 4.0, Einschätzungen und Handlungsbedarf. [Online] ([aca2016] acatech, 2016. [Zitat vom: 21. Juni 2017.] http://www.acatech.de/de/publikationen/empfehlungen/acatech/detail/artikel/engin eering-im-umfeld-von-industrie-40-einschaetzugen-und-handlungsbedarf.html.

202. A World in Motion Systems Engineering 2025. [Online] ([INCOSE2016]INCOSE, 2014. [Zitat vom: 12. März 2019.] ([INCOSE2016]INCOSE: A World in Motion Systems Enginehttps://www.incose.org/docs/default-source/aboutse/se-vision-2025.pdf.

203. Digitalisierung der Produktentstehung – Die Automobilindustrie im Umbruch. Schulze, S.-O., et al. 2017, Reihe: OPPORTUNITY.

204. Amabile, T. M. The Social Psychology of Creativity. Heidelberg : Springer,, 2012.

205. Stahl, E. Dynamik in Gruppen: Handbuch der Gruppenleitung. Weinheim : Beltz, 2017.

206. Tomasello, M. Die Ursprünge der menschlichen Kommunikation. Frankfurt am Main : Suhrkamp Verlag, 2011.

207. C. Löhmer, R. Standhardt. TZI - die Kunst, sich selbst und eine Gruppe zu leiten: Einführung in die themenzentrierte Interaktion. Stuttgart : Klett-Cotta, 2010.

208. Tuckman, Bruce W. Developmental sequence in small groups. Berkeley : University of California, 1965. S. 384–399.

209. Rustler, Florian. Denkwerkzeuge der Kreativität und Innovation. St. Gallen Zürich : Midas Management Verlag AG, 2017.

210. Hirotaka Takeuchi, Ikujirō Nonaka. The New New Product Development Game. Cambridge : Harvard Business Publishing, Januar 1986.

211. Ikujirō Nonaka, Hirotaka Takeuchi. The Knowledge-Creating Company: How Japanese Companies Create the Dynamics of Innovation. Oxford, Great Britain : Oxford University Press, September 1995.

212. Mike Beedle, Martine Devos, Yonat Sharon, Ken Schwaber, Jeff Sutherland. SCRUM - An extension pattern language for hyperproductive software development. Massachusets, USA : Addison Wesley, 1999.

213. Hirotaka Takeuchi, Ikujirō Nonaka. The New New Product Development Game. Cambridge : Harvard Business Publishing, Januar 1986. S. 137.

214. Wikipedia. [Online] Wikimedia Foundation Inc., San Francisco, USA. [Zitat vom: 10. Okt. 2017.] https://en.wikipedia.org/wiki/Dynamic_systems_development_method.

215. Wikipedia. [Online] Wikimedia Foundation Inc., San Francisco, USA. [Zitat vom: 10. Okt. 2017.] https://de.wikipedia.org/wiki/Extreme_Programming.

216. Wikipedia. [Online] Wikimedia Foundation Inc., San Francisco, USA. [Zitat vom: 10. Okt. 2017.] https://de.wikipedia.org/wiki/Adaptive_Software_Development.

217. Wikipedia. [Online] Wikimedia Foundation Inc., San Francisco, USA. [Zitat vom: 10. Okt. 2017.] https://de.wikipedia.org/wiki/Crystal_Family.

218. UNITY, angelehnt an proagile.de, 2019, [Hrsg.]. Stacey-Matrix und Vorgehensmodelle.

Kapitel 9
Abkürzungen

CBS	*Cost Breakdown Structure*
ConOps	*Concept of Operation*
DtC	*Design to Cost*
FHA	*Functional Hazard Analysis*
FMEA	*Failure Mode and Effects Analysis*
FTA	*Fault Tree Analysis*
GfSE	*Gesellschaft für Systems Engineering e.V.*
HARA	*Hazard Analysis and Risk Assessment*
HSI	*Human-System Integration*
IDEF	*Integration Definition for Functional Modeling*
INCOSE	*International Council on Systems Engineering*
IREB	*International Requirements Engineering Boards*
KM	*Konfigurationsmanagement*
KMUs	*Kleine und mittlere Unternehmen*
MBSE	*Modellbasiertes Systems Engineering*
OMG	*Object Management Group*
OOSEM	*Object-Oriented Systems Engineering Method*
OpsCon	*Operational Concept*
PMP	*Projektmanagementplan*
POC	*Proof-of-Concept*
ProdSG	*Produktsicherheitsgesetz*
PSP	*Projektstrukturplan*
RAMS	*Reliability, Availability, Maintainability, Safety*
RE	*Requirements Engineering*

SEMP	*Systems Engineering Management Plan*
SEP	*Systems Engineering Plan*
SFHA	*System Functional Hazard Analysis*
SoS	*System of Systems*
SRD	*System Requirements Document*
SWOT	*Strengths (Stärken), Weaknesses (Schwächen), Opportunities (Chancen) und Threats (Risiken)*
URD	*User Requirements Document*
V&V	*Verifikation und Validierung*
VUCA	*Volatility, Uncertainty ,Complexity, Ambiguity*
WBS	*Work Breakdown Structure*

Bio der Kapitelautoren

Claudio Zuccaro studierte Physik an der Universität Hamburg und promovierte in angewandter Festkörperphysik am Forschungszentrum Jülich und an der RWTH Aachen. Danach arbeitete er 16 Jahre lang in der industriellen Entwicklung (Raumfahrt und Telekommunikation), 8 Jahre davon in verschiedenen Managementpositionen im Systems Engineering, zuletzt als Leiter einer Systems Engineering Abteilung. Heute ist Claudio Zuccaro Professor für Systems Engineering an der Hochschule München. Dort lehrt er insbesondere Grundlagen und Anwendungen des Systems Engineering sowie Requirements Engineering. Seine Schwerpunkte sind Model-Based Systems Engineering (MBSE) und die Einführung von Systems Engineering und MBSE in Unternehmen.

Jürgen Rambo studierte Allgemeinen Maschinenbau mit den Schwerpunkten Produktdatentechnologie, Produktentwicklung und Produktionstechnik an der Technischen Universität in Darmstadt und an der Escuela Técnica Superior de Ingenieros Industriales de Barcelona. Er beschäftigt sich ist seit über 20 Jahren in Theorie und Praxis mit (rechnerunterstützter) Produkt- und Systementwicklung. Als Herausgeber und (Mit-)Autor unterstützt er – unter anderem bei der GfSE und beim VDI – verschiedene Veröffentlichungen in Form von Büchern, Artikeln, Richtlinien und Vorträgen zu Themen der Technischen Entwicklung.

Hannes Hüffer studierte Systems Engineering an der Hochschule München. Als Experte für die Themen Systems Engineering, Product Lifecycle Management und Agile Transformation führt er Beratungsprojekte bei UNITY durch. Als zertifizierter Systems Engineer nach SE-ZERT, Scrum Master und SAFe Program Consultant (SPC) transformiert er Organisationen – insbesondere in agilen Programmen.

Martin Geisreiter studierte Hochfrequenztechnik an der TU München. Er wirkte 30 Jahre bei AIRBUS und all den Vorgängerorganisationen. In der GfSE war er an der Ausarbeitung des SE-ZERT® Projekts sowie den Übersetzungsprojekten für die GfSE Bücher beteiligt. Er hat Deutschland über mehrere Jahre in der nationalen (DIN) und international (ISO) Normung für den Themenkreis Systems Engineering vertreten. Er ist zertifizierter Systems Engineer (ESEP) und wirkt als Assessor im SE-ZERT® Projekt der GfSE.

Johannes Fritz studierte Maschinenbau und Wirtschaftsinformatik in Graz, kam dort mit Systems Engineering über Prof. Haberfellner erstmalig in Kontakt und blieb es auch. Neben der beruflichen Aufgabe Systems Engineering in Kundenprojekten für automobile Prüfstandssysteme im Unternehmen AVL List zu etablieren, lehrt er Model-Based Engineering am Master-Studiengang Automatisierungstechnik an der Fachhochschule Campus02, Graz.

Thaddäus Dorsch studierte Elektro- und Informationstechnik an der TU München und promovierte in Nachrichtentechnik an der FAU Erlangen-Nürnberg. Er arbeitete lange in der Systementwicklung in den verschiedensten Branchen Telekommunikation, Automotive, Mobilfunk, Luft- und Raumfahrt, Verteidigung, Print und Multimedia. Heute ist als Trainer, Berater und Coach für Systems Engineering, Requirements Engineering, Agilität und Organisationsentwicklung bei der HOOD Group tätig. Seine Schwerpunkte sind modernes Systems Engineering, neue Ansätze in der Systemtheorie, sowie die Kombination von klassischen und agilen Denkweisen und Techniken.